结构动载荷识别方法

姜金辉　张　方　著

清華大學出版社
北　京

内 容 简 介

第 1～3 章围绕着动载荷识别的理论基础，依次介绍动载荷识别的概念、正问题分析方法、振动测试与信号分析的相关内容；第 4 章介绍单自由度系统时域、频域识别方法；第 5 章为多自由系统的动载荷识别方法，介绍常用的频域方法以及格林核函数、Newmark-β 等时域方法；第 6 章将动载荷识别拓展到连续分布模型，介绍一维动载荷以及二维动载荷的识别方法；第 7 章针对随机动载荷识别问题，介绍单点、多点以及分布随机动载荷的识别方法；第 8 章围绕动载荷位置识别介绍时域、频域方法以及快速算法；第 9 章给出动载荷识别不适定性问题的数学描述、解决策略以及具体方法；第 10 章介绍动载荷识别的机器学习算法，将深度学习引入动载荷识别，提出了基于卷积神经网络、循环神经网络等动载荷识别方法。

本书内容系统全面，涵盖了工程中常见的各种动载荷类型以及最新的动载荷识别方法。本书可作为航空宇航科学与技术、力学、机械工程等相关专业的高年级本科生或研究生的教材，也可供科研人员和工程技术人员参考。

图书在版编目（CIP）数据

结构动载荷识别方法/姜金辉，张方著. —北京：清华大学出版社，2023.3（2023.11 重印）
ISBN 978-7-302-62629-9

Ⅰ. ①结…　Ⅱ. ①姜…　②张…　Ⅲ. ①动载荷－识别方法　Ⅳ. ①TU312

中国国家版本馆 CIP 数据核字（2023）第 023543 号

责任编辑：许　龙
封面设计：傅瑞学
责任校对：赵丽敏
责任印制：沈　露

出版发行：清华大学出版社
　网　　址：https://www.tup.com.cn，https://www.wqxuetang.com
　地　　址：北京清华大学学研大厦 A 座　　**邮　　编**：100084
　社 总 机：010-83470000　　**邮　　购**：010-62786544
　投稿与读者服务：010-62776969，c-service@tup.tsinghua.edu.cn
　质量反馈：010-62772015，zhiliang@tup.tsinghua.edu.cn
印 装 者：大厂回族自治县彩虹印刷有限公司
经　　销：全国新华书店
开　　本：185mm×230mm　　**印　　张**：10.5　　**字　　数**：228 千字
版　　次：2023 年 3 月第 1 版　　**印　　次**：2023 年 11 月第 2 次印刷
定　　价：59.80 元

产品编号：098277-02

前言

FOREWORD

结构振动是航空航天领域飞行器设计、研制过程中必须妥善解决的重要的工程问题。随着工程技术的发展，振动问题在包括航空航天领域在内的很多工程领域中越来越突出，对于解决或改善振动故障的工程需求越来越迫切。准确地确定结构振动的源或者外载荷，对于解决振动问题尤为关键，然而振动故障的源却往往不易确定。实践表明通过动载荷识别这一反问题的分析方法，为确定外载荷提供了一条有效途径。结构动载荷识别或者重构在结构动力学的基本问题中属于动力学反问题的研究范畴。求解动力学反问题往往比求解正问题要困难。胡海岩院士曾撰文指出：从工业产品的动态设计需求看，今后需要解决的实际问题大多数是动力学反问题。因此，自 2012 年起，南京航空航天大学振动工程研究所为航空类的硕士和博士研究生开设了“动载荷识别理论及应用”课程，并取得了良好的效果。为了进一步总结和凝练动载荷识别的新方法、新成果，作者编撰了本书。本书是作者在长期从事动载荷识别这一反问题的研究基础之上整理而来，既包括动载荷识别的传统经典方法，又包括动载荷识别的最新研究成果。本书遵循从简单到复杂的思路，研究对象包括单自由度系统、多自由度系统以及无限自由度系统。研究的动载荷模型从单点、多点到分布动载荷，研究方法包括频域方法、时域方法以及机器学习方法等。

本书共分为 10 章，前 3 章是本书的研究基础，围绕着动载荷识别的理论基础，依次介绍动载荷识别的概念、正问题分析方法、振动测试与信号分析的相关内容；第 4 章介绍单自由度系统时域、频域识别方法；第 5 章为多自由系统的动载荷识别方法，介绍常用的频域方法以及格林核函数、Newmark-β 等时域方法；第 6 章将动载荷识别拓展到连续分布模型，介绍一维动载荷以及二维动载荷的识别方法；第 7 章针对随机动载荷识别问题，介绍单点、多点以及分布随机动载荷的识别方法；第 8 章围绕动载荷位置识别介绍时域、频域方法以及快速算法；第 9 章给出动载荷识别不适定性问题的数学描述、解决策略以及具体方法；第 10 章介绍动载荷识别的机器学习算法，将近年来快速发展的深度学习引入动载荷识别，提出了基于卷积神经网络、循环神经网络等动载荷识别方法。

本书由姜金辉牵头编写，参加编写的还有南京航空航天大学的张方以及罗淑一、崔文旭、张景、秦远田。唐宏志、郭欣睿、金鹏飞、井雯对全书进行了校正。陈国平、何欢、王轲认真审阅了全书并对本书的完稿提出了诸多有益的建议。本书得到了南京航空航天大学“十四五”规划教材项目的支持，在此一并表示衷心的感谢。感谢清华大学出版社为提高本书出版质量付出的努力。限于作者水平，书中错误和不足之处在所难免，敬请读者不吝指正。

作　者

2022 年 8 月

CONTENTS

目录

第 1 章

绪　　论

1.1 动载荷识别的范畴

中国有句成语“反本溯源”，比喻“追寻事物的根源”。即根据表象查找事物的源头，或者由已知现象，发掘原因。在人类的活动中，“反本溯源”被广泛应用，中外民间流传甚广的“瞎子听鼓”就是一个经典的“反本溯源”，盲人试图从鼓发出的声音来推测鼓的形状。现代一个重要的成果是CT成像，利用该技术能够有效地了解人体内相应器官的大小和组织结构的变异。本书的宗旨也是在追溯“事物的源”，这里的“源”是指“外载荷”。

机械或结构系统在其平衡位置附近的往复运动称为振动。随着工程技术的发展，各种振动问题越来越受到工程界的关注，已成为数以万计的科学家、工程师、设计师普遍研究的对象。无论是工程结构的振动响应分析、动强度及耐久性分析，还是结构的动力学优化设计等，都十分依赖于结构所承受的外载荷。确定结构上所作用的外载荷方式有两种：一是直接测量；二是间接获取。如图1.1所示激振器驱动结构，这类机械力可以通过直接测量或测量与载荷有关的参数来得到。如图1.2所示，建于地面的高层建筑和厂房或化工厂的反应塔和管道、核电站的安全壳和热交换器、近海工程的海洋石油平台等，它们可能承受强风、水流、地震以及波浪等各种动分布载荷的作用，在环境力作用下，结构所承受的载荷很难直

图1.1　结构受机械力作用

图1.2　结构受环境力作用

接测量甚至无法直接测量。鉴于上述情况，研究者寄希望于寻求一种间接的方法，于是便产生了动载荷识别方法及其应用技术。

1.2 振动问题的分类及逆问题的定义

从系统论的角度来看振动问题，一个完整的振动系统包括三个方面：输入、输出和系统模型（或系统特性）。输入就是动载荷，可以是外力、力矩等，也可以是运动量或称为振动环境；系统模型是指结构的动力学特性；输出就是响应，包括系统的位移、速度、加速度或内力、应力、应变等。从输入、输出与系统特性三者的关系来说，可以将所研究的振动问题归纳为两大类：一类是结构动力学的正问题；另一类是结构动力学的逆问题（或反问题）。

图 1.3 结构动力学正问题

正问题即是已知加载在结构系统上的外激励和结构的动力学特性，分析系统的动响应过程，如图 1.3 所示，这是研究最为成熟的问题。对于比较简单的系统，可采用一些解析方法或近似解析方法求解其响应。对于复杂系统，目前已发展了许多有效的数值方法来进行计算，例如计算一般结构振动的有限元方法、计算复杂结构的子结构方法、计算轴系振动的传递矩阵法等。

振动逆问题可以分为两类：第一类逆问题和第二类逆问题。

图 1.4 结构动力学第一类逆问题

已知系统的动响应和外激励，分析系统动力学特性的过程，称为结构动力学的第一类逆问题，又称为**系统识别**或**参数识别**，见图 1.4。表达系统特性的方式是多种多样的，这里主要介绍三种方式：物理参数模型、模态参数模型以及非参数模型。以质量、刚度、阻尼为特征参数的数学模型称为物理参数模型；以模态频率、模态向量（振型）和模态阻尼比等为特征参数的数学模型称为模态参数模型；以频响函数（或传递函数）、脉冲响应函数等方式描述的系统称为非参数模型。它们彼此在理论上等效，但各有其优点，特别是频响函数等可用测量的方法得到。需要解决的问题是如何从实测数据中精确地估计出我们需要的描述系统特性的参数。根据上述分类方法，系统识别也分为三种。①物理参数识别。以物理参数模型为基础、物理参数为目标的系统识别方法，称为物理参数识别，这是进行结构动力修改的基础。②模态参数识别。以模态参数模型为基础、模态参数为目标的系统识别称为模态参数识别。因为模态参数较物理参数更能从整体上反映系统的动态固有特性，进行模态参数识别是进行系统识别的基本要求，也是进行物理参数识别的基础。许多问题实际上通过模态参数识别即可达到目的，模态参数识别是模态分析的主要任务。③非参数识别，即根据激励和响应确定系统的频响函数（或传递函数）和脉冲响应函数。一般来讲，非参数模型的辨识不是进行系统识别的最终目的，但可通过非参数模型进一步确定模态参数或物理参数。这一类逆问题的提出实际是源于正问题。许多情况下响应结果并不满足要求，需要修改结构参数，鉴于已有的方法具有盲目性并且效率较低，人们开始研究根据激励和响应反推振动结构参数的规律和方法（即第一类逆问题）。人们以一定假设（如线性、定常、稳定假设）为前提，以一定理论（如线性振动理论）为基础研究得到了系统重构（识别）的多种方法。

已知系统的动态响应和系统本身的动力学特性，识别系统外激励的过程为结构动力学的第二类逆问题，如图1.5所示。通过测定结构上的动响应（位移、速度、加速度或应变等，这些响应是容易测出的），根据已知结构的动态特性，识别作用在结构上的动载荷的过程称为动态载荷识别（load identification），也称载荷重构（force reconstruction），属于第二类逆问题。确定系统在实际工况下的振源及其数学描述是振动工程中最棘手的问题，在数学理论中属于源识别反问题。这正是本书要研究的内容。

图1.5　结构动力学第二类逆问题

1.3　动载荷的分类及性质

结构动载荷识别的对象是结构上作用的外载荷。在研究动载荷识别之前，需要明确动载荷的性质和分类。载荷可以从不同的角度加以分类。按载荷的分布情况可以分为集中载荷和分布载荷，后者又可以分为线载荷、面载荷和体载荷，如图1.6所示。动载荷按其大小、方向、作用点是否随时间变化，可分为静载荷和动载荷。如图1.7所示，动载荷按变化规律一般分为三类：第一类是周期性动载荷，例如直升机的旋翼、尾桨、发动机，轮船的发动机、螺旋桨，汽轮机的转子、叶轮，汽车的发动机等经常承受周期性动载荷，这类载荷主要由旋转部件产生，随时间做周期性变化；第二类载荷为冲击型动载荷，例如一些武器系统（像火箭、导弹、火炮、机枪等）发射产生的动载荷，这类载荷主要是由爆破、碰撞、尾喷流，以及敲击、物体下坠引起的，具有短时快速作用的特点；上述两类载荷统称为确定性载荷，它们的时间历程可以用确定性的函数来表示；第三类为随机性动载荷，例如，由气流吹过高层建筑产生的脉动风载荷、航空器在飞行时由气流产生的结构面载荷、汽车在路面行驶或火车在铁轨行驶产生的随机动载荷等，这类载荷的时间历程复杂多变，从单个记录来看似乎变幻莫测，无法用确定性的函数来表示，但是从大量记录来看却存在着一定的统计规律性，需要借助统计特性来描述。这些动载荷具有不同的属性和特点，涉及不同的技术领域，因此这些动载荷的模型和识别方法呈现较大的差别。综上所述，动载荷的识别目标广泛，涉及周期性载荷、冲击型载荷、随机性载荷，动载荷作用的规模涵盖单点、多点、连续分布等，动载荷作用的结构模型包括航空结构、土木结构、海洋平台等，应用领域十分广泛。本书涵盖了集中载荷、分布载荷以及周期载荷、冲击载荷和随机载荷的识别方法及应用。

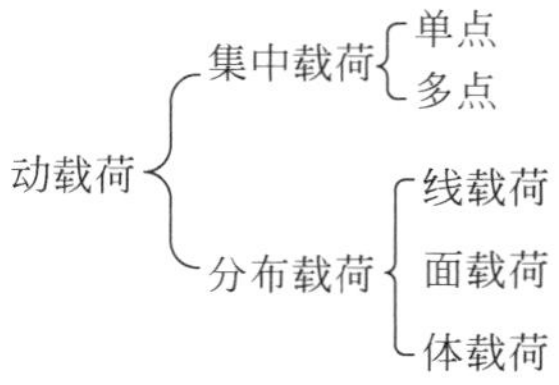

图 1.6 动载荷按分布情况分类

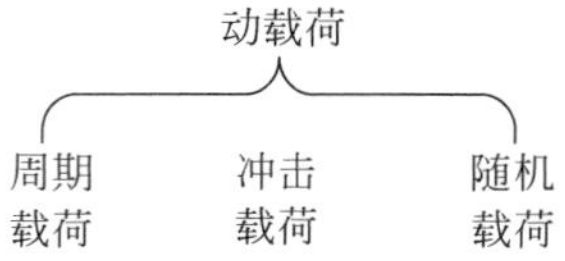

图 1.7 动载荷按性质分类

1.4 动载荷识别的作用及意义

动载荷识别技术是结构动力学重要的研究方向，也是一门多学科交叉的重要研究领域，它广泛涉及动力学、测试技术以及计算数学等领域。动载荷识别问题的研究为结构动力学设计和结构动力学优化等提供了原始依据。它是动力学响应分析计算及结构强度刚度校核的基础，同时正确识别动载荷也为结构的隔振减振设计、抗震计算、故障诊断提供了保障。因此准确地获取系统的动载荷，是确保工程结构设计的准确性、可行性、可靠性、安全性的基本工作，同时也是动力学分析中十分必要的环节。动载荷的研究成果可以推广应用于航空、航天、交通运输、建筑结构、防风抗灾等具有动载荷特征的工程领域。

1.5 本书的内容体系

本书在线弹性系统假设的前提下，围绕动载荷识别方法展开系统阐述，遵循从正问题到逆问题，从单自由度到多自由度、再到连续系统，从简单的载荷模型到复杂模型的研究思路。本书第 1 章绪论描述动载荷识别的研究范畴、定义、分类及意义，让读者初步了解逆问题的定义和动载荷识别的相关知识，这是开展动载荷识别问题的起点，也是对动载荷识别的初步认知。第 2、3 章介绍研究动载荷识别方法需具备的振动基础理论，包括振动正问题的基本理论、动响应测试与分析技术。其中振动分析、动响应测试与数据分析方法是获取系统动特性及动响应信息的理论铺垫，也是进行动载荷识别的两个前提条件。通过本章的介绍，力求阐明振动分析及数据采集分析的一些基本概念和分析方法。第 4 章介绍单自由度系统动载荷识别的基本理论，这是动载荷识别中最简单、同时也是最基本的一类问题。本章针对确定性动载荷介绍了动载荷识别的基本理论，同时也为多点及分布动载荷识别理论打下了坚实的基础。第 5 章介绍多点集中动载荷的识别方法，识别方法包括时域频域方法、Newmark-β 逆方法、Wilson-θ 逆方法等。本章给出了工程中十分常见的多点外激励的解决方法。第 6 章介绍连续分布的动载荷识别方法，结合作者最近的研究进展，分别针对一维和二维连续分布的确定性动载荷给出了相应的识别方法，并开展了广义傅里叶级数展开阶次截断或者选取等问题的讨论。第 7 章系统性地介绍线性系统随机动载荷的识别方法，包括多自由系统多点随机动载荷识别方法和连续系统的分布动载荷识别方法。第 8 章介绍动载荷识别中的位置识别，针对单源和多源问题，开展定位方法研究。以连续系统为例，介绍穷举法定位以及快速定位方法。第 9 章较系统地介绍动载荷识别的不适定问题及正则化方法，讨论改善不适定问题和提高识别精度的途径，并详细介绍了贝叶斯正则化方法。第 10 章初步探讨基于机器学习的动载荷识别方法，介绍了基于支持向量机、卷积神经网络、循环神经网络的动载荷识别方法，分析了动载荷识别的训练模型、训练方法以及预测精度，是对动载荷识别的一种新的尝试。

本书中，第 1 章至第 3 章是学习动载荷识别方法的前序，内容具有通识性。第 4 章至第 8 章逐步深入、循序渐进，载荷模型也从离散的集中动载荷过渡到分布动载荷，从幅值识别到位置识别，难度越来越大、深度也越来越广。第 9 章至第 10 章是动载荷识别的进一步深化，围绕动载荷识别的核心难点以及热点内容开展介绍，结合课题组最新的研究，着重点在不适性、深度学习等内容。上述章节构成了本书的全部内容。

第 2 章

结构动载荷识别理论基础

任何逆问题的研究都离不开正问题的基础。动载荷识别作为结构动力学第二类逆问题，在动载荷识别方法中经常涉及结构动力学正问题、动特性测试及动态信号分析与处理等相关知识。为了更好地掌握这些理论知识，本章从结构动力学正问题出发，通过对有限自由度和无限自由度结构振动分析的学习，加深对振动理论的理解，为动载荷识别奠定理论基础。除此之外，本章还将介绍数学上的有限维近似和投影法、勒让德正交多项式及广义傅里叶级数展开等，分析动载荷识别涉及的数学原理。本章总共包括两大部分内容：振动分析基本理论以及分布动载荷的离散化。

2.1 振动分析基本理论

振动是工程实际中普遍存在的一种现象。例如，行驶的车轮会产生上下跳动；车辆过桥时，桥梁会产生晃动；在强风吹动时，高耸的大楼会产生明显的摆动；拨动琴弦时，弦的振动会产生悦耳的声音。长期以来，国内外的学者们花费了大量时间研究和分析这些振动规律，通过总结和归纳逐渐形成了成熟的理论。在线性假设下，离散的有限自由度和连续的无限自由度系统中的振动问题都得到了很好的解决。离散的有限自由度系统的动力学方程总是一类线性二阶常系数微分方程，连续的无限自由度系统的动力学方程是一类偏微分方程。因此，本节将线性结构分为有限自由度系统和无限自由度系统，分别介绍这两类结构的振动响应分析。事实上，无论是哪一类振动系统，为了能定性和定量地研究这些振动现象，都需要建立起对应实际振动系统的数学力学模型，进而通过解析或者数值计算的方法求解这些数学力学模型，从而得到结构的动响应或者动特性等系统的振动规律。振动问题是实际工程中常常遇到的难点和痛点之一，在工程应用中占有重要的地位，深刻理解和掌握振动的基本理论除了对动载荷识别有重要意义外，对解决工程中的具体问题也有十分重要的意义。

2.1.1 有限自由度系统振动

1）单自由度系统振动分析

单自由度系统是振动研究中最简单的一类系统，仅用一个坐标就可以确定该类系统的运动。求解振动问题的主要目的是确定系统在任何给定时刻的位移、速度、加速度等。典型的单自由度系统力学模型如图 2.1 所示，该系统包含质量块、弹簧和阻尼器三个基本元件，在质量块上作用有随时间变化的外力。质量块、弹簧和阻尼器分别描述系统的惯性、弹性和耗能机制，图 2.1 中用于描述的参数分别是质量 m，刚度系数 k 和粘性阻尼系数 c。任何具有惯性和弹性的系统都可产生振动。质量(块)是运动发生的实体，是研究运动的对象，运动方程是针对质量(块)建立的。粘性阻尼系数的特点是阻尼器产生的阻尼力与阻尼器两端的相对速度成正比。

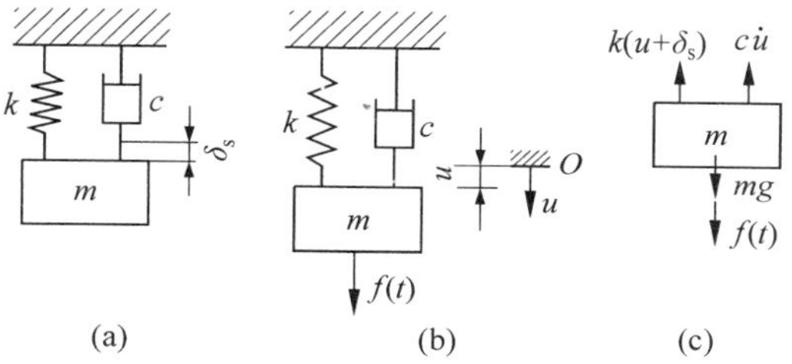

图 2.1 单自由度振动系统

对质量块进行受力分析，根据牛顿第二定律可得

$$m\ddot{u}(t) = -k[u(t)+\delta_s] - c\dot{u}(t) + mg + f(t) \tag{2.1.1}$$

根据静力平衡有

$$mg = k\delta_s \tag{2.1.2}$$

将式(2.1.2)代入式(2.1.1)，整理得

$$m\ddot{u}(t) + c\dot{u}(t) + ku(t) = f(t) \tag{2.1.3}$$

这就是单自由度系统振动方程的一般形式，它是一个二阶常系数线性非齐次微分方程，其中，$\ddot{u}(t)$、$\dot{u}(t)$和 $u(t)$分别代表质量块的运动加速度、速度和位移。若上述方程的右边项为零，即系统不受外力作用，可得单自由度系统的自由振动方程

$$m\ddot{u}(t) + c\dot{u}(t) + ku(t) = 0 \tag{2.1.4}$$

若系统无阻尼，且不受外力作用，可得无阻尼单自由度系统的自由振动方程

$$m\ddot{u}(t) + ku(t) = 0 \tag{2.1.5}$$

这就是单自由度系统最简单的振动方程。

$$\omega_n = \sqrt{\frac{k}{m}} \tag{2.1.6}$$

称为系统的**固有圆频率**，常简称为**固有频率**。在国际单位制下，上式各量的单位分别是 k：牛顿/米（N/m）；m：千克（kg）；ω_n：弧度/秒（rad/s）。

（1）单自由度系统的自由振动

系统在无外力的作用下仍可能发生振动，这是因为系统可能受到一定的初始位移或初始速度的扰动。系统在无外力作用下的振动称为自由振动，此时振动是在系统内力的驱动下进行的。设系统在初始时刻的位移和速度为

$$u(0)=u_0,\quad \dot{u}(0)=\dot{u}_0 \tag{2.1.7}$$

故初始扰动引起的无阻尼单自由度系统的自由振动为

$$u(t)=u_0\cos\omega_n t+\frac{\dot{u}_0}{\omega_n}\sin\omega_n t \tag{2.1.8}$$

上式可简化为

$$u(t)=a\sin(\omega_n t+\phi) \tag{2.1.9}$$

单自由度粘性阻尼系统的自由振动响应就是求下列方程的解

$$\begin{cases} m\ddot{u}(t)+c\dot{u}(t)+ku(t)=0 \\ u(0)=u_0,\quad \dot{u}(0)=\dot{u}_0 \end{cases} \tag{2.1.10}$$

为了便于分析，引入无量纲参数 ζ，使它等于 $c/2m$ 和 $\sqrt{k/m}$ 之间的比值，即

$$\zeta \overset{\text{def}}{=} \frac{c}{2m}\Big/\sqrt{\frac{k}{m}}=\frac{c}{2\sqrt{mk}}=\frac{c}{2m\omega_n}=\frac{c}{c_c} \tag{2.1.11}$$

式中，ω_n 是系统的固有频率，定义 $c_c=2m\omega_n$ 为系统**临界阻尼系数**，参数 ζ 称为**阻尼比**。

针对欠阻尼情况（$0<\zeta<1$），方程（2.1.10）的通解是

$$u(t)=e^{-\zeta\omega_n t}(a_1\cos\omega_d t+a_2\sin\omega_d t) \tag{2.1.12}$$

其中，ω_d 为阻尼振动频率，$\omega_d=\omega_n\sqrt{1-\zeta^2}$。

令上式及其导数中 $t=0$，得到

$$a_1=u_0,\quad a_2=\frac{\dot{u}_0+\zeta\omega_n u_0}{\omega_d} \tag{2.1.13}$$

将它们代入式（2.1.12），得到系统的位移

$$u(t)=e^{-\zeta\omega_n t}\left(u_0\cos\omega_d t+\frac{\dot{u}_0+\zeta\omega_n u_0}{\omega_d}\sin\omega_d t\right)=U(t)u_0+V(t)\dot{u}_0 \tag{2.1.14}$$

其中

$$U(t)=e^{-\zeta\omega_n t}\left(\cos\omega_d t+\frac{\zeta}{\sqrt{1-\zeta^2}}\sin\omega_d t\right),\quad V(t)=\frac{e^{-\zeta\omega_n t}}{\omega_d}\sin\omega_d t \tag{2.1.15}$$

分别是单位初始位移和单位初始速度引起的自由振动。

（2）单自由度系统的简谐激励下受迫振动

受简谐力作用的单自由度系统的运动方程为

$$m\ddot{u}(t)+c\dot{u}(t)+ku(t)=f_0\sin\omega t \tag{2.1.16}$$

上述方程对应齐次形式的通解为

$$\tilde{u}(t)=\mathrm{e}^{-\zeta\omega_\mathrm{n}t}(a_1\cos\omega_\mathrm{d}t+a_2\sin\omega_\mathrm{d}t) \tag{2.1.17}$$

其特解具有如下形式：

$$u^*(t)=B_\mathrm{d}\sin(\omega t+\psi_\mathrm{d}) \tag{2.1.18}$$

根据 $\sin(\omega t+\psi_\mathrm{d})$和 $\cos(\omega t+\psi_\mathrm{d})$前面系数的对应关系，得到

$$\begin{cases} B_\mathrm{d}=\dfrac{f_0}{\sqrt{(k-m\omega^2)^2+(c\omega)^2}} \\ \tan\psi_\mathrm{d}=-\dfrac{c\omega}{k-m\omega^2} \end{cases} \tag{2.1.19}$$

从而确定特解 $u^*(t)$。给定系统的初始条件 $u(0)=u_0, \dot{u}(0)=\dot{u}_0$，则可确定通解中的常数为

$$\begin{cases} a_1=u_0+\dfrac{2\zeta\omega_\mathrm{n}^3\omega B_0}{(\omega_\mathrm{n}^2-\omega^2)^2+(2\zeta\omega_\mathrm{n}\omega)^2} \\ a_2=\dfrac{\dot{u}_0+\zeta\omega_\mathrm{n}u_0}{\omega_\mathrm{d}}-\dfrac{\omega\omega_\mathrm{n}^2B_0[(\omega_\mathrm{n}^2-\omega^2)-2\zeta^2\omega_\mathrm{n}^2]}{\omega_\mathrm{d}[(\omega_\mathrm{n}^2-\omega^2)^2+(2\zeta\omega_\mathrm{n}\omega)^2]} \end{cases} \tag{2.1.20}$$

式中，$B_0=f_0/k$。

在简谐力作用下的受迫振动响应具有以下特征：

① 总振动响应可分为一个类似于自由振动响应的通解和一个简谐振动的特解叠加。

② 随时间增加，通解部分的幅值逐渐衰减，以致可忽略不计，故称它为**瞬态振动**；而特解部分的响应振幅不随时间变化，它是标准的简谐振动，故称它为**稳态振动**。稳态振动的频率等于激励频率 ω，而幅值和相位取决于激励幅值和系统参数，与初始条件无关。

③ 由给定的初始条件出发，系统的振动响应由指数衰减振动和简谐振动叠加而成，呈现较为复杂的波形。随着时间延长，衰减振动趋于零，而简谐振动成为主要成分。这个阶段称为**过渡过程**。过渡过程只经历一个不长的时间，阻尼越大，过渡过程持续的时间越短。

④ 经过一段时间后，受迫振动响应将以简谐振动为主，这一阶段称作**稳态过程**。只要有简谐激励力作用，稳态振动将一直持续下去。

(3) 单自由度系统的周期激励下的受迫振动

考察周期激励下的单自由度系统受迫振动问题：

$$m\ddot{u}(t)+c\dot{u}(t)+ku(t)=f(t) \tag{2.1.21}$$

其中，$f(t)$以 $T_0>0$ 为周期。参考上节，将 $f(t)$展开为傅里叶级数

$$f(t)=f_0+\sum_{n=1}^{+\infty}f_n\sin(n\omega_0t+\phi_n) \tag{2.1.22}$$

式中，ω_0 是周期激励的基频；f_0 是常力分量；f_n 和 ϕ_n 是第 n 次谐波分量的幅值和初始相

位，它们可分别表示为

$$\omega_0=\frac{2\pi}{T_0},\quad f_0=\frac{a_0}{2},\quad f_n=\sqrt{a_n^2+b_n^2},\quad \phi_n=\arctan\frac{a_n}{b_n} \tag{2.1.23}$$

$$\begin{cases} a_n=\dfrac{2}{T_0}\displaystyle\int_0^{T_0} f(t)\cos n\omega_0 t\,\mathrm{d}t & (n=0,1,2,\cdots) \\ b_n=\dfrac{2}{T_0}\displaystyle\int_0^{T_0} f(t)\sin n\omega_0 t\,\mathrm{d}t & (n=1,2,3,\cdots) \end{cases} \tag{2.1.24}$$

于是，系统运动微分方程(2.1.21)可写作

$$m\ddot{u}(t)+c\dot{u}(t)+ku(t)=f_0+\sum_{n=1}^{+\infty} f_n\sin(n\omega_0 t+\phi_n) \tag{2.1.25}$$

该方程的解由其特解和对应齐次方程的通解相加而成，此处着重讨论对应系统稳态振动的特解。根据线性微分方程解的叠加性质，分别求出该方程中右边各个力作用下的特解，然后将它们累加到一起，则可得到方程总的特解为

$$u^*(t)=B_0+\sum_{n=1}^{+\infty} B_n\sin(n\omega_0 t+\phi_n+\psi_n) \tag{2.1.26}$$

其中

$$\begin{cases} B_n=\dfrac{f_n}{k\sqrt{(1-n^2\lambda_1^2)^2+(2\zeta n\lambda_1)^2}} & (n=0,1,2,\cdots) \\ \psi_n=\arctan\dfrac{2\zeta n\lambda_1}{n^2\lambda_1^2-1} & (n=1,2,3,\cdots) \end{cases} \tag{2.1.27}$$

而

$$\lambda_1=\frac{\omega_0}{\omega_\mathrm{n}},\quad \omega_\mathrm{n}=\sqrt{\frac{k}{m}},\quad \zeta=\frac{c}{2\sqrt{mk}} \tag{2.1.28}$$

(4) 单自由度系统的任意激励下的受迫振动

求任意激励下受迫振动的基本思想是采用线性叠加法，即把激励沿时间轴划分为等间隔的一系列小曲边梯形的组合，求出各小曲边梯形对应激励的响应，再将它们叠加即获得总激励引起的响应。为求出小曲边梯形对应激励的响应，引进 δ 函数。

δ 函数由下面两式定义

$$\delta(t-\tau)=\begin{cases} \infty & (t=\tau) \\ 0 & (t\neq\tau) \end{cases} \tag{2.1.29}$$

$$\int_{-\infty}^{+\infty}\delta(t-\tau)\mathrm{d}t=1 \tag{2.1.30}$$

考虑零初始条件下单自由度系统在 $t=\tau=0$ 时刻受到单位冲量 $I=1$ 时的响应问题。此时系统的运动方程为

$$\begin{cases} m\ddot{u}+c\dot{u}+ku=I\delta(t) \\ u_0=0, \quad \dot{u}_0=0 \end{cases} \tag{2.1.31}$$

因冲量在无限短时间内施加到系统上，故可认为该瞬时系统位移保持不变，而只是获得了一个速度，冲击结束后，系统为自由振动。因此方程(2.1.31)等价为

$$\begin{cases} m\ddot{u}+c\dot{u}+ku=0 \\ u_0=0, \quad \dot{u}_0=I/m=1/m \end{cases} \tag{2.1.32}$$

易知该系统自由振动的解为

$$u(t)=\frac{1}{m\omega_d}e^{-\zeta\omega_n t}\sin\omega_d t \quad (t\geqslant 0) \tag{2.1.33}$$

在振动理论中常用符号 $h(t)$ 代替上式中的 $u(t)$，称 $h(t)$ 为**单位脉冲响应函数**，即

$$h(t)=\frac{1}{m\omega_d}e^{-\zeta\omega_n t}\sin\omega_d t \quad (t\geqslant 0) \tag{2.1.34}$$

若单位冲量不是作用在时刻 $t=0$，而是在 $t=\tau$，则冲击响应也将滞后时间 τ，即

$$h(t-\tau)=\frac{1}{m\omega_d}e^{-\zeta\omega_n(t-\tau)}\sin\omega_d(t-\tau) \quad (t\geqslant \tau) \tag{2.1.35}$$

考虑单自由度系统受任意激励力 $f(t)$ 的作用(如图2.2所示)，$f(t)$ 曲线下部的面积即是它产生的总冲量。利用微积分思想，可以将该面积分解成一系列等间距的小曲边梯形，当间距无限小时，小曲边梯形的面积可用相应的小矩形面积代替。

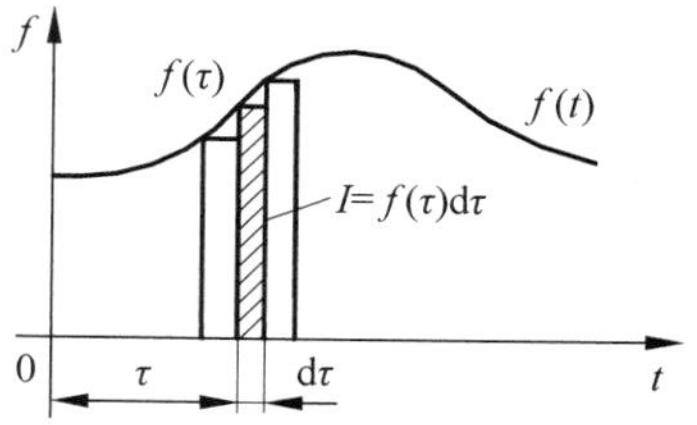

图2.2　任意激励的分解

考察 $t=\tau$ 时刻的小矩形，其面积即冲量为 $I(\tau)=f(\tau)d\tau$。由于在这一时刻单位冲量引起的系统响应为 $h(t-\tau)$，所以冲量为 $f(\tau)d\tau$ 引起的响应为 $h(t-\tau)f(\tau)d\tau$。根据线性系统的叠加原理和微积分原理可得 $0\leqslant\tau\leqslant t$ 上所有脉冲激发的系统响应总和：

$$u(t)=\int_0^t h(t-\tau)f(\tau)d\tau \tag{2.1.36}$$

上式称作**杜哈梅(Duhamel)积分或卷积积分**。一般情况下，系统的完整响应还应包含由初始条件引起的响应部分，即

$$u(t)=e^{-\zeta\omega_n t}\left(u_0\cos\omega_d t+\frac{\dot{u}_0+\zeta\omega_n u_0}{\omega_d}\sin\omega_d t\right)+\int_0^t h(t-\tau)f(\tau)d\tau \tag{2.1.37}$$

2）多自由度系统振动分析

多自由度系统的运动可以用微分方程组来描述。基于牛顿第二定律，通过对分离体进行受力分析可以建立系统的运动微分方程。也可以通过拉格朗日方法建立多自由度系统的微分方程。矩阵形式的系统微分方程为

$$\begin{cases}\boldsymbol{M}\ddot{\boldsymbol{u}}(t)+\boldsymbol{C}\dot{\boldsymbol{u}}(t)+\boldsymbol{K}\boldsymbol{u}(t)=\boldsymbol{f}(t)\\ \boldsymbol{u}(0)=\boldsymbol{u}_0,\quad \dot{\boldsymbol{u}}(0)=\dot{\boldsymbol{u}}_0\end{cases} \tag{2.1.38}$$

式中，$\boldsymbol{M}$、$\boldsymbol{C}$ 和 $\boldsymbol{K}$ 分别称作系统的质量矩阵、阻尼矩阵和刚度矩阵；$\boldsymbol{u}(t)$ 和 $\boldsymbol{f}(t)$ 分别称作系统的位移向量和激振力向量；$\dot{\boldsymbol{u}}(t)$ 和 $\ddot{\boldsymbol{u}}(t)$ 分别是系统的速度向量和加速度向量；$\boldsymbol{u}_0$ 和 $\dot{\boldsymbol{u}}_0$ 分别是系统的初始位移向量和初始速度向量。这里的矩阵和向量的阶次，取决于系统的自由度数。

(1) 多自由度系统的固有振动

若不考虑阻尼，无阻尼系统的振动微分方程为

$$\begin{cases}\boldsymbol{M}\ddot{\boldsymbol{u}}(t)+\boldsymbol{K}\boldsymbol{u}(t)=0\\ \boldsymbol{u}(0)=\boldsymbol{u}_0,\quad \dot{\boldsymbol{u}}(0)=\dot{\boldsymbol{u}}_0\end{cases} \tag{2.1.39}$$

针对求解广义特征值问题，由矩阵 $\boldsymbol{M}$、$\boldsymbol{K}$ 确定的特征值 λ_r 均为非负实数。因此，可引入 $\omega_r=\sqrt{\lambda_r}$，并将诸 ω_r 由小到大排列为

$$0\leqslant\omega_1\leqslant\omega_2\leqslant\cdots\leqslant\omega_{N-1}\leqslant\omega_N \tag{2.1.40}$$

将它们用于求解广义特征值，由此得到实系数齐次线性方程

$$(\boldsymbol{K}-\lambda_r\boldsymbol{M})\boldsymbol{\varphi}_r=\boldsymbol{0}\quad(r=1,2,\cdots,N) \tag{2.1.41}$$

由此确定的特征向量 $\boldsymbol{\varphi}_r$ 自然也是实向量，也称为系统的固有振型。因对于任意非零实常数 a，$a\boldsymbol{\varphi}_r$ 仍是对应特征值 λ_r 的特征向量，所以 $\boldsymbol{\varphi}_r$ 仅能确定到各分量间比例不变的程度。定义固有振动形式如下：

$$\boldsymbol{u}_r(t)=\boldsymbol{\varphi}_r\sin(\omega_r t+\theta_r)\quad(r=1,2,\cdots,N) \tag{2.1.42}$$

其运动特征是系统中各质点以同一频率 ω_r 和同一初始相位 θ_r 振动，而振幅按特征向量 $\boldsymbol{\varphi}_r$ 规定的比例分配。我们将无阻尼系统的这种自由振动称作其**第 r 阶固有振动**，称 ω_r 为它的第 r 阶固有频率，称 $\boldsymbol{\varphi}_r$ 为它的第 r 阶固有振型。这两者又常合在一起，被称作**第 r 阶固有模态**。

第 r 阶固有振动在初始时刻应满足

$$\boldsymbol{u}_r(0)=\boldsymbol{\varphi}_r\sin\theta_r\quad \dot{\boldsymbol{u}}_r(0)=\omega_r\boldsymbol{\varphi}_r\cos\theta_r\quad(r=1,2,\cdots,N) \tag{2.1.43}$$

如果上述条件不能满足，系统的自由振动将是各阶固有振动的线性组合

$$\boldsymbol{u}(t)=\sum_{r=1}^{N}\alpha_r\boldsymbol{\varphi}_r\sin(\omega_r t+\theta_r)=\sum_{r=1}^{N}\boldsymbol{\varphi}_r(a_r\cos\omega_r t+b_r\sin\omega_r t) \tag{2.1.44}$$

固有振型的性质：固有振型关于质量矩阵和刚度矩阵的加权正交性。互异固有频率所对应的固有振型关于质量矩阵、刚度矩阵加权正交。这是无阻尼系统固有振型最重要的性质。

加权正交关系一般的形式为

$$\boldsymbol{\varphi}_r^{\mathrm{T}}\boldsymbol{M}\boldsymbol{\varphi}_s=M_r\delta_{rs},\quad \boldsymbol{\varphi}_r^{\mathrm{T}}\boldsymbol{K}\boldsymbol{\varphi}_s=K_r\delta_{rs} \tag{2.1.45}$$

其中

$$\delta_{rs} \stackrel{\text{def}}{=} \begin{cases} 1 & (r=s) \\ 0 & (r \neq s) \end{cases} \tag{2.1.46}$$

M_r 和 K_r 分别称作对应第 r 阶固有振型的广义质量和广义刚度，亦可简称为**主质量**和**主刚度**。

(2) 无阻尼多自由度系统的自由振动

多自由度系统产生固有振动必须满足特定初始条件，否则系统自由振动是各阶固有振动的线性叠加。N 自由度无阻尼系统总共有 N 个线性无关的固有振型 $\boldsymbol{\varphi}_r(r=1,2,\cdots,N)$，因此，可用它作基底来张成描述系统运动的空间。引入坐标变换

$$\boldsymbol{u}=\boldsymbol{\Phi q} \tag{2.1.47}$$

一般地，$\boldsymbol{u}$ 是建立系统运动微分方程时采用的坐标，它在物理含义上通常被称作**物理坐标**，而 $\boldsymbol{q}$ 的物理意义可能不易直观看出，从而称为**广义坐标**。广义坐标在几何上并不直观，但它反映了每一个固有振型对系统运动的“贡献”量，故称之为主坐标，变换式(2.1.47)称为主坐标变换，可以借助主坐标变换实现系统方程的完全解耦。由固有振型的加权正交性条件式(2.1.45)可知，主坐标下的质量矩阵、刚度矩阵是对角矩阵，可以得到有独立的 N 个标量函数 $q_r(t)$ 的微分方程：

$$M_r\ddot{q}_r(t)+K_rq_r(t)=0 \quad (r=1,2,\cdots,N) \tag{2.1.48}$$

这说明在主坐标下系统的运动是解耦的。解耦的系统运动正是它的 N 个固有振动

$$q_r(t)=a_r\cos\omega_r t+b_r\sin\omega_r t \quad (r=1,2,\cdots,N) \tag{2.1.49}$$

基于坐标变换，由模态坐标响应转回到物理坐标

$$\boldsymbol{u}(t)=\boldsymbol{\Phi q}(t)=\boldsymbol{\Phi}\begin{bmatrix} a_1\cos\omega_1 t+b_1\sin\omega_1 t \\ \vdots \\ a_N\cos\omega_N t+b_N\sin\omega_N t \end{bmatrix}=\boldsymbol{\Phi}\left\{\underset{1\leqslant r\leqslant N}{\operatorname{diag}}[\cos\omega_r t]\boldsymbol{a}+\underset{1\leqslant r\leqslant N}{\operatorname{diag}}[\sin\omega_r t]\boldsymbol{b}\right\} \tag{2.1.50}$$

其中

$$\boldsymbol{a}\stackrel{\text{def}}{=}[a_1\cdots a_N]^{\mathrm{T}}, \quad \boldsymbol{b}\stackrel{\text{def}}{=}[b_1\cdots b_N]^{\mathrm{T}} \tag{2.1.51}$$

对于给定的初始条件 $\boldsymbol{u}_0$ 和 $\dot{\boldsymbol{u}}_0$，由式(2.1.50)及其导数可得到

$$\boldsymbol{a}=\boldsymbol{\Phi}^{-1}\boldsymbol{u}_0, \quad \boldsymbol{b}=\underset{1\leqslant r\leqslant N}{\operatorname{diag}}[1/\omega_r]\boldsymbol{\Phi}^{-1}\dot{\boldsymbol{u}}_0 \tag{2.1.52}$$

因此，可以把系统的自由振动写作

$$\begin{aligned}\boldsymbol{u}(t)&=\boldsymbol{\Phi}\underset{1\leqslant r\leqslant N}{\operatorname{diag}}[\cos\omega_r t]\boldsymbol{\Phi}^{-1}\boldsymbol{u}_0+\boldsymbol{\Phi}\underset{1\leqslant r\leqslant N}{\operatorname{diag}}[\sin\omega_r t/\omega_r]\boldsymbol{\Phi}^{-1}\dot{\boldsymbol{u}}_0 \\ &=\boldsymbol{U}(t)\boldsymbol{u}_0+\boldsymbol{V}(t)\dot{\boldsymbol{u}}_0\end{aligned} \tag{2.1.53}$$

其中

$$\boldsymbol{U}(t)\stackrel{\text{def}}{=}\boldsymbol{\Phi}\underset{1\leqslant r\leqslant N}{\operatorname{diag}}[\cos\omega_r t]\boldsymbol{\Phi}^{-1}, \quad \boldsymbol{V}(t)\stackrel{\text{def}}{=}\boldsymbol{\Phi}\underset{1\leqslant r\leqslant N}{\operatorname{diag}}[\sin\omega_r t/\omega_r]\boldsymbol{\Phi}^{-1} \tag{2.1.54}$$

代表各自由度分别具有单位初始位移和单位初始速度引起的系统自由振动。

(3) 有阻尼多自由系统的振动分析

考虑线性粘性阻尼系统的振动满足

$$\begin{cases}\boldsymbol{M}\ddot{\boldsymbol{u}}(t)+\boldsymbol{C}\dot{\boldsymbol{u}}(t)+\boldsymbol{K}\boldsymbol{u}(t)=\boldsymbol{f}(t)\\ \boldsymbol{u}(0)=\boldsymbol{u}_0,\quad \dot{\boldsymbol{u}}(0)=\dot{\boldsymbol{u}}_0\end{cases}\tag{2.1.55}$$

一般情况下,阻尼矩阵 $\boldsymbol{C}$ 往往并不正定,而且在固有振型作用下并不能对角化。人们为了研究使矩阵 $\boldsymbol{M}$,$\boldsymbol{K}$ 和 $\boldsymbol{C}$ 同时对角化的坐标变换付出了巨大的努力,Rayleigh 最先指出,若有常数 α 和 β 使阻尼矩阵为

$$\boldsymbol{C}=\alpha\boldsymbol{M}+\beta\boldsymbol{K}\tag{2.1.56}$$

则阻尼矩阵在固有振型矩阵变换下是对角矩阵。这种形式的阻尼被称作 **Rayleigh 阻尼**或**比例阻尼**,对许多小阻尼结构采用这种阻尼模型进行分析获得了比较好的结果。之后其他学者又相继提出了一些更复杂的可对角化阻尼矩阵形式,例如

$$\boldsymbol{C}=\boldsymbol{M}\sum_{r=0}^{n}\alpha_r(\boldsymbol{M}^{-1}\boldsymbol{K})^r\tag{2.1.57}$$

一些学者又相继指出:使阻尼矩阵对角化的充分条件是正定矩阵 $\boldsymbol{M}$,$\boldsymbol{K}$ 和 $\boldsymbol{C}$ 满足下述三式之一:

$$\boldsymbol{M}\boldsymbol{K}^{-1}\boldsymbol{C}=\boldsymbol{C}\boldsymbol{K}^{-1}\boldsymbol{M}\tag{2.1.58}$$

$$\boldsymbol{C}\boldsymbol{M}^{-1}\boldsymbol{K}=\boldsymbol{K}\boldsymbol{M}^{-1}\boldsymbol{C}\tag{2.1.59}$$

$$\boldsymbol{M}\boldsymbol{C}^{-1}\boldsymbol{K}=\boldsymbol{K}\boldsymbol{C}^{-1}\boldsymbol{M}\tag{2.1.60}$$

人们把在固有振型矩阵变换下可对角化的阻尼矩阵统称作比例阻尼。

对于自由振动问题,基于固有振动的正交性,方程(2.1.55)简化为

$$\begin{cases}M_r\ddot{q}_r(t)+C_r\dot{q}_r(t)+K_rq_r(t)=0\quad(r=1,2,\cdots,N)\\ q_r(0)=q_{0r},\quad \dot{q}_r(0)=\dot{q}_{0r}\end{cases}\tag{2.1.61}$$

或者

$$\begin{cases}\ddot{q}_r(t)+2\zeta_r\omega_r\dot{q}_r(t)+\omega_r^2q_r(t)=0\quad(r=1,2,\cdots,N)\\ q_r(0)=q_{0r},\quad \dot{q}_r(0)=\dot{q}_{0r}\end{cases}\tag{2.1.62}$$

仿照单自由度阻尼系统的自由振动解,得到 N 个独立主坐标下的运动:

$$q_r(t)=U_r(t)q_{0r}+V_r(t)\dot{q}_{0r}\quad(r=1,2,\cdots,N)\tag{2.1.63}$$

其中

$$\begin{cases}U_r(t)\overset{\text{def}}{=}\mathrm{e}^{-\zeta_r\omega_rt}\left(\cos\sqrt{1-\zeta_r^2}\,\omega_rt+\dfrac{\zeta_r}{\sqrt{1-\zeta_r^2}}\sin\sqrt{1-\zeta_r^2}\,\omega_rt\right)\\ V_r(t)\overset{\text{def}}{=}\dfrac{\mathrm{e}^{-\zeta_r\omega_rt}}{\omega_r\sqrt{1-\zeta_r^2}}\sin\sqrt{1-\zeta_r^2}\,\omega_rt\quad(r=1,2,\cdots,N)\end{cases}\tag{2.1.64}$$

$$\omega_r \stackrel{\text{def}}{=} \sqrt{\frac{K_r}{M_r}},\quad \zeta_r \stackrel{\text{def}}{=} \frac{C_r}{2\sqrt{M_r K_r}} \quad (r=1,2,\cdots,N) \tag{2.1.65}$$

将式(2.1.63)写作矩阵形式：

$$\boldsymbol{q}(t)=\operatorname*{diag}_{1\leqslant r\leqslant N}[U_r(t)]\boldsymbol{q}_0+\operatorname*{diag}_{1\leqslant r\leqslant N}[V_r(t)]\dot{\boldsymbol{q}}_0 \tag{2.1.66}$$

连同初始条件代回变换式(2.1.47)，得到物理坐标下系统的自由振动

$$\begin{aligned}\boldsymbol{u}(t)&=\boldsymbol{\Phi}\operatorname*{diag}_{1\leqslant r\leqslant N}[U_r(t)]\boldsymbol{q}_0+\boldsymbol{\Phi}\operatorname*{diag}_{1\leqslant r\leqslant N}[V_r(t)]\dot{\boldsymbol{q}}_0\\&=\boldsymbol{\Phi}\operatorname*{diag}_{1\leqslant r\leqslant N}[U_r(t)]\boldsymbol{\Phi}^{-1}\boldsymbol{u}_0+\boldsymbol{\Phi}\operatorname*{diag}_{1\leqslant r\leqslant N}[V_r(t)]\boldsymbol{\Phi}^{-1}\dot{\boldsymbol{u}}_0\\&=\boldsymbol{U}(t)\boldsymbol{u}_0+\boldsymbol{V}(t)\dot{\boldsymbol{u}}_0\end{aligned} \tag{2.1.67}$$

其中

$$\boldsymbol{U}(t)\stackrel{\text{def}}{=}\boldsymbol{\Phi}\operatorname*{diag}_{1\leqslant r\leqslant N}[U_r(t)]\boldsymbol{\Phi}^{-1},\quad \boldsymbol{V}(t)\stackrel{\text{def}}{=}\boldsymbol{\Phi}\operatorname*{diag}_{1\leqslant r\leqslant N}[V_r(t)]\boldsymbol{\Phi}^{-1} \tag{2.1.68}$$

为比例阻尼系统因各自由度单位初始位移或单位初始速度引起的自由振动矩阵。

对于受迫振动的问题，可以通过频域法或时域法进行分析。

频域分析方法：对比例阻尼系统施加正弦激励，随着时间的延续，响应会趋于与激励同频率的稳态正弦振动。为简便起见，采用复数记法表示激励及稳态响应，它们分别为

$$\begin{cases}\boldsymbol{f}(t)=\bar{\boldsymbol{f}}\mathrm{e}^{\mathrm{j}\omega t}=[\bar{f}_1\cdots\bar{f}_N]^{\mathrm{T}}\mathrm{e}^{\mathrm{j}\omega t}\\ \boldsymbol{u}(t)=\bar{\boldsymbol{u}}\mathrm{e}^{\mathrm{j}\omega t}=[\bar{u}_1\cdots\bar{u}_N]^{\mathrm{T}}\mathrm{e}^{\mathrm{j}\omega t}\end{cases} \tag{2.1.69}$$

其中，力向量 $\bar{\boldsymbol{f}}$ 和响应向量 $\bar{\boldsymbol{u}}$ 的元素一般是复数。若各个 $\bar{f}_j$ 的辐角不同，则表示各激励间初始相位不同。$\bar{u}_i$ 与 $\bar{f}_j$ 的相位差则反映响应超前于激励的程度。把上式代入阻尼系统的振动方程(2.1.55)有

$$\boldsymbol{Z}(\omega)\bar{\boldsymbol{u}}\stackrel{\text{def}}{=}(\boldsymbol{K}-\omega^2\boldsymbol{M}+\mathrm{j}\omega\boldsymbol{C})\bar{\boldsymbol{u}}=\bar{\boldsymbol{f}} \tag{2.1.70}$$

式中，$\boldsymbol{Z}(\omega)$是阻尼系统的动刚度矩阵。与无阻尼系统动刚度矩阵的不同在于，它是复数矩阵且一般可逆，其逆矩阵

$$\boldsymbol{H}(\omega)\stackrel{\text{def}}{=}\boldsymbol{Z}^{-1}(\omega)=(\boldsymbol{K}-\omega^2\boldsymbol{M}+\mathrm{j}\omega\boldsymbol{C})^{-1} \tag{2.1.71}$$

就是阻尼系统的频响函数矩阵。它的元素 $H_{ij}(\omega)$一般是复数，其幅值$|H_{ij}(\omega)|$的物理意义是：在系统的第 j 个自由度上施加单位幅值正弦激励后系统第 i 个自由度上的稳态响应幅值；而辐角 $\arg H_{ij}(\omega)$的物理意义是：上述响应超前激励的相位角。

将固有振型矩阵$\boldsymbol{\Phi}^{\mathrm{T}}$ 和$\boldsymbol{\Phi}$ 分别左乘、右乘动刚度矩阵

$$\boldsymbol{\Phi}^{\mathrm{T}}\boldsymbol{Z}(\omega)\boldsymbol{\Phi}=\boldsymbol{\Phi}^{\mathrm{T}}(\boldsymbol{K}-\omega^2\boldsymbol{M}+\mathrm{j}\omega\boldsymbol{C})\boldsymbol{\Phi}=\operatorname*{diag}_{1\leqslant r\leqslant N}[K_r-\omega^2M_r+\mathrm{j}\omega C_r] \tag{2.1.72}$$

由此解出频响函数矩阵的振型展开式

$$\boldsymbol{H}(\omega)=\boldsymbol{\Phi}\operatorname*{diag}_{1\leqslant r\leqslant N}[K_r-\omega^2M_r+\mathrm{j}\omega C_r]^{-1}\boldsymbol{\Phi}^{\mathrm{T}}=\sum_{r=1}^{N}\frac{\boldsymbol{\varphi}_r\boldsymbol{\varphi}_r^{\mathrm{T}}}{K_r-\omega^2M_r+\mathrm{j}\omega C_r} \tag{2.1.73}$$

由此

$$\bar{\boldsymbol{u}}=(\boldsymbol{K}-\omega^2\boldsymbol{M}+\mathrm{j}\omega\boldsymbol{C})^{-1}\bar{\boldsymbol{f}}=\boldsymbol{H}(\omega)\bar{\boldsymbol{f}} \tag{2.1.74}$$

时域分析方法：利用固有振型矩阵对比例阻尼系统的解耦作用，可推导出系统单位脉冲响应矩阵的振型展开式：

$$\boldsymbol{h}(t)=\sum_{r=1}^{N}\frac{\boldsymbol{\varphi}_r\boldsymbol{\varphi}_r^{\mathrm{T}}}{M_r\omega_r\sqrt{1-\zeta_r^2}}\mathrm{e}^{-\zeta_r\omega_r t}\sin\sqrt{1-\zeta_r^2}\,\omega_r t \tag{2.1.75}$$

$$\begin{aligned}\boldsymbol{h}(t)&=\boldsymbol{\Phi}\underset{1\leqslant r\leqslant N}{\mathrm{diag}}\left[\frac{V_r(t)}{M_r}\right]\boldsymbol{\Phi}^{\mathrm{T}}=\boldsymbol{\Phi}\underset{1\leqslant r\leqslant N}{\mathrm{diag}}[V_r(t)]\underset{1\leqslant r\leqslant N}{\mathrm{diag}}\left[\frac{1}{M_r}\right]\boldsymbol{\Phi}^{\mathrm{T}}\\&=\boldsymbol{\Phi}\underset{1\leqslant r\leqslant N}{\mathrm{diag}}[V_r(t)]\boldsymbol{\Phi}^{-1}\boldsymbol{\Phi}\underset{1\leqslant r\leqslant N}{\mathrm{diag}}\left[\frac{1}{M_r}\right]\boldsymbol{\Phi}^{\mathrm{T}}\\&=\boldsymbol{V}(t)\boldsymbol{M}^{-1}\end{aligned} \tag{2.1.76}$$

式中，$\boldsymbol{V}(t)$是比例阻尼系统由单位初速度引起的自由振动矩阵。

由此可以得到系统在任意初始条件和激励下的响应表达式为

$$\boldsymbol{u}(t)=\boldsymbol{U}(t)\boldsymbol{u}_0+\boldsymbol{V}(t)\dot{\boldsymbol{u}}_0+\int_0^t\boldsymbol{h}(t-\tau)\boldsymbol{f}(\tau)\mathrm{d}\tau \tag{2.1.77}$$

2.1.2 无限自由度系统振动

实际结构系统的惯性、弹性和阻尼都是连续分布的，因而称为连续系统或分布参数系统。确定连续系统中无数个质点的运动形态需要无限多个广义坐标，因此连续系统又称为无限自由度系统。前面论述的单自由度或多自由度系统，是连续系统的简化模型。本节的研究对象限于由均匀的、各向同性线弹性材料制成的梁及板结构，这些弹性体结构常常是动载荷识别的主体结构。为了分析方便，本节先对无阻尼弹性体的振动进行讨论，然后针对阻尼对弹性体振动的影响进行讨论。弹性体的微振动问题由线性偏微分方程描述，其中一小部分可求得精确解，其余的只能通过近似处理，将连续系统离散化为有限自由度系统，求得振动的近似解。

1）弹性梁弯曲振动

如果梁各截面的中心主轴在同一平面内，外载荷也作用于该平面内，则梁的主要变形是弯曲变形，梁在该平面内的横向振动称作弯曲振动。梁的弯曲振动频率通常低于它作为杆的纵向振动或作为轴的扭转振动的频率，更容易被激发。所以，梁的弯曲振动在工程上具有重要意义。

设有长度为 l 的直梁，取其轴线作为 x 轴，建立图 2.3 所示的坐标系。今后只要不另行说明，x 轴原点均取在梁的左端点。记梁在坐标为 x 处的横截面积为 $A(x)$，材料弹性模量

为 $E(x)$，密度为 $\rho(x)$，截面关于中性轴的惯性矩为 $I(x)$。用 $w(x,t)$表示坐标为 x 的截面中性轴在时刻 t 的横向位移，$f(x,t)$和 $m(x,t)$分别表示单位长度梁上分布的横向外力和外力矩。取长为 $\mathrm{d}x$ 的微段作为分离体，其受力分析如图 2.3 所示。

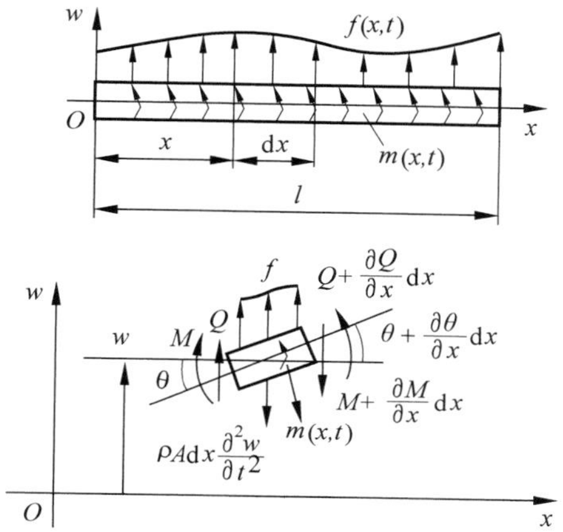

图 2.3　伯努利-欧拉梁及其微段受力分析

其中，$Q(x,t)$和 $M(x,t)$分别是截面上的剪力和弯矩，$\rho(x)A(x)\mathrm{d}x\ \dfrac{\partial^2 w(x,t)}{\partial t^2}$是梁微段的惯性力，图中所有力和力矩均按正方向画出。

根据牛顿第二定律，梁微段的横向运动满足

$$\rho A\,\mathrm{d}x\ \frac{\partial^2 w}{\partial t^2}=Q-\left(Q+\frac{\partial Q}{\partial x}\mathrm{d}x\right)+f\,\mathrm{d}x=\left(f-\frac{\partial Q}{\partial x}\right)\mathrm{d}x \tag{2.1.78}$$

忽略截面绕中性轴的转动惯量，对微段的右端面一点取矩并略去高阶小量，得到

$$M+Q\mathrm{d}x=M+\frac{\partial M}{\partial x}\mathrm{d}x+m\,\mathrm{d}x \tag{2.1.79}$$

或写为

$$Q=\frac{\partial M}{\partial x}+m \tag{2.1.80}$$

将上式代入式(2.1.78)，得到

$$\rho A\ \frac{\partial^2 w}{\partial t^2}=f-\left(\frac{\partial^2 M}{\partial x^2}+\frac{\partial m}{\partial x}\right) \tag{2.1.81}$$

由材料力学可知，$M=EI\ \dfrac{\partial^2 w}{\partial x^2}$，将其代入上式得到伯努利-欧拉梁的弯曲振动微分方程

$$\rho A \frac{\partial^2 w}{\partial t^2} + \frac{\partial^2}{\partial x^2}\left(EI \frac{\partial^2 w}{\partial x^2}\right) = f - \frac{\partial m}{\partial x} \tag{2.1.82}$$

对于等截面均质直梁，ρA 和 EI 为常数，于是方程成为

$$\rho A \frac{\partial^2 w}{\partial t^2} + EI \frac{\partial^4 w}{\partial x^4} = f - \frac{\partial m}{\partial x} \tag{2.1.83}$$

下面考虑梁的自由振动，即令方程(2.1.83)中 $f(x,t)=0$ 和 $m(x,t)=0$，则得到等截面均质直梁的弯曲自由振动微分方程

$$\rho A \frac{\partial^2 w}{\partial t^2} + EI \frac{\partial^4 w}{\partial x^4} = 0 \tag{2.1.84}$$

这是一个四阶常系数线性齐次偏微分方程，可用分离变量法求解。设梁具有如下形式的横向固有振动

$$w(x,t) = W(x)q(t) \tag{2.1.85}$$

将上式代入方程(2.1.84)得

$$\rho A W(x)\ddot{q}(t) + EIW^{(4)}(x)q(t) = 0 \tag{2.1.86}$$

上式还可写为

$$\frac{EI}{\rho A}\frac{W^{(4)}(x)}{W(x)} = -\frac{\ddot{q}(t)}{q(t)} \tag{2.1.87}$$

该方程左边为 x 的函数，右边为 t 的函数，且 x 与 t 彼此独立，故方程两边必同时等于一常数。可以证明该常数非负，记其为 $\omega^2 \geqslant 0$。因此，式(2.1.87)分离为两个独立的常微分方程

$$\begin{cases} W^{(4)}(x) - s^4 W(x) = 0 \\ \ddot{q}(t) + \omega^2 q(t) = 0 \end{cases} \tag{2.1.88}$$

$$s^4 \overset{\text{def}}{=} \frac{\rho A}{EI}\omega^2 \tag{2.1.89}$$

解方程(2.1.88)得

$$\begin{cases} W(x) = a_1 \cos sx + a_2 \sin sx + a_3 \cosh sx + a_4 \sinh sx & (2.1.90\text{a}) \\ q(t) = b_1 \cos \omega t + b_2 \sin \omega t & (2.1.90\text{b}) \end{cases}$$

式(2.1.90a)描述了梁横向振动幅值沿梁长的分布，并含有待定的固有频率 ω。梁横向振动幅值在梁的两端必须满足给定的边界条件，由此可确定 ω、a_1、a_2、a_3 和 a_4(或比值)。式(2.1.90b)则描述了梁振动随时间的简谐变化，如同前面一样，常数 b_1 和 b_2 由系统的初始条件来确定。

边界条件要考虑 4 个量，即挠度、转角、弯矩和剪力。将限制挠度、转角的边界条件称作几何边界条件，而限制弯矩、剪力的边界条件称作动力边界条件。直梁常见边界条件如表 2.1 所示。

表 2.1　直梁常见边界条件

端部情况	挠度	转角	弯矩*	剪力*
	w	$\frac{\partial w}{\partial x}$	$M=EI\frac{\partial^2 w}{\partial x^2}$	$Q=EI\frac{\partial^3 w}{\partial x^3}$
固支	$w=0$	$\frac{\partial w}{\partial x}=0$		
自由			$M=0$	$Q=0$
铰支	$w=0$		$\frac{\partial^2 w}{\partial x^2}=0$	
弹性载荷			$M=-k\frac{\partial w}{\partial x}$	$Q=kw$
惯性载荷			$M=0$	$Q=m\frac{\partial^2 w}{\partial x^2}$

* 表示该边界条件是对梁的右端而言，若对梁的左端，则 M、Q 改变符号。

下面以简支梁为例求其固有频率和固有振型函数。简支梁边界条件分别为

$$W(0)=0,\quad W''(0)=0 \tag{2.1.91}$$

$$W(l)=0,\quad W''(l)=0 \tag{2.1.92}$$

将式(2.1.91)代入式(2.1.90a)及其二阶导数，得

$$a_1+a_3=0,\quad -a_1+a_3=0 \tag{2.1.93}$$

由此得出

$$a_1=a_3=0 \tag{2.1.94}$$

将式(2.1.92)代入式(2.1.90a)及其二阶导数，得

$$a_2\sin sl+a_4\sinh sl=0,\quad -a_2\sin sl+a_4\sinh sl=0 \tag{2.1.95}$$

于是得到

$$a_2\sin sl=0,\quad a_4\sinh sl=0 \tag{2.1.96}$$

因简支梁无刚体运动，故 $sl\neq0$，从而得出频率方程

$$\sin sl=0,\quad a_2\neq0,\quad a_4=0 \tag{2.1.97}$$

其解为

$$s_n=\frac{n\pi}{l}\quad(n=1,2,3,\cdots) \tag{2.1.98}$$

由式(2.1.89)得出固有频率

$$\omega_n=s_n^2\sqrt{\frac{EI}{\rho A}}=(n\pi)^2\sqrt{\frac{EI}{\rho Al^4}}\quad(n=1,2,3,\cdots) \tag{2.1.99}$$

相应的固有振型函数是

$$W_n(x)=\sin\frac{n\pi x}{l}\quad(n=1,2,3,\cdots) \tag{2.1.100}$$

真实系统的振动总要受到阻尼影响。任何材料在变形过程中总有能耗，即材料自身具有阻尼。对材料阻尼的机理研究需要从微观进行，但振动分析通常基于某些宏观等效的阻尼模型。例如，对金属杆件进行简谐加载的拉压试验表明，杆内的动应力可近似表示成

$$\sigma(x,t)=E\left[\varepsilon(x,t)+\eta\frac{\partial\varepsilon(x,t)}{\partial t}\right],\quad 0<\eta\leqslant 1 \tag{2.1.101}$$

其中与应变速率有关的项反映了材料的内阻尼。

现分析金属材料等截面伯努利-欧拉梁在简谐激励下的稳态振动。相应于式(2.1.101)，梁的弯矩与挠度的关系为

$$M=EI\left(\frac{\partial^2 w}{\partial x^2}+\eta\frac{\partial^3 w}{\partial x^2\partial t}\right) \tag{2.1.102}$$

于是，可得梁的简谐受迫振动微分方程为

$$\rho A\frac{\partial^2 w}{\partial t^2}+EI\frac{\partial^4 w}{\partial x^4}+\eta EI\frac{\partial^5 w}{\partial t\partial x^4}=f(x)\sin\omega t \tag{2.1.103}$$

设梁的运动为

$$w(x,t)=\sum_{n=1}^{+\infty}W_n(x)q_n(t) \tag{2.1.104}$$

则解耦后的主坐标微分方程是

$$\ddot{q}_n(t)+\eta\omega_n^2\dot{q}_n(t)+\omega_n^2 q_n(t)=f_n\sin\omega t\quad(n=1,2,3,\cdots) \tag{2.1.105}$$

其中模态力的幅值为

$$f_n\overset{\text{def}}{=}\frac{\int_0^l W_n(x)f(x)\mathrm{d}x}{\rho A\int_0^l W_n^2(x)\mathrm{d}x}\quad(n=1,2,3,\cdots) \tag{2.1.106}$$

方程(2.1.105)的稳态解是

$$q_n(t)=\frac{f_n}{\sqrt{(\omega_n^2-\omega^2)^2+(\eta\omega_n^2\omega)^2}}\sin\left[\omega t-\arctan\left(\frac{\eta\omega_n^2\omega}{\omega_n^2-\omega^2}\right)\right]\quad(n=1,2,3,\cdots) \tag{2.1.107}$$

代回式(2.1.104)，即得到梁的稳态振动响应。

2）薄板的振动

弹性薄板是指厚度比平面尺寸要小得多的弹性体，它可提供抗弯刚度。在板中，与两个表面等距离的平面称为中面。为了描述板的振动，建立一直角坐标系，(x,y)平面与中面重合，z 轴垂直于板面。对板弯曲振动的分析基于下述 Kirchhoff 假设：

(1) 微振动时，板的挠度远小于厚度，则中面挠曲为中性面，中面内无应变。

(2) 垂直于平面的法线在板弯曲变形后仍为直线，且垂直于挠曲后的中面；该假设等价于忽略横向剪切变形，即 $\gamma_{yz}=\gamma_{xz}=0$。

(3) 板弯曲变形时，板的厚度变化可忽略不计，即 $\varepsilon_z=0$。

(4) 板的惯性主要由平动的质量提供,忽略由于弯曲而产生的转动惯量。

设板的厚度为 h,材料密度为 ρ,弹性模量为 E,泊松比为 μ,中面上的各点只做沿 z 轴方向的微幅振动,运动位移为 w。可以根据虚功原理推导出薄板振动微分方程(本节略,可以查阅文献)

$$\rho h\ddot{w} + D\nabla^4 w(x,y,t) = 0 \tag{2.1.108}$$

式中,$D=\dfrac{Eh^3}{12(1-\mu^2)}$为板的抗弯刚度;$\nabla^2=\dfrac{\partial^2}{\partial x^2}+\dfrac{\partial^2}{\partial y^2}$为拉普拉斯算子。

对于长为 a,宽为 b 的矩形薄板,可采用分离变量法求解。设

$$w(x,y,t) = W(x,y)q(t) \tag{2.1.109}$$

代入方程(2.1.108),可得

$$\frac{\ddot{q}(t)}{q(t)} = -\frac{D}{\rho h}\frac{\nabla^4 W(x,y)}{W(x,y)} = -\omega^2 \tag{2.1.110}$$

分离为

$$\begin{cases}\nabla^4 W(x,y) - \beta^4 W(x,y) = 0 \\ \ddot{q}(t) + \omega^2 q(t) = 0\end{cases} \tag{2.1.111}$$

其中

$$\beta^4 = \frac{\rho h}{D}\omega^2 \tag{2.1.112}$$

如果板的四边均为铰支,可设满足边界条件的试探解

$$W(x,y) = W_0 \sin\frac{m\pi x}{a}\sin\frac{n\pi y}{b} \tag{2.1.113}$$

代入方程(2.1.111),得出板的固有频率方程

$$\beta_{mn}^4 = \pi^4\left[\left(\frac{m}{a}\right)^2 + \left(\frac{n}{b}\right)^2\right]^2 \quad (m,n=1,2,3,\cdots) \tag{2.1.114}$$

代入式(2.1.112),得到固有频率

$$\omega_{mn} = \pi^2\sqrt{\frac{D}{\rho h}}\left(\frac{m^2}{a^2}+\frac{n^2}{b^2}\right) \quad (m,n=1,2,3,\cdots) \tag{2.1.115}$$

相应的固有振型函数为

$$W_{mn}(x,y) = \sin\frac{m\pi x}{a}\sin\frac{n\pi y}{b} \quad (m,n=1,2,3,\cdots) \tag{2.1.116}$$

当 a/b 为有理数时,矩形板的固有频率会出现重频;对应重频的固有振型,其形态不是唯一的。若令 $m=n=1$,则在 $x=0,a$;$y=0,b$ 四条边上的点没有振动位移;若令 $m=2$,$n=1$,则除了板的四条边界线外,在 $x=a/2$ 上的点也没有振动位移。通常将 $x=a/2$ 这条线称为**节线**。若取 $m=1,n=2$,则 $y=b/2$ 成为节线。对于矩形板而言,节线总是与四边平行的。

至于其他边界条件的矩形板或其他形状的板,目前尚未得到显式的解析解。

2.2 分布动载荷识别中的离散化方法

由于连续分布动载荷是无限维的载荷模型，在载荷识别的数值仿真过程中必须将其进行离散化，化为有限维的问题来处理，以便计算机进行数值求解。实际上，从工程应用的角度而言，求出方程的数值解更为重要。因此，必须采取离散的近似方法，将无限维问题在一个有限维的子空间上进行逼近，在解空间的某个子空间上求其近似解。从无限维空间过渡到有限维空间，常用的方法是投影法，它包含 Galerkin 法、配置法等。

2.2.1 勒让德正交多项式及广义傅里叶级数展开

1）勒让德正交多项式

将无限维问题转化到有限维的空间上进行表述，常常用到正交基函数，所谓的正交基函数是指，在某一区间上构成正交的函数系（正交多项式）。正交多项式的种类繁多，例如：勒让德多项式（勒让德正交多项式）（图 2.4）、Chebyshev 多项式、Hermite 多项式、Lagurre 多项式等。其中，勒让德多项式为十分重要的正交多项式，其加权函数为 1，具有较高的拟合精度和较好的收敛性，而且计算的效率较高。因此选择勒让德多项式作为正交展开的基函数，同时基于勒让德正交多项式的定义，构造二维及高维正交多项式，用于逼近一维或更高维连续载荷分布函数。

勒让德正交多项式是区间[−1,1]上关于加权函数 $\rho(x)=1$ 的正交多项式，其表达式为

$$L_1(x)=1,\quad L_{n+1}(x)=\frac{1}{2^n n!}\frac{\mathrm{d}^n}{\mathrm{d}x^n}\{(x^2-1)^n\}\quad (n=1,2,\cdots) \tag{2.2.1}$$

$$\begin{cases} L_1(x)=1 \\ L_2(x)=x \\ L_3(x)=\dfrac{1}{2}(3x^2-1) \\ L_4(x)=\dfrac{1}{2}(5x^3-3x) \\ \vdots \end{cases} \tag{2.2.2}$$

勒让德多项式性质：

（1）递推性

递推公式为：$(n+1)L_{n+2}(x)=(2n+1)xL_{n+1}(x)-nL_n(x)\quad (n\geqslant 1)$ (2.2.3)

（2）正交性

满足正交性：$\int_{-1}^{1}\rho(x)L_m(x)L_n(x)\mathrm{d}x=\begin{cases}0 & (m\neq n)\\ \dfrac{2}{2n-1} & (m=n)\end{cases}$ (2.2.4)

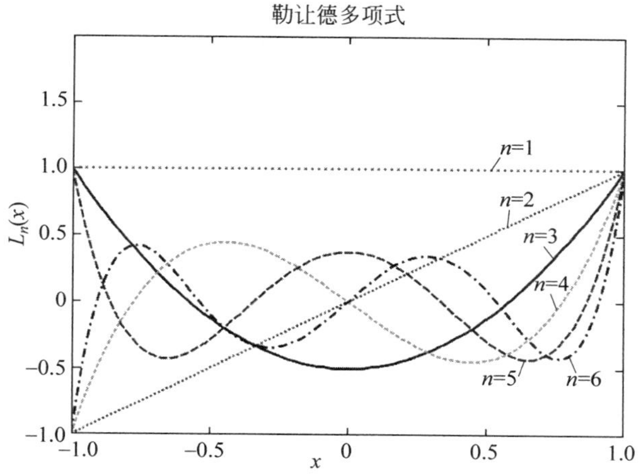

图 2.4 前六阶勒让德正交多项式曲线示意图

(3) 奇偶性

当阶次 n 为奇数时,$L_n(x)$为偶函数;当阶次 n 为偶数时,$L_n(x)$为奇函数,即

$$L_n(-x)=(-1)^{n-1}L_n(x)\quad(n\geqslant 1)\tag{2.2.5}$$

在$[0,l]$,得到勒让德多项式的项数和递推公式如下:

$$\begin{cases}L_1(x)=1\\ L_2(x)=\dfrac{2x}{l}-1\\ \vdots\\ L_{n+2}(x)=\dfrac{2n+1}{n+1}\left(\dfrac{2x}{l}-1\right)L_{n+1}(x)-\dfrac{n}{n+1}L_n(x)\end{cases}$$
$$(x\in[0,l],n=2,3,\cdots)\tag{2.2.6}$$

满足正交性:

$$\int_0^l\rho(x)L_m(x)L_n(x)\mathrm{d}x=\begin{cases}0 & (m\neq n)\\ \dfrac{l}{2n-1} & (m=n)\end{cases}\tag{2.2.7}$$

称$\{L_1(x),L_2(x),\cdots\}$为勒让德一维正交多项式,归一化后表示为

$$L_n(x,y)\leftarrow\sqrt{(2n-1)/l}\,L_n(x,y)\tag{2.2.8}$$

根据勒让德一维正交多项式,构造二维正交多项式 $L_{mn}(x,y)=L_m(x)L_n(y)$,由一维正交多项式的正交性,很容易证明:

$$\int_0^{l_1}\int_0^{l_2}L_{mn}(x,y)L_{ij}(x,y)\mathrm{d}y\mathrm{d}x=\begin{cases}\dfrac{l_1l_2}{(2m-1)(2n-1)} & (m=i,n=j)\\ 0 & (\text{其他})\end{cases}\tag{2.2.9}$$

构造的二维正交多项式满足正交性条件。可以验证其奇偶性：

$$\begin{cases}L_{(m+1)(n+1)}(-x,y)=(-1)^m L_{(m+1)(n+1)}(x,y)\\ L_{(m+1)(n+1)}(x,-y)=(-1)^n L_{(m+1)(n+1)}(x,y)\\ L_{(m+1)(n+1)}(-x,-y)=(-1)^{m+n} L_{(m+1)(n+1)}(x,y)\end{cases} \tag{2.2.10}$$

满足递推关系：

$$\begin{aligned}L_{(m+2)(n+2)}(x,y)=&\left[\frac{2m+1}{m+1}\left(\frac{2x}{l}-1\right)L_{m+1}(x)-\frac{m}{m+1}L_m(x)\right]\cdot\\&\left[\frac{2n+1}{n+1}\left(\frac{2x}{l}-1\right)L_{n+1}(x)-\frac{n}{n+1}L_n(x)\right]\end{aligned} \tag{2.2.11}$$

可见，构造的二维勒让德多项式也满足正交性、奇偶性和递推特性。$\{L_{mn}(x,y)\}$构成了一组二维正交基函数。对二维正交多项式进行归一化，形式为

$$L_{mn}(x,y)\leftarrow\sqrt{\frac{(2m-1)(2n-1)}{l_1 l_2}}L_m(x)L_n(y) \tag{2.2.12}$$

依照二维正交多项式的构成方法，很容易构造高维正交多项式：

$$\{L_{j_1,j_2,\cdots,j_n}(x_1,x_2,\cdots,x_n)\}=L_{j_1}(x_1)\cdot L_{j_2}(x_2)\cdot\cdots\cdot L_{j_n}(x_n) \tag{2.2.13}$$

其正交性容易证明。式(2.2.13)中当 $n=1$ 时，表示一维正交的基函数；$n=2$ 时，表示二维正交的基函数。高维正交基函数与一、二维正交基函数具有相同的性质。本书应用到二维正交多项式。

2）广义傅里叶级数展开

若 $f(x)$在区间$[a,b]$有定义，且加权平方可积，加权函数记为 $h(x)$，满足这样条件的函数 $f(x)$的全体为空间 $L_2(a,b,h(x))$，简记为 L_2。

由 Weierstrass 逼近定理可知，对于空间函数 L_2 中的每一个函数 $f(x)$，可把它按以 $h(x)$为加权函数的归一化正交多项式序列$\{L_n(x)\}$展开成广义傅里叶级数：

$$f(x)=\sum_{n=1}^{+\infty}a_n L_n(x) \tag{2.2.14}$$

系数 a_n 可由下式计算：

$$a_n=\int_a^b h(x)f(x)L_n(x)\mathrm{d}x \tag{2.2.15}$$

在加权范数的意义下，级数的部分和可以作为 L_2 空间函数的“最佳近似”，也称为最佳“加权范数逼近”。

对于一维函数 $f(x)\in L_2(0,l_1)$，当正交多项式为勒让德多项式，对函数逼近时，函数 $f(x)$的广义傅里叶级数展开为

$$f(x)=\sum_{n=1}^{+\infty}L_n(x)a_n \tag{2.2.16}$$

其中

$$a_n = \int_0^{l_1} f(x) L_n(x) \mathrm{d}x \tag{2.2.17}$$

同理，对于二维函数 $f(x,y)$，利用二维勒让德多项式进行广义傅里叶级数展开：

$$f(x,y) = \sum_{m=1}^{+\infty}\sum_{n=1}^{+\infty} L_{mn}(x,y) a_{mn} \tag{2.2.18}$$

其中

$$a_{mn} = \int_0^{l_1}\int_0^{l_2} f(x,y) L_{mn}(x,y) \mathrm{d}y \mathrm{d}x \tag{2.2.19}$$

$[0,l_1]$、$[0,l_2]$分别表示变量 x 和 y 的作用区间。

对于更高维的函数 $f(x_1,x_2,\cdots,x_n)$，利用高维勒让德多项式进行广义傅里叶展开：

$$f(x_1,x_2,\cdots,x_n) = \sum_{j_1=1}^{+\infty}\sum_{j_2=1}^{+\infty}\cdots\sum_{j_n=1}^{+\infty} L_{j_1 j_2 \cdots j_n}(x_1,x_2,\cdots,x_n) a_{j_1 j_2 \cdots j_n} \tag{2.2.20}$$

其中

$$a_{j_1 j_2 \cdots j_n} = \int_0^{l_1}\int_0^{l_2}\cdots\int_0^{l_n} f(x_1,x_2,\cdots,x_n) L_{j_1 j_2 \cdots j_n}(x_1,x_2,\cdots,x_n) \mathrm{d}x_n \mathrm{d}x_{n-1}\cdots \mathrm{d}x_1 \tag{2.2.21}$$

$[0,l_1]$、…、$[0,l_n]$分别表示变量 $x_1,\cdots,x_n$ 的作用区间。

2.2.2 分布动载荷识别中的投影法

分布动载荷识别中，动载荷模型是一个连续函数，而已知条件为系统的结构模型（或者动态特性）和空间上有限测量点离散时间的响应信息。如何将三者联系起来，有两个问题需要解决：一个是有限维近似的问题，这个在上一节已经做了介绍；另一个是连续函数和离散响应信息点之间建模的过程，实质上是一个不适定问题。本节引入投影法的概念，试图去解决第二个问题。

1）一般投影方法

设 F,U 为实的 Banach 空间，$A: F\to U$ 为有界连续算子，求解算子方程：

$$Az = u, \quad u \in U \tag{2.2.22}$$

一个常用的方法就是投影法。设方程(2.2.22)的解为 z_T，并且我们选取 F 和 U 的一串有限维子空间：

$$F_n \subset F_{n+1} \subset \cdots \subset F, \quad U_n \subset U_{n+1} \subset \cdots \subset U \quad (n=1,2,\cdots)$$

设 $Q_n: U\to U_n$ 是投影算子，即 Q_n 是 U 到 U_n 的有界算子，且 $Q_n^2 = Q_n$，所谓的投影法就是要利用$\{F_n, U_n, Q_n\}$来构造投影近似方程：

$$Q_n A z_n = Q_n u \tag{2.2.23}$$

则可将方程(2.2.23)的解 z_n 作为 z_T 的近似。可以看出，投影法的实施情况与子空间 F_n，U_n 以及投影算子 Q_n 的构造及其性质有关。首先定义两个重要的投影算子。

(1) 正交投影算子

设 F 为实数域或者复数域上的内积空间，$\bar{F}\subset F$ 为 F 的一个完备子空间。对于给定的 $z\in F$，设 $Pz\in\bar{F}$ 是 z 在 $\bar{F}$ 中的最佳平方逼近，即

$$\| Pz - z \| \leqslant \| f - z \| \quad (\forall f \in \bar{F}) \tag{2.2.24}$$

根据投影定理可以知道，$P: F\to\bar{F}$ 是线性的且逼近于 Pz，由下述正交条件或法方程所决定：

$$z - Pz \perp \bar{F} \Leftrightarrow (z - Pz, f) = 0 \Leftrightarrow (Pz, f) = (z, f) \quad (\forall f \in \bar{F}) \tag{2.2.25}$$

(2) 插值算子

令 $F=C[a,b]$，$\bar{F}=\mathrm{span}\{z_1,z_2,\cdots,z_n\}$ 为 F 的 n 维子空间，而 $s_i\in[a,b]$($i=1,2,\cdots,n$)为互不相同的插值结点，则 $z\in F$ 在 $\bar{F}$ 中的插值函数 $f=Pz\in\bar{F}$ 应满足的条件为

$$f(s_i) = z(s_i) \quad (i=1,2,\cdots,n) \tag{2.2.26}$$

于是 $P: F\to\bar{F}$ 为投影算子，常用的子空间 $\bar{F}$ 可以是代数多项式空间。设 $\bar{F}=\mathrm{span}\{\bar{z}_1,\bar{z}_2,\cdots,\bar{z}_n\}$，其中 $\bar{z}_i$($i=1,2,\cdots,n$)为插值基函数，则插值算子 $Q_n: F=C[a,b]\to\bar{F}$ 由下式给出：

$$Q_n z = \sum_{i=1}^{n} z(s_i)\bar{z}_i \quad (\forall z \in C[a,b]) \tag{2.2.27}$$

由上面的分析，可以得出投影法的数学定义：

设 F,U 为两个 Banach 空间，$A: F\to U$ 为有界双射算子，令 $F_n\subset F$,$U_n\subset U$ 是 n 维的有限维子空间；$Q_n: U\to U_n$ 是投影算子，对于给定的 $u\in U$，关于方程(2.2.22)的投影法就是在 F_n 中求解下述方程：

$$Q_n A z_n = Q_n u \quad (z_n \in F_n) \tag{2.2.28}$$

设$\{\bar{z}_1,\bar{z}_2,\cdots,\bar{z}_n\}$和$\{\bar{u}_1,\bar{u}_2,\cdots,\bar{u}_n\}$分别是 F_n,U_n 的基，则可将 $Q_n u$ 和每个 $Q_n A\bar{z}_j$($j=1,2,\cdots,n$)表示为以下形式：

$$Q_n A\bar{z}_i = \sum_{j=1}^{n} a_{ij}\bar{u}_j, \quad Q_n u = \sum_{j=1}^{n}\beta_j\bar{u}_j \quad (i=1,2,\cdots,n) \tag{2.2.29}$$

其中 a_{ij},β_i 均为已知组合系数，于是令 $\bar{\boldsymbol{A}}=(a_{ij})_{n\times n}$，则 $z_n=\sum_{i=1}^{n}\alpha_i\bar{z}_i$ 是方程(2.2.22)的解，等价于$\boldsymbol{\alpha}=\{\alpha_1,\alpha_2,\cdots,\alpha_n\}^{\mathrm{T}}$ 是下列方程的解：

$$\sum_{j=1}^{n} a_{ij}\alpha_j = \beta_i \quad (i=1,2,\cdots,n), \quad \bar{\boldsymbol{A}}\boldsymbol{\alpha} = \boldsymbol{\beta} \tag{2.2.30}$$

根据 F_n,U_n,Q_n 不同的选取可得到不同的投影法。

2) Galerkin 方法

若 F,U 为两个内积空间，$\dim F_n=\dim U_n=n$，Q_n 是 U 到 U_n 的正交投影，此时的投影方程(2.2.22)等价于下述 Galerkin 方程：

$$(Az_n, u_n) = (u, u_n) \quad (\forall u_n \in U_n) \tag{2.2.31}$$

令 $F_n = \mathrm{span}\{\bar{z}_1, \bar{z}_2, \cdots, \bar{z}_n\}$ 和 $U_n = \mathrm{span}\{\bar{u}_1, \bar{u}_2, \cdots, \bar{u}_n\}$，于是，方程(2.2.22)形如 $z_n = \sum_{j=1}^{n} \alpha_j \bar{z}_j$ 的解等价于求解下列线性方程组：

$$\sum_{j=1}^{n} \alpha_j (A\bar{z}_j, \bar{u}_i) = (u, \bar{u}_i) \quad (i = 1, 2, \cdots, n) \tag{2.2.32}$$

或

$$\bar{\boldsymbol{A}}\boldsymbol{\alpha} = \boldsymbol{\beta} \tag{2.2.33}$$

式中，$\bar{\boldsymbol{A}} = (a_{ij})_{n\times n}$，$a_{ij} = (A\bar{z}_j, \bar{u}_i)$，$\beta_i = (u, \bar{u}_i)$。

3) 配置法(collocation 方法)

设 F 为 Banach 空间，$U = C[a,b]$，$A: F \to C[a,b]$ 为有界算子，$a = x_1 < x_2 < \cdots < x_n = b$ 为给定点(称为配置点)；$U_n = \mathrm{span}\{\bar{u}_1, \bar{u}_2, \cdots, \bar{u}_n\}$，相应的投影算子为插值方程：$Q_n u = \sum_{i=1}^{n} u(x_i)\bar{u}_i$，设 $u \in U = C[a,b]$ 且某个 n 维子空间 $F_n \to F$ 给定，则容易验证：投影方程(2.2.22)与下述方程等价：

$$(Az_n)(x_i) = u(x_i) \quad (i = 1, 2, \cdots, n) \tag{2.2.34}$$

用 $\{\bar{z}_1, \bar{z}_2, \cdots, \bar{z}_n\}$ 表示 F_n 的一组基，则方程(2.2.22)形如 $z_n = \sum_{j=1}^{n} \alpha_j \bar{z}_j$ 的解等价于求解下列线性方程组：

$$\sum_{j=1}^{n} \alpha_j A\bar{z}_j(x_i) = u(x_i) \quad (i = 1, 2, \cdots, n) \tag{2.2.35}$$

或

$$\bar{\boldsymbol{A}}\boldsymbol{\alpha} = \boldsymbol{\beta} \tag{2.2.36}$$

式中，$\bar{\boldsymbol{A}} = (a_{ij})_{n\times n}$，$a_{ij} = A\bar{z}_j(x_i)$，$\beta_i = u(x_i)$。

无论对于 Galerkin 法还是配置法，若求得 $\boldsymbol{\alpha}$ 之后，则 $z_n = \sum_{j=1}^{n} \alpha_j \bar{z}_j$ 就是方程(2.2.22)的解。

2.3 小结

动载荷识别是一门多学科交叉的重要研究领域，它广泛涉及结构动力学、测试技术、数值计算等领域。本章介绍了结构动载荷识别的一些理论基础。分别通过对有限自由度和无限自由度系统微分方程的介绍为大家梳理了振动正问题分析的基本理论，为后续逆问题的学习打下坚实的理论基础；同时，本章还向大家介绍了结构动力学逆问题涉及到的数学方法，包括有限维近似和投影法、勒让德正交多项式及广义傅里叶级数展开等，为后续学习提供了理论基础。

第 3 章

结构动力学载荷识别中的振动测试与信号分析

动载荷识别过程中的一个重要输入条件是结构的动响应信息，这里面涉及振动测试的相关知识，狭义地说振动测试是指通过传感器、测试系统等硬件设备，测量工程结构在外界激励(包括环境激励)或运行工况下其重要部位的位移、速度、加速度等运动量，从而了解机械或结构的工作状态。广义地说，通过运动量的测量，我们可以进一步分析结构的动特性如固有频率、固有振型、阻尼以及动刚度等特性参数，为结构动载荷的识别服务。本章主要介绍振动信号采集的基本原理和动态信号分析处理的基本方法，为动载荷识别试验奠定基础。

3.1 结构动力学测试的一般意义

运动机械在运行中必然会产生振动。即使是那些我们视为不运动的工程结构，在环境激励的影响下也会发生振动。振动信号反映了机械的运行状态。利用振动测试技术对运行机械的运行状态进行定量描述，进而对工程结构的振动特性进行分析已为众多工程师和科研工作者所重视，并已发展成为由振动理论、振动测试和信号分析相结合的重要学科方向。其中，振动测量和试验分析起着关键的作用。随着工程结构日益向高速高效、高精度和大型化发展，限制其振动响应或提高其抗振性能成为设计成功与否的关键。在这种情况下，振动测试和设计计算是相辅相成的两种手段。在设计过程中，往往要通过模型试验或对已有相近设备的试验来考验计算方法的可靠性或改进计算方法。

振动测试往往包括运动量的测量和动特性试验两个方面。前者可以通过传感器及其测试系统采集结构的运动量(加速度、速度、位移、应变等)，后者通常用所谓动特性参数(固有频率、固有振型等)来表达，因而动特性试验归结为动特性参数的试验识别。

如上所述振动测量和动态信号分析在机械和工程结构部门有着广泛的应用。它综合了传感器电子学信号分析以及现代结构振动理论等多方面的学术成果形成了自身的理论方法、实践技术和学科体系。特别是 20 世纪 60 年代快速傅里叶变换(FFT)的应用及之后的电子技术和计算机技术的飞速发展，对振动测量和振动试验分析起了相当大的推动作用。

从这个意义上说，振动测试和分析不仅是一门应用性学科，而且也应属于与当代新技术紧密相连的高技术学科范畴。

3.2 振动测试系统的一般组成

振动测试系统有着较为长久的发展历史，与人类社会的发展有着紧密的联系。随着计算机技术和相关高科技技术的问世和发展，振动测试系统也得到飞跃性发展。振动测试系统从最早的简单机械设备的应用到如今的先进计算机技术和设备的应用，从刚开始的检测人员用耳朵来进行测量、判断和计算出大概的故障点的原始方法到现在的计算机控制、存储、处理数据的方法，无不体现出振动测试系统的长足发展和飞跃式的进步。与此同时，机械振动测试在理论方面也有了长足的发展。从 1656 年惠更斯首次提出物理摆的理论并且创造出了单摆机械钟到现今的自动控制原理和计算机的日趋完善，人们对机械振动的分析研究已日趋成熟。而伴随着振动测试系统的进步和日臻成熟，它在国民的日常生活和生产中所扮演的角色也愈发重要。

针对一个被测结构而言，振动测试系统主要包括激励系统、测量系统、分析系统。

(1) 激励系统：激励系统是指用来激发被测工程结构或机械产生振动的系统，激励系统中所采用的设备称为激振设备。例如提供稳态激励的激振器、振动台；提供冲击激励的力锤、落锤、小火箭之类。除此之外，还包括利用大地地震、人工爆破等脉动引起的结构振动。

(2) 测量系统：通常指传感器，是将振动的物理量转化为电信号的部件，例如加速度传感器、激光传感器等。无论哪种传感器，它们的最终输出量均可以转化为能被分析系统接受的电信号。

(3) 分析系统：分析系统是将传感器的输出量加以调理、采集、分析、记录、显示的系统。例如 HP 35670A 动态信号分析仪、基于虚拟仪器的动态信号分析系统。

3.2.1 激励系统

激振是机械、结构动态特性测试中的一个重要环节，即对被试机械、结构施加一定形式和大小的激振力，使之产生相应的振动。

常见的激振装置包括激振器、力锤、振动台、冲击台。

它们分别有如下特点：

激振器：对被试对象提供一定频率和大小的振动。

力锤：对被试对象提供一定大小脉宽的振动力。

振动台：可给整个试验对象一定频率和大小的振动运动。

冲击台：产生典型化的冲击过程，并且有规定精度的重复性，模拟实际的冲击效应。

其中,激振器主要用于振动模态试验等,振动台用于振动环境试验,冲击台用于冲击环境试验。

1) 激振器

激振器是一个将电能转换成机械能的装置。激振器工作原理如下:通电导体在磁场中受到电磁力的作用而运动。当激振器磁路中的动圈通过交变电流信号时产生激振力。激振器需要与配套的功率放大器组合使用。

激振器具有如下主要技术指标:

(1) 频率范围

激振器能够提供一定激振力的频率范围。

(2) 激振力

激振器能够产生的力(单位: N)。

(3) 最大位移

激振器能够产生的最大位移值。该值受激振器机械结构限制,通常用双振幅表示(单位: mm p-p)。

图 3.1 力锤

2) 力锤

力锤是提供脉冲激振力的装置,通常在锤形结构的顶端安装一个力传感器(如图 3.1 所示)。

力锤主要技术指标:

(1) 灵敏度: 力传感器灵敏度(单位: mV/N)。

(2) 测量范围: 力锤所能产生力的大小(单位: N)。

(3) 力锤质量(单位: kg)。

力锤锤头的硬度与激振力的频率具有一定的关系,需要根据试验所要求的频率范围选择合适的锤头。

3) 振动台

振动台可以对整个试验对象施加一定频率和大小的振动运动,其原理与激振器相似。常见的振动台包括电动式、液压式、机械式等。

振动台主要技术指标:

(1) 频率范围: 振动台所规定的工作频率范围。

(2) 最大推力: 振动试验系统能够产生施加给结构的最大力(单位: N)。

(3) 最大位移: 振动试验系统能够产生的最大位移值(单位为: mm p-p)。

(4) 最大加速度: 振动试验系统在空载条件下能够产生的最大加速度值(单位: m/s^2)。

(5) 最大速度: 振动试验系统所能产生的最大速度(单位: m/s)。

(6) 最大载荷: 振动台面上最大加载重量(单位: kg)。

3.2.2 传感器

传感器的作用是将它感受到的结构机械振动转变为某种电信号，是整个测试系统最重要的组成部分。

1）传感器的分类

根据不同的分类标准，测振传感器可以按照如下划分。

根据测振参数分类：位移、速度、加速度传感器等。

根据参考坐标系分类：

(1) 相对式传感器：只有活动件与被测对象接触，其余固定在基础上。

(2) 绝对式传感器：完全置于被测对象上，利用弹簧支撑一个惯性体来感受振动，故又称为惯性式测振传感器。

根据变换原理分类：磁电式、压电式、电阻应变式、电感式、电容式、光学式。

根据传感器与被测物关系分类：接触式、非接触式。

2）传感器技术指标

振动传感器技术指标为：

(1) 灵敏度：电信号输出与被测振动输入之比。

$$S=\frac{\text{输出量}}{\text{输入振动量}}=\frac{U}{X}$$

例如加速度传感器的灵敏度通常为 V/g 或 $pC/(m\cdot s^{-2})$，$V/(m\cdot s^{-2})$；位移传感器灵敏度通常为 V/mm，力传感器灵敏度通常为 V/N。

通常，在传感器的线性范围内，希望传感器的灵敏度越高越好。因为只有灵敏度高时，与被测量变化对应的输出信号的值才比较大，有利于信号处理。但要注意的是，当传感器的灵敏度高时，与被测量无关的外界噪声也容易混入，且噪声被放大系统放大，会影响测量精度。因此，要求传感器本身应具有较高的信噪比，尽量减少从外界引入的干扰信号。

传感器的灵敏度是有方向性的。当被测量是单向量，而且对方向性要求较高时，则应选择其他方向灵敏度小的传感器；如果被测量是多维向量，则要求传感器的交叉灵敏度越小越好。

(2) 分辨率：定义为输出量 ΔU 可分辨时，输入振动量的最小变化。

(3) 频率响应特性(包括幅频特性和相频特性)：传感器的频率响应特性决定了被测量的频率范围，信号只有在允许频率范围内才能保持不失真。另外传感器的响应总有一定延迟，希望延迟时间越短越好。在动态测量中，应根据信号的特点(稳态、瞬态、随机等)选择传感器的频响响应特性，以免产生过大的误差。

(4) 动态范围：可测量的最大振动量与最小振动量之比。下限取决于连接电缆和测量电路的电噪声，上限取决于传感器的结构强度。

$$D = 20\lg \frac{X_{\max}}{X_{\min}}$$

(5) 频率范围：保证灵敏度小于某一给定误差限的频率范围。包括频率上限和频率下限。

(6) 横向灵敏度：垂直于主轴的横向振动也会使传感器产生输出信号，该信号与主轴灵敏度的百分比为横向灵敏度。

(7) 幅值线性度：实际传感器的输出信号只在一定幅值范围内与被测量成正比(即保持线性特性)。在规定线性度内可测幅值范围为线性范围。

(8) 相移：输入振动量与输出量之间的相位差，0°或 180°相移或比例相移最好，可保证无输出畸变。

(9) 质量、体积及连接方式：一般越轻越小的传感器越昂贵。

(10) 环境条件：温度范围、湿度范围、声场、电磁场等的影响。

3.2.3 数据采集

所谓采样(sampling)就是采集模拟信号的样本。采样是将时间上、幅值上都连续的模拟信号，在采样脉冲的作用下转换成时间上离散(时间上有固定间隔)，但幅值上仍连续的离散模拟信号。所以采样又称为波形的离散化过程。

通常采样以采样器实现，并且与量化联合进行，模拟信号先由采样器按照一定时间间隔采样获得时间上离散的信号，再经模数转换器(ADC)在数值上也进行离散化，从而得到数值和时间上都离散的数字信号，又称为数字化采样技术。很多情况下所说的“采样”就是指这种采样与量化结合的过程。

1) 振动信号采样

(1) 信号适调

由于目前采用的数据采集系统是一种数字化系统，所采用的 A/D 芯片对信号输入量程有严格限制，为了保证信号转换具有较高的信噪比，信号进入 A/D 以前，均需进行信号适调。适调包括大信号的衰减处理和弱信号的放大处理，或者对一些直流信号进行偏置处理，使信号满足 A/D 输入量程要求。除此之外，信号适调还包括抗混滤波，把高频滤除，避免频率混叠。

(2) A/D 转换

A/D 转换包括采样、量化和编码三个组成部分。

采样(抽样)，是指利用采样脉冲序列从模拟信号中抽取一系列离散样值，使之成为采样信号 $x(n\Delta t)$的过程。Δt 称为采样间隔，其倒数 $1/\Delta t = f_s$ 为采样频率。采样频率的选择必须符合采样定理要求。

由于计算机对数据位数进行了规定，采样信号 $x(n\Delta t)$经舍入后变为只有有限个有效数字的数，这个过程称为量化。由于抽样间隔长度是固定的(对当前数据来说)，当采样信号落入某一小间隔内，经舍入方法而变为有限值时，则产生量化误差。如 8 位二进制为 $2^8=256$，即量化增量为所测信号最大电压幅值的 1/256。编码是把采样数据转变为计算机能识别的数字格式。

2）采样定理

采样定理解决的问题是确定合理的采样间隔 Δt 以及合理的采样时间 T，保障采样所得的数字信号能真实地代表原来的连续信号 $x(t)$。衡量采样速度快慢的指标称为采样频率 f_s。一般来说，f_s 越高，采样点越密，所获得的数字信号越逼近原信号。为了兼顾计算机存储量和计算工作量，一般保证信号不丢失或不歪曲原信号的信息就可以满足实际需要了。这个基本要求就是所谓的采样定理，是由香农(Shannon)提出的，也称为香农采样定理。

香农采样定理规定了信号不丢失信息的最低采样频率为

$$f_s \geqslant 2f_m \tag{3.2.1}$$

式中，f_m 为原信号中最高频率成分的频率。

信号的采样时间间隔 Δt、采样频率 f_s、采样时间 T、采集的数据量大小 N、频率分辨率 Δf 之间的关系为

$$f_s=\frac{1}{\Delta t},\quad N=\frac{T}{\Delta t},\quad f_s=N\Delta f,\quad \Delta f=\frac{1}{T} \tag{3.2.2}$$

使用采样频率时有几个问题需要注意。采样频率(采样速率)越高，获得的信号频率越高，换言之，当需要高频信号时，就需要提高采样频率，但是采样频率应符合采样定理基本要求。这个条件看起来似乎很简单，但对于一个未知信号，其中所含的最高频率成分的频率究竟有多高，通常是无法事先确定的。解决这个问题需要两个步骤，一是指定最高测量频率；二是采用低通滤波器把高于设定的最高测量频率的成分全部去掉(这个低通滤波器就是抗混滤波器)。

3.3　动态信号分析和处理

动载荷识别中，经常涉及动态信号的时域、频域分析，本节着重介绍基于傅里叶变换的频率分析方法。

3.3.1　傅里叶变换

傅里叶变换(Fourier transform)是一种线性积分变换，可以将信号在时域和频域之间变换，在物理学和工程学中有许多应用。经过傅里叶变换而生成的函数称作原函数的傅里叶变换或其频谱，傅里叶变换是可逆的。

傅里叶变换源自对傅里叶级数的研究。在傅里叶级数中，复杂的周期函数可以用一系

列简单的正弦波、余弦波之和表示。傅里叶变换是对傅里叶级数的扩展，可以对周期趋于无穷的函数进行变换。

1）傅里叶变换的基本原理

傅里叶变换的公式为

$$F(\omega)=\int_{-\infty}^{+\infty} f(t)\mathrm{e}^{-\mathrm{j}\omega t}\,\mathrm{d}t \tag{3.3.1}$$

傅里叶逆变换的公式为

$$f(t)=\frac{1}{2\pi}\int_{-\infty}^{+\infty} F(\omega)\mathrm{e}^{\mathrm{j}\omega t}\,\mathrm{d}\omega \tag{3.3.2}$$

当频率单位用 Hz 表示时，傅里叶正、逆变换对可以写作

$$F(f)=\int_{-\infty}^{+\infty} f(t)\mathrm{e}^{-\mathrm{j}2\pi f t}\,\mathrm{d}t \tag{3.3.3}$$

$$f(t)=\int_{-\infty}^{+\infty} F(f)\mathrm{e}^{\mathrm{j}2\pi f t}\,\mathrm{d}f \tag{3.3.4}$$

式中，频域复函数 $F(\omega)$称为时域实函数 $f(t)$的傅里叶正变换，而 $f(t)$称为 $F(\omega)$的傅里叶逆变换。$F(\omega)$是复函数，它的模和辐角分别反映了 $f(t)$在频率 ω 处的幅值和相位，$F(\omega)$是关于频率 ω 的连续函数。与周期信号具有离散傅里叶频谱不同，非周期信号一般具有连续分布的频谱；周期信号的幅值谱单位与信号单位相同，非周期信号的幅值谱的单位为信号的单位/Hz。

2）傅里叶变换的性质

傅里叶变换的性质如表 3.1 所示。

表 3.1 傅里叶变换的性质

性　　质	原函数 $f(t)$、$f_1(t)$、$f_2(t)$	傅里叶变换 $F(\omega)$,$F_1(\omega)$,$F_2(\omega)$
线性	$\alpha f_1(t)+\beta f_2(t)$	$\alpha F_1(\omega)+\beta F_2(\omega)$
时移	$f(t-\tau)$	$\mathrm{e}^{-\mathrm{j}\omega\tau}F(\omega)$
频移	$\mathrm{e}^{\mathrm{j}\omega_0 t}f(t)$	$F(\omega-\omega_0)$
时域导数	$f^{(n)}(t)$	$(\mathrm{j}\omega)^n F(\omega)$
频域导数	$(-\mathrm{j}t)^n f(t)$	$F^n(\omega)$
积分	$\int_{-\infty}^{t} f(t)\mathrm{d}t$	$F(\omega)/\mathrm{j}\omega$
卷积	$f_1(t)*f_2(t)=\int_0^t f_1(t-\tau)f_2(\tau)\mathrm{d}\tau$	$F_1(\omega)F_2(\omega)$

3.3.2 离散傅里叶变换

信号由连续傅里叶变换至离散傅里叶变换，需要经过时域离散和频率离散两个过程。通过时域抽样完成时域离散，通过时域周期延拓完成频域离散，由连续傅里叶变换至离散傅

里叶变换的全部过程如下所述。

(1) 时域抽样:

目的:解决信号的离散化问题。

效果:连续信号离散化使得信号的频谱被周期延拓。

(2) 时域截断:

原因:工程上无法处理时间无限信号。

方法:通过窗函数(一般用矩形窗)对信号进行逐段截取。

结果:时域乘以矩形脉冲信号,频域相当于和窗函数卷积。

(3) 时域周期延拓:

目的:要使频率离散,就要使时域信号变成周期信号。

方法:周期延拓中的搬移通过与 $\delta(t-nT_s)$ 的卷积来实现。

表示:延拓后的波形在数学上可表示为原始波形与冲激串序列的卷积。

结果:周期延拓后的周期函数具有离散谱。

(4) 经抽样、截断和延拓后,信号在时域和频域都是离散、周期的。过程见图 3.2。

离散傅里叶变换:

$$X_k = X(f_k) = X(k\Delta f) = \sum_{n=0}^{N-1} x_n \mathrm{e}^{-\mathrm{j}2\pi nk/N} \quad (k=0,1,2,\cdots,N-1)$$

离散傅里叶逆变换:

$$x_n = x(t_n) = x(n\Delta t) = \frac{1}{N}\sum_{k=0}^{N-1} X_k \mathrm{e}^{\mathrm{j}2\pi nk/N} \quad (n=0,1,2,\cdots,N-1)$$

式中,$X(f_k)$是离散函数的周期函数,每个周期内有 N 个不同的幅值,周期为 $Nf_0=\frac{N}{T}=\frac{N}{N\Delta t}=\frac{1}{\Delta t}=f_s$。

3.3.3 快速傅里叶变换

数字信号的傅里叶变换,通常采用离散傅里叶变换(DFT)方法。DFT 存在的不足是计算量太大,很难进行实时处理。计算一个 N 点的 DFT ,一般需要 N^2 次复数乘法和 $N(N-1)$ 次复数加法运算。因此,当 N 较大或要求对信号进行实时处理时,往往难以实现所需的运算速度。1965 年,J. W. Cooly 和 J. W. Tukey 发现了 DFT 的一种快速算法,经其他学者进一步改进后,很快形成了一套高效运算方法,这就是现在通用的快速傅里叶变换,简称 FFT (fast Fourier transform)。FFT 的实质是利用 DFT 核函数 $W_N^{nk}=\mathrm{e}^{-\mathrm{j}2\pi nk/N}$ 的对称性和周期性,把 N 点 DFT 进行一系列分解和组合,使整个 DFT 的计算过程变成一系列迭代运算过程,从而使 DFT 的运算量大大简化,为 DFT 及数字信号的实时处理和应用创造了良好的条件。

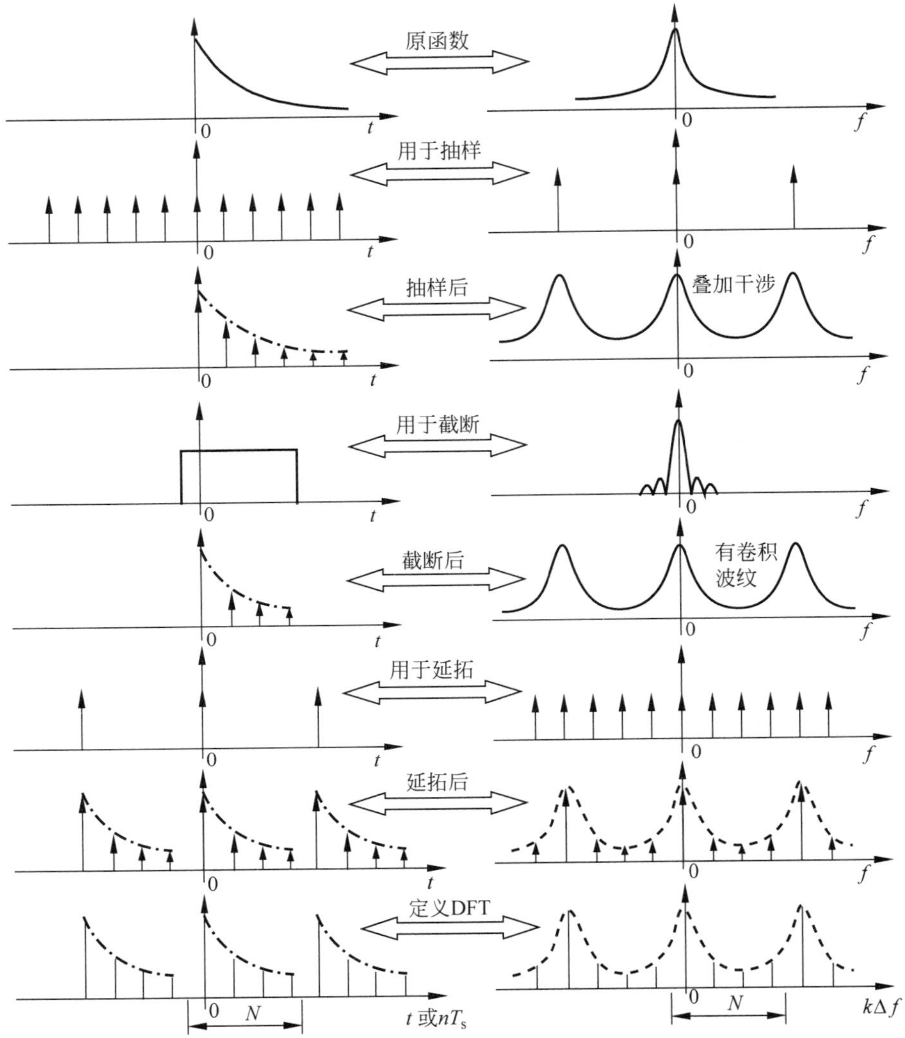

图 3.2　连续傅里叶变换到离散傅里叶变换示意图

1）快速傅里叶变换原理

(1) 将长序列 DFT 分解为短序列的 DFT。

(2) 利用旋转因子的周期性、对称性、可约性将时域序列逐次分解为一组子序列，利用旋转因子的特性，由子序列的 DFT 来实现整个序列的 DFT。

其中：FFT 分为两种，分别为基 2 时间抽取算法和基 2 频率抽取算法。

基 2 时间抽取（decimation in time）FFT 算法

$$x[k]=\begin{cases}x[2r]\\ x[2r+1]\end{cases} \tag{3.3.5}$$

式中，$r=0,1,2,\cdots,\frac{N}{2}-1$。

基2频率抽取(decimation in frequency)FFT算法

$$X[m]=\begin{cases}X[2m]\\X[2m+1]\end{cases} \tag{3.3.6}$$

2）快速傅里叶变换的优越性

设 x_n 为 N 项的复数序列，由DFT，任一 $X(k)$ 的计算都需要 N 次复数乘法和 $N-1$ 次复数加法，而一次复数乘法等于4次实数乘法和两次实数加法，一次复数加法等于两次实数加法，即使把一次复数乘法和一次复数加法定义成一次"运算"（4次实数乘法和4次实数加法），那么求出 N 项复数序列的 $X(k)$，即 N 点DFT大约就需要 N^2 次运算。当 $N=1024$ 点甚至更多的时候，需要 $N^2=1048576$ 次运算，在FFT中，利用 W_N^{nk} 的周期性和对称性，把一个 N 项序列(设 $N=2k$，k 为正整数)分为两个 $N/2$ 项的子序列，每个 $N/2$ 点DFT需要 $(N/2)^2$ 次运算，再用 N 次运算把两个 $N/2$ 点的DFT变换组合成一个 N 点的DFT。这样变换以后，总的运算次数就变成 $N+2(N/2)^2=N+N^2/2$。继续上面的例子，$N=1024$ 时，总的运算次数就变成了525312次，节省了大约50%的运算量。而如果我们将这种"一分为二"的思想不断进行下去，直到分成两两一组的DFT运算单元，那么 N 点的DFT就只需要 $N\log_2 N$ 次的运算，N 在1024点时，运算量仅有10240次，是先前直接算法的1%，点数越多，节约的运算量就越大，这就是FFT的优越性。

3.3.4 数字信号分析中的抗混滤波和加窗

1）低通抗混滤波

在实际工程应用中，我们着眼于如何把低频准确地分析处理。为了这一目的，我们将信号先通过一个低通滤波器，将信号中不需要分析的高频部分滤去，然后再按照采样定理确定采样频率，这一技术称为抗混滤波。抗混滤波器是一种低通滤波器，有多种设计形式，如图3.3所示是一种低通巴氏滤波器。在线系统采样单元中采用的抗混滤波器，应具备截止频率可跟踪性，即随着采样频率的变化，低通滤波器的截止频率也随之变化。

抗混滤波器的目的是避免在进行频谱分析时将高频分量折叠到低频段。理想的低通滤波器在通频带内的传递特性为1，在高于截止频率的阻带内传递特性为0。实际的低通滤波器不可能具备这种理想特性。实用的抗混滤波器在阻带、过渡带和通带三个部分一般满足以下指标：

阻带衰减≥75～80dB；

过渡带衰减斜率≤－80～－120dB/Oct；

通带波纹度≤＋0.05～0.1dB。

需要指出的是，虽然数字滤波器有更高的性能指标，并且可以实现频率细化分析功能，

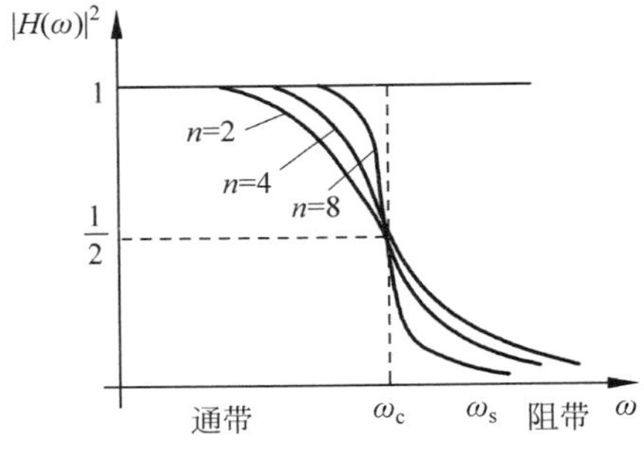

图 3.3 滤波器幅值特性曲线

但是，数字滤波必须在数据采集后进行，在采集环节前仍需要一个模拟抗混滤波器，其截止频率应不小于系统的最大分析频率。

2）泄漏与加窗

数字信号分析需要选取合理的采样长度，这个长度就是数据采样对原始信号的截断，若截断长度为$(-T \sim T)$，则对于$|t|>T$的$x(t)$值均为零，因此得到的频谱与实际频谱存在一定差异，表现为频谱上出现旁瓣，主瓣的幅值与输入的时间信号幅值产生了差异(降低)。

信号截断以后产生能量泄漏现象是必然的，因为窗函数$w(t)$是一个频带无限的函数，所以即使原信号$x(t)$是有限带宽信号，而在截断以后也必然成为无限带宽的函数，即信号在频域的能量与分布被扩展了。由于截断后信号带宽变为无限，因此无论采样频率多高，信号总是不可避免地引起混叠，因此信号截断必然导致一些误差，这是信号分析中不容忽视的问题。

为了减少频谱能量泄漏，可采用不同的截断函数对信号进行截断。截断函数称为窗函数。不同的窗函数对旁瓣的抑制能力也有区别。一般来说，窗函数必须具备以下基本要求：窗谱的主瓣要窄且高、旁瓣要小、正负交替接近相等，以减小泄漏或负谱现象。

泄漏的程度取决于谱窗副瓣的大小。较小的副瓣，得到的曲线具有较小的皱波。因此，为了抑制泄漏，应选择副瓣较小的谱窗函数。工程上，提出了多种形式的谱窗，常用的有汉宁(Hanning)窗和海明(Hamming)窗。

常用的窗函数及其性能指标如表 3.2 所示。

表 3.2 典型窗函数的性能特点

窗函数	主瓣有效噪声带宽(Δf)/Hz	主瓣 3dB 带宽(Δf)/Hz	旁瓣最大值/dB	旁瓣滚降率/(dB/Decade)	栅栏效应最大偏差/dB
矩形窗	1	0.89	−13.3	20	−3.92(−36.3%)
汉宁窗	1.50	1.44	−31.5	60	−1.42(−15.1%)
凯塞窗	1.80	1.71	−66.6	20	−1.02(−11.1%)
平顶窗	3.77	3.72	−93.6	0	−0.01(−0.1%)

3.4 模态参数识别

模态参数识别的主要任务是从测试所得数据中确定出振动系统的模态参数。振动系统的模态参数包括模态固有频率、模态阻尼比、模态质量、模态刚度及振型等参数。

根据建立识别模型的数据类型不同，模态参数识别方法可归纳为：

频域模态参数识别方法——利用频响函数的测试数据在频域识别模态参数；

时域模态参数识别方法——直接利用测试的时间历程数据进行模态参数识别；

运行状态下的参数识别方法——仅利用测试的数据进行模态参数识别。

频域方法主要有分量分析法、拟合圆法、迭代法、多项式拟合法。

时域方法主要有 Ibrahim 时域方法、随机减量技术、时间序列反演方法、脉冲响应函数方法。

3.5 小结

本章介绍了结构动载荷识别中的振动测试与信号分析方法。阐述了结构动力学测试的一般意义，介绍了测试系统的组成、信号处理和分析的具体方法、模态参数识别相关方法，为后续学习打下坚实的理论基础。

第 4 章

单自由度系统的动载荷识别方法

单点动载荷识别是动载荷识别领域中最简单的一类问题，单自由度系统动载荷识别是进一步学习多点及分布系统动载荷识别的基础，并且在工程上许多动载荷识别问题可以简化为单点动载荷识别问题，具有工程实际意义。单点动载荷识别的基本思路和方法对于复杂载荷模型同样具有借鉴意义。

动载荷的形式多种多样，例如随时间做周期性变化的周期载荷；一些武器系统(像火箭、导弹、火炮、机枪等)发射产生的冲击型动载荷。这两类载荷的时间历程可以用确定性的函数来表示，统称为确定性载荷。还有一类为随机性动载荷，例如，由气流吹过高层建筑产生的脉动风载荷、航空器在飞行时由气流产生的结构面载荷、汽车在路面上行驶或火车在铁轨上行驶产生的随机动载荷等，这类载荷的时间历程复杂多变，从单个记录来看似乎变幻莫测，无法用确定性的函数来表示，但是从大量记录来看却具有一定的统计规律性，需要借助统计特性来描述。这些动载荷具有不同的属性和特点，涉及不同的技术领域，因此这些动载荷的模型和识别方法呈现较大的差别。

本章从单自由度系统确定性动载荷识别出发，逐步深入，围绕确定性动载荷开展动载荷时域及频域识别方法的研究。

单点确定性动载荷识别是所有载荷形式中最简单、最基础的一种。其特点也比较突出，只在一个位置上作用有未知的动载荷。本章在动载荷作用位置已知以及结构为线弹性的假设下开展单点动载荷识别。单点确定性动载荷问题有许多比较成熟的识别方法，主要包括频域方法、时域方法等。

4.1 单自由度系统动载荷识别频域方法

频域方法是工程中应用比较广泛的方法之一。对频域识别方法的研究开始较早，已形成一套完整的理论和计算方法。动载荷识别频域方法是在频域内建立系统的逆向频率响应函数模型，进而通过系统的输出来识别动态输入的过程。由于在频域内系统数学模型的响应及输入呈现线性关系，逆运算易于处理，因而动载荷识别频域方法目前已经较为成熟。动载荷识别频域方法主要依据系统的频响函数矩阵与其频域响应谱之间的关系来确定动态力谱，该方法最早可以追溯到20世纪70年代。

对于如图4.1所示的单自由度系统，振动微分方程可写成

$$m\ddot{u}(t)+c\dot{u}(t)+ku(t)=f(t) \tag{4.1.1}$$

其中，m、c、k分别是系统的质量、阻尼、刚度；u、f分别是系统的位移和外激励。

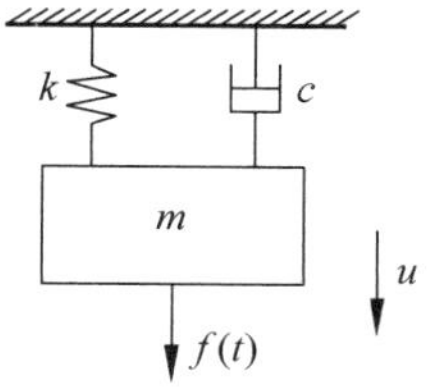

图4.1 单自由度系统模型

对式(4.1.1)进行傅里叶变换，得

$$-\omega^2 mU(\omega)+\mathrm{j}\omega cU(\omega)+kU(\omega)=F(\omega) \tag{4.1.2}$$

其中，$U(\omega)$、$F(\omega)$分别是频域下的位移和外激励：

$$U(\omega)=\int_{-\infty}^{+\infty}u(t)\mathrm{e}^{-\mathrm{j}\omega t}\mathrm{d}t \tag{4.1.3}$$

$$F(\omega)=\int_{-\infty}^{+\infty}f(t)\mathrm{e}^{-\mathrm{j}\omega t}\mathrm{d}t \tag{4.1.4}$$

频域下的位移可表示为

$$U=(-\omega^2 m+\mathrm{j}\omega c+k)^{-1}F \tag{4.1.5}$$

令

$$H(\omega)=(-\omega^2 m+\mathrm{j}\omega c+k)^{-1} \tag{4.1.6}$$

$H(\omega)$是单自由度系统的位移频响函数。则式(4.1.5)可简写为

$$F(\omega)=U(\omega)/H(\omega) \tag{4.1.7}$$

式(4.1.7)就是单自由度系统的动载荷频域识别公式，识别出的$F(\omega)$为动载荷的频域信息。当然也可以进一步利用傅里叶逆变换得到动载荷的时域历程。

$$f(t)=\frac{1}{2\pi}\int_{-\infty}^{+\infty}F(\omega)\mathrm{e}^{\mathrm{j}\omega t}\mathrm{d}\omega \tag{4.1.8}$$

该方法的核心是构建频率响应函数，上文中的已知响应信息是位移响应，但在实际工程中，如果测量的响应信息为速度或者加速度等其他物理量，对应的频率响应函数应当做相应修改，例如修改为速度频响函数或者加速度频响函数等。

4.2 单自由度系统动载荷识别格林核函数时域方法

动载荷识别时域法的研究发展相对频域法较晚。与频域方法相比，动载荷识别时域方法是基于结构参数信息建立时域传递特性的逆向模型，通过系统的动态响应识别动载荷的过程。与频域方法相比，时域方法存在着许多优势，例如，时域识别结果更直观、时域方法不需要对采样信号进行傅里叶变换等，时域识别方法为动载荷在线实时识别提供了可能。格林核函数法是数学物理方程中一种常用的方法，格林函数是物理学中的一个重要函数。在数学物理方法中，格林函数又称为源函数或影响函数。

基于杜哈梅积分原理，单自由度系统在零初始条件下的动响应与外激励之间满足如下关系：

$$u(t)=\int_0^t h(t-\tau)f(\tau)\mathrm{d}\tau \tag{4.2.1}$$

式中，$h(t)$是单位脉冲激励下的格林核函数，格林函数对于解线性系统在实际激励下的响应问题具有很重要的意义。在实际的工程应用中，直接计算卷积积分比较困难，一般先将连续积分离散化，再采用左矩形公式法、右矩形公式法、中矩形公式法或梯形法进行近似计算。本书以左矩形公式法计算 $u(t)$的近似值，假设采样时间间隔为 Δt，则 $n\Delta t$ 时刻 $u(n\Delta t)$的近似值为

$$u(n\Delta t)\approx\left[\sum_{i=0}^{n-1}h(n\Delta t-i\Delta t)f(i\Delta t)\right]\Delta t \tag{4.2.2}$$

若采样长度为 m，则 $u(t)$各时刻的近似值为

$$\begin{cases}u(1)=h(1)f(0)\Delta t\\ u(2)=[h(2)f(0)+h(1)f(1)]\Delta t\\ \vdots\\ u(m)=[h(m)f(0)+h(m-1)f(1)+\cdots+h(1)f(m-1)]\Delta t\end{cases} \tag{4.2.3}$$

式中，$u(i)$，$h(i)$，$f(i)$分别表示 $u(i\Delta t)$，$h(i\Delta t)$，$f(i\Delta t)$的值，为了表示方便，将其中的 Δt 省略。将式(4.2.3)整理成矩阵形式，可得

$$\begin{Bmatrix}u(1)\\u(2)\\\vdots\\u(m)\end{Bmatrix}=\begin{bmatrix}h(1)\Delta t & & & 0\\ h(2)\Delta t & h(1)\Delta t & & \\ \vdots & \vdots & \ddots & \\ h(m)\Delta t & h(m-1)\Delta t & \cdots & h(1)\Delta t\end{bmatrix}\begin{Bmatrix}f(0)\\f(1)\\\vdots\\f(m-1)\end{Bmatrix} \tag{4.2.4}$$

可以简写成

$$\boldsymbol{u}=\boldsymbol{hf} \tag{4.2.5}$$

进一步，可以求得动载荷的时域历程：

$$\boldsymbol{f}=\boldsymbol{h}^{-}\boldsymbol{u} \tag{4.2.6}$$

式(4.2.6)即为单输入单输出系统的载荷识别模型，向量 $\boldsymbol{u}$ 由单自由度上的位移响应离散值构成，矩阵 $\boldsymbol{h}$ 由单位脉冲响应函数离散值及时间间隔构成，又称为格林核函数矩阵。当采样点数过大时，直接求逆效率不高，此时可以采用追赶法等数值解法求解方程(4.2.5)。需要说明的是，此种方法中 Δt 的取值不宜过大，时间间隔过大时采用离散方法必然造成很大的误差，时间间隔过小时必然造成计算量的增加。

4.3 单自由度系统动载荷识别正交多项式方法

如第 2 章所述，正交多项式是一类具有特殊性质的函数序列，借助广义傅里叶展开，可以将满足条件的连续函数离散化。考虑到结构响应都是随时间变化的连续函数，本节介绍

动载荷识别的正交多项式方法。对一单自由度的结构动力学系统，由广义正交多项式理论，单自由度系统的加速度、速度、位移响应及激励 $\ddot{u}(t)$，$\dot{u}(t)$，$u(t)$，$f(t)$ 可分别由下列公式拟合展开为正交多项式级数：

$$\begin{cases} \ddot{u}(t)=\sum_{i=1}^{+\infty} a_i L_i(t) \\ \dot{u}(t)=\sum_{i=1}^{+\infty} v_i L_i(t) \\ u(t)=\sum_{i=1}^{+\infty} d_i L_i(t) \\ f(t)=\sum_{i=1}^{+\infty} f_i L_i(t) \end{cases} \tag{4.3.1}$$

式中，L_i 为正交多项式，可以是勒让德正交多项式、Chebyshev 多项式等。以勒让德正交多项式为例，考虑到正交多项式的加权正交性，在时间 $[0,s]$ 内，式(4.3.1)中的级数系数可由下列公式计算：

$$\begin{cases} a_i=\int_0^s \ddot{u}(t)\cdot L_i(t)\mathrm{d}t \\ v_i=\int_0^s \dot{u}(t)\cdot L_i(t)\mathrm{d}t \\ d_i=\int_0^s u(t)\cdot L_i(t)\mathrm{d}t \\ f_i=\int_0^s f(t)\cdot L_i(t)\mathrm{d}t \end{cases} \quad (i=1,\cdots,+\infty) \tag{4.3.2}$$

将式(4.3.2)代入振动微分方程，则

$$m\sum_{i=1}^{+\infty} a_i L_i(t)+c\sum_{i=1}^{+\infty} v_i L_i(t)+k\sum_{i=1}^{+\infty} d_i L_i(t)=\sum_{i=1}^{+\infty} f_i L_i(t) \tag{4.3.3}$$

方程两边分别乘以 $L_i(t)$，再沿整个时域内积分，由 $L_i(t)$ 的正交性原理，式(4.3.3)可简化为

$$ma_i+cv_i+kd_i=f_i \quad (i=1,2,\cdots,+\infty) \tag{4.3.4}$$

式(4.3.4)给出了单自由度下正交多项式域中的数学模型。但在应用该式进行动载荷识别时，需要获取相应的加速度、速度、位移的全部信息，这在工程上是比较难以实现的。因此在正交多项式域下寻求加速度、速度、位移响应之间的关系是一项非常重要的工作。

假设在 $t=0$ 时，初始速度 $\dot{u}(0)=0$，初始位移 $u(0)=0$，由于 $\ddot{u}(t)=\sum_{i=1}^{+\infty} a_i L_i(t)$，那么速度响应可以表示为

$$\dot{u}(t)=\int_0^t \sum_{i=1}^{+\infty} a_i L_i(\tau)\mathrm{d}\tau=\sum_{i=1}^{+\infty} a_i \int_0^t L_i(\tau)\mathrm{d}\tau \tag{4.3.5}$$

依据式(4.3.5),速度响应的正交多项式系数为

$$v_i = \int_0^s \left[\sum_{k=1}^{+\infty} a_k \int_0^t L_k(\tau)\mathrm{d}\tau\right] \cdot L_i(t)\mathrm{d}t = \sum_{k=1}^{+\infty} r_{ik} a_k \tag{4.3.6}$$

式中

$$r_{ik} = \int_0^s \left(\int_0^t L_k(\tau)\mathrm{d}\tau\right) L_i(t)\mathrm{d}t \tag{4.3.7}$$

若取级数前 m 项,式(4.3.6)可写为矩阵表达式

$$\boldsymbol{v}_{m\times 1} = \boldsymbol{R}_{m\times m}\boldsymbol{a}_{m\times 1} \tag{4.3.8}$$

式中

$$\boldsymbol{R} = \begin{bmatrix} r_{11} & r_{12} & \cdots & r_{1m} \\ r_{21} & r_{22} & \cdots & r_{2m} \\ & & \vdots & \\ r_{m1} & r_{m2} & \cdots & r_{mm} \end{bmatrix}, \quad \boldsymbol{v} = \begin{Bmatrix} v_1 \\ v_2 \\ \vdots \\ v_m \end{Bmatrix}, \quad \boldsymbol{a} = \begin{Bmatrix} a_1 \\ a_2 \\ \vdots \\ a_m \end{Bmatrix}$$

同理,位移响应的正交多项式系数可由下列公式计算:

$$d_i = \sum_{k=1}^{+\infty} r_{ik} v_k = \sum_{k=1}^{+\infty} r_{ik} \cdot \sum_{l=1}^{+\infty} (r_{kl} \cdot a_l) \tag{4.3.9}$$

$$\boldsymbol{d}_{m\times 1} = \boldsymbol{R}_{m\times m}\boldsymbol{v}_{m\times 1} = \boldsymbol{RRa}_{m\times 1} \tag{4.3.10}$$

将式(4.3.8)和式(4.3.10)代入式(4.3.4),则正交多项式域的系数写成矩阵形式为

$$(m\boldsymbol{I} + c\boldsymbol{R} + k\boldsymbol{RR})\boldsymbol{a}_{m\times 1} = \boldsymbol{f}_{m\times 1} \tag{4.3.11}$$

式中,$\boldsymbol{I}$ 为单位矩阵。

式(4.3.11)表明,在广义正交多项式域内,单自由度的动力学方程近似呈现正交系数的线性关系,这样时域的卷积关系得到比较充分的简化。注意到式(4.3.11)是由初始条件为零得到的。现在研究初始条件不为零的关系式。

假设当 $t=0$ 时,$u(0)=u_0$,$\dot{u}(0)=\dot{u}_0$,则

$$\dot{u}(t) = \sum_{i=1}^{+\infty} a_i \int_0^t L_i(\tau)\mathrm{d}\tau + \dot{u}_0$$

$$u(t) = \sum_{i=1}^{+\infty} v_i \int_0^t L_i(\tau)\mathrm{d}\tau + u_0 \tag{4.3.12}$$

那么式(4.3.2)的系数为

$$v_i = \int_0^s \left[\sum_{k=1}^{+\infty} a_k \int_0^t L_k(\tau)\mathrm{d}\tau + \dot{u}_0\right] \cdot L_i(t)\mathrm{d}t = \sum_{k=1}^{+\infty} r_{ik} a_k + e_i^{\mathrm{v}} \tag{4.3.13}$$

$$d_i = \int_0^s \left[\sum_{k=1}^{+\infty} v_k \int_0^t L_k(\tau)\mathrm{d}\tau + u_0\right] \cdot L_i(t)\mathrm{d}t = \sum_{k=1}^{+\infty} r_{ik} v_k + e_i^{\mathrm{d}} \tag{4.3.14}$$

其中

$$e_i^{\mathrm{v}} = \int_0^s \dot{u}_0 L_i(t)\mathrm{d}t, \quad e_i^{\mathrm{d}} = \int_0^s u_0 L_i(t)\mathrm{d}t \tag{4.3.15}$$

同理，若正交多项式级数取前 m 项，式(4.3.13)可简化为矩阵形式：

$$\boldsymbol{v}_{m\times 1} = \boldsymbol{R}_{m\times m}\boldsymbol{a}_{m\times 1} + \boldsymbol{e}^{\mathrm{v}} \tag{4.3.16}$$

同理

$$\boldsymbol{d}_{m\times 1} = \boldsymbol{R}_{m\times m}\boldsymbol{v}_{m\times 1} + e^{\mathrm{d}} = \boldsymbol{R}(\boldsymbol{Ra} + \boldsymbol{e}^{\mathrm{v}}) + \boldsymbol{e}^{\mathrm{d}} \tag{4.3.17}$$

由此可得

$$(m\boldsymbol{I} + c\boldsymbol{R} + k\boldsymbol{RR})\boldsymbol{a}_{m\times 1} + \boldsymbol{e} = \boldsymbol{f}_{m\times 1} \tag{4.3.18}$$

其中，$\boldsymbol{e} = c\boldsymbol{e}^{\mathrm{v}} + k\boldsymbol{e}^{\mathrm{d}} + k\boldsymbol{Re}^{\mathrm{v}}$。

由此推导出单自由度系统在初始条件不为零时的广义正交多项式域的动载荷识别数学模型。

本节给出了已知加速度响应信息的条件下，广义正交多项式的动载荷识别的过程。事实上，已知位移或者速度响应信息同样也可以推导出相应的动载荷识别模型，这里不再赘述。

4.4　单自由度系统动载荷识别时间元方法

结构有限元是处理和分析连续结构力学问题的一种十分有效的方法，本节仿照结构有限元处理连续系统的方式，提出时间有限元的概念。所谓时间有限元是指在我们感兴趣的时间域内用有限单元来离散时域历程，时间域有限元与结构有限元一样，都属于有限元的范畴。有限元里广泛采用的形函数（也称试函数、基函数）在此也具有同样重要的地位，其实质是定义于单元内部的连续函数，并根据单元节点上的已知值来建立单元内部任一点的插值函数。

基于广义正交多项式理论及广义傅里叶展开，已知测点加速度响应的离散序列 $\ddot{\boldsymbol{u}} = \{\ddot{u}(\Delta t), \ddot{u}(2\Delta t), \cdots, \ddot{u}(N\Delta t)\}^{\mathrm{T}}$，定义时间单元$[0,s]$上的“形函数”为

$$\ddot{u}(t) = \sum_{i=1}^{n} \alpha_i P_i(t) \tag{4.4.1}$$

写成矩阵为

$$\ddot{u}(t) = [P_1(t) \quad P_2(t) \quad \cdots \quad P_n(t)][\alpha_1 \quad \alpha_2 \quad \cdots \quad \alpha_n]^{\mathrm{T}} \tag{4.4.2}$$

式中，$P_i(t)$为广义正交多项式；α_i 为广义正交多项式系数，该系数可以根据 $\ddot{u}(t)$在已知节点上的值确定。

$$\begin{cases} \ddot{u}(\Delta t) = [P_1(\Delta t) \quad P_2(\Delta t) \quad \cdots P_n(\Delta t)][\alpha_1 \quad \alpha_2 \quad \cdots \quad \alpha_n]^{\mathrm{T}} \\ \vdots \\ \ddot{u}(N\Delta t) = [P_1(N\Delta t) \quad P_2(N\Delta t) \quad \cdots \quad P_n(N\Delta t)][\alpha_1 \quad \alpha_2 \quad \cdots \quad \alpha_n]^{\mathrm{T}} \end{cases} \tag{4.4.3}$$

解方程得到

$$\begin{Bmatrix}\alpha_1\\ \alpha_2\\ \vdots\\ \alpha_n\end{Bmatrix}=\begin{bmatrix}P_1(\Delta t) & P_2(\Delta t) & \cdots & P_n(\Delta t)\\ P_1(2\Delta t) & P_2(2\Delta t) & \cdots & P_n(2\Delta t)\\ \vdots & \vdots & & \vdots\\ P_1(N\Delta t) & P_2(N\Delta t) & \cdots & P_n(N\Delta t)\end{bmatrix}^+\begin{Bmatrix}\ddot{u}(\Delta t)\\ \ddot{u}(2\Delta t)\\ \vdots\\ \ddot{u}(N\Delta t)\end{Bmatrix} \tag{4.4.4}$$

令 $\boldsymbol{P}=\begin{bmatrix}P_1(\Delta t) & P_2(\Delta t) & \cdots & P_n(\Delta t)\\ P_1(2\Delta t) & P_2(2\Delta t) & \cdots & P_n(2\Delta t)\\ \vdots & \vdots & & \vdots\\ P_1(N\Delta t) & P_2(N\Delta t) & \cdots & P_n(N\Delta t)\end{bmatrix}^+$ 代入式(4.4.2)得到

$$\ddot{u}(t)=[P_1(t)\quad P_2(t)\quad \cdots\quad P_n(t)]\boldsymbol{P}\ddot{\boldsymbol{u}} \tag{4.4.5}$$

同理，对于外激励也可以写成

$$f(t)=f_1\cdot P_1(t)+f_2\cdot P_2(t)+\cdots+f_n\cdot P_n(t)=[P_1(t)\quad P_2(t)\quad \cdots\quad P_n(t)]\boldsymbol{f} \tag{4.4.6}$$

式中，$\boldsymbol{f}=[f_1\ f_2\cdots\ f_n]^{\mathrm{T}}$ 为动载荷的待定系数。把对动载荷连续时域历程的求解转化为对待定系数的求解。

按照微积分学原理，在时间单元内系统的动态速度响应和动态位移响应分别为

$$\begin{aligned}\dot{u}(t)&=\int_0^t[P_1(\tau)\quad P_2(\tau)\quad \cdots\quad P_n(\tau)]\boldsymbol{P}\ddot{\boldsymbol{u}}\,\mathrm{d}\tau+\dot{u}_0\\ u(t)&=\int_0^t\int_0^v[P_1(\tau)\quad P_2(\tau)\quad \cdots\quad P_n(\tau)]\boldsymbol{P}\ddot{\boldsymbol{u}}\,\mathrm{d}\tau\mathrm{d}v+\dot{u}_0t+u_0\end{aligned} \tag{4.4.7}$$

式中，$\dot{u}_0$，u_0 分别为系统在时间单元内的初始速度和初始位移。

将上式代入单自由度微分方程，并令 $[P(t)]=[P_1(t)\quad P_2(t)\quad \cdots\quad P_n(t)]$，并在时间单元 $[0,s]$ 内，定义单自由度系统在时间域上的残值为

$$R(t)=m\{[P(t)]\boldsymbol{P}\ddot{\boldsymbol{u}}\}+c\left\{\int_0^t[P(\tau)]\boldsymbol{P}\ddot{\boldsymbol{u}}\,\mathrm{d}\tau+\dot{u}_0\right\}+k\left\{\int_0^t\int_0^v[P(\tau)]\boldsymbol{P}\ddot{\boldsymbol{u}}\,\mathrm{d}\tau\mathrm{d}v+\dot{u}_0t+u_0\right\}-\{[P(t)]\boldsymbol{f}\} \tag{4.4.8}$$

确定优化的目标为系统在时间单元内具有最小误差，即

$$\int_0^s R(t)\,\mathrm{d}t\Rightarrow\min \tag{4.4.9}$$

应用加权残值法原理，在时间单元内系统的典型加权剩余方程为

$$\int_0^s\omega_j(t)R(t)\,\mathrm{d}t=0 \tag{4.4.10}$$

将上式代入定义的残值公式中，可以得到

$$\int_0^s\omega_j(t)\cdot[P(t)]\cdot\boldsymbol{f}\,\mathrm{d}t=m\left[\int_0^s\omega_j(t)\cdot[P(t)]\mathrm{d}t\right]\cdot\boldsymbol{P}\ddot{\boldsymbol{u}}+$$

$$c\left[\int_0^s \omega_j(t)\cdot\left\{\int_0^t [P(\tau)]\boldsymbol{P}\ddot{\boldsymbol{u}}\mathrm{d}\tau\right\}\mathrm{d}t\right]\boldsymbol{P}\ddot{\boldsymbol{u}}+$$
$$k\left[\int_0^s \omega_j(t)\left\{\int_0^t\int_0^v [P(\tau)]\boldsymbol{P}\ddot{\boldsymbol{u}}\mathrm{d}\tau\mathrm{d}v\right\}\mathrm{d}t\right]\boldsymbol{P}\ddot{\boldsymbol{u}}+$$
$$\int_0^s \omega_j(t)\cdot(k\dot{u}_0 t+ku_0+c\dot{u}_0)\mathrm{d}t$$
$$(j=1,2,\cdots,\bar{n}) \tag{4.4.11}$$

其中，$\omega_j(t)$为加权函数。

选用 m 个线性不相关的加权函数 $\omega_j(t)(j=1,2,\cdots,m)$代入式(4.4.11)，并且确定 $m\geqslant n$，即加权函数的个数大于或等于广义正交多项式的最高阶数，可以得到下列线性方程组：

$$\begin{bmatrix} a_{11} & a_{12} & \cdots & a_{1n} \\ a_{21} & a_{22} & \cdots & a_{2n} \\ \vdots & \vdots & & \vdots \\ a_{m1} & a_{m2} & \cdots & a_{mn} \end{bmatrix}\begin{Bmatrix} f_1 \\ f_2 \\ \vdots \\ f_n \end{Bmatrix}=\begin{Bmatrix} D_1 \\ D_2 \\ \vdots \\ D_m \end{Bmatrix} \tag{4.4.12}$$

或简写成

$$\boldsymbol{A}\boldsymbol{f}=\boldsymbol{D} \tag{4.4.13}$$

其中

$$a_{ij}=\int_0^s \omega_i(t)\cdot P_j(t)\mathrm{d}t \tag{4.4.14}$$

$$D_i=\left[\int_0^s \omega_i(t)\cdot[P(t)]\mathrm{d}t\right]\cdot\boldsymbol{P}\ddot{\boldsymbol{u}}+c\left[\int_0^s \omega_i(t)\cdot\left\{\int_0^t [P(\tau)]\boldsymbol{P}\ddot{\boldsymbol{u}}\mathrm{d}\tau\right\}\mathrm{d}t\right]\boldsymbol{P}\ddot{\boldsymbol{u}}+$$
$$k\left[\int_0^s \omega_i(t)\left\{\int_0^t\int_0^v [P(\tau)]\boldsymbol{P}\ddot{\boldsymbol{u}}\mathrm{d}\tau\mathrm{d}v\right\}\mathrm{d}t\right]\boldsymbol{P}\ddot{\boldsymbol{u}}+\int_0^s \omega_i(t)\cdot(k\dot{u}_0 t+ku_0+c\dot{u}_0)\mathrm{d}t$$
$$(i=1,2,\cdots,m) \tag{4.4.15}$$

依据广义逆理论，通过对式(4.4.13)进行广义逆计算，那么线性结构单自由度系统在时间单元内的动载荷识别模型为

$$f(t)=[P(t)]\boldsymbol{f}=[P(t)]\boldsymbol{A}^{+}\boldsymbol{D} \tag{4.4.16}$$

上式表明，当时间单元长度确定时，识别模型中矩阵 $\boldsymbol{A}$ 为常数矩阵，矩阵 $\boldsymbol{D}$ 是关于动力学参数和时间单元初始值 u_0、$\dot{u}_0$ 及加速度离散序列变化的矩阵。而加权函数的选定对识别模型的精度有一定的影响。这里可以选择广义正交多项式函数作为加权函数，基于最小二乘法研究时间单元内动载荷识别模型，可以得到相同的结论。事实上，当加权函数选择与动载荷广义傅里叶展开相同的广义正交多项式函数时，两者形式是一致的。

如果动态响应和动载荷信息具有较高的截止频率，那么使用单段有限时间元的动载荷识别模型需要选取较高的广义正交多项式的拟合阶次，为了降低广义正交多项式的最高阶次，可对时间区间进行分段，形成多个有限时间单元，这其中建立相邻两时间单元间初始值之间的关系变得尤为重要，由于篇幅关系，这里省略。

4.5 小结

本章介绍了单自由度系统中确定性动载荷的一些常见的识别方法。单自由度动载荷识别问题或者单点动载荷识别问题是动载荷识别里面最为成熟的一类问题，即使结构模型推广到多自由度或者连续系统，单点动载荷识别方法依旧可以借鉴；同时，单点动载荷识别也为多点动载荷识别打下坚实的理论基础。除了本书中介绍的单点动载荷识别方法之外，一些新的动载荷识别方法也不断涌现，请读者自行查阅。

第 5 章

多自由系统的动载荷识别方法

在实际工程中，大部分结构系统所处的载荷环境并非简单的单点载荷，例如汽车在地面上行驶，常常看作是多点载荷激励的情形。当载荷模型从单点到多点，不仅仅载荷规模发生了变化，动载荷识别的难度进一步加深，同时也会出现许多新的问题。本章在单自由度系统动载荷识别的基础之上，继续研究多点动载荷识别，围绕确定性动载荷，介绍多自由系统上多点激励下的动载荷识别的时域及频域方法。

5.1 多自由度动载荷识别的频域方法

当多自由度系统上作用一个单点载荷时，载荷识别过程和单自由度动载荷识别过程类似，只不过动力学模型中的频率响应函数有所变化，从第 2 章多自由度动响应分析可以得知，如果响应点为第 l 个自由度，激励点处在第 p 个自由度，则可以得到响应点和激励点之间的频响函数为

$$H_{lp}(\omega)=\sum_{r=1}^{N}\frac{\varphi_{lr}\varphi_{pr}}{K_r-\omega^2 M_r+\mathrm{j}\omega C_r} \tag{5.1.1}$$

单输入单输出问题是多自由度系统载荷识别中最简单的一种。系统仅在某一个自由度上作用有未知载荷，只需要知道一个位置的位移响应即可识别出该载荷，方式与单自由度动载荷频域识别方法完全相同，这里不再赘述。需要注意的是：由于多自由度系统会出现局部的反共振点，选择测点位置时，响应信号需具有足够大的信噪比。下面将重点针对多自由度系统的多点动载荷频域识别方法展开介绍。

假设 N 自由度系统(图 5.1)中，共有 a 个加载点，分别加载在位置 p_1、p_2、…、p_a 处，在频域内激励力向量可以写为

$$\boldsymbol{f}=[f_{p_1}(\omega),f_{p_2}(\omega),\cdots,f_{p_a}(\omega)]^{\mathrm{T}} \tag{5.1.2}$$

响应测量点的个数为 b 个，分别分布在位置 l_1、l_2、…、l_b 处。激励点 p_i 与响应点 l_j 之间的频响函数为

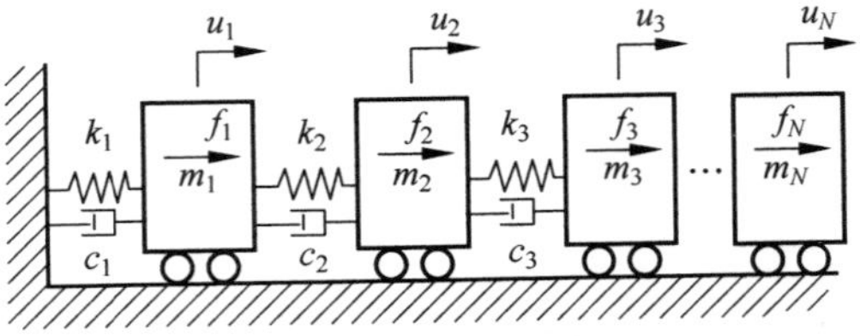

图 5.1 N 自由度系统

$$H_{l_j p_i}(\omega)=\sum_{r=1}^{N}\frac{\varphi_{l_j r}\varphi_{p_i r}}{K_r-\omega^2 M_r+\mathrm{j}\omega C_r} \tag{5.1.3}$$

则激励 $f_{p_i}(\omega)$在响应点位置 $l_j(i=1,2,\cdots,a;\ j=1,2,\cdots,b)$引起的位移频域响应为 $H_{l_j p_i}(\omega)f_{p_i}(\omega)$，计入所有 $f_{p_i}(\omega)(i=1,2,\cdots,a)$的贡献，则响应点 l_j 处的位移频域响应为

$$u_{l_j}(\omega)=\sum_{i=1}^{a}H_{l_j p_i}(\omega)\cdot f_{p_i}(\omega) \tag{5.1.4}$$

对于 $j=1,2,\cdots,b$，将上式写成矩阵形式：

$$\boldsymbol{u}(\omega)=\boldsymbol{H}(\omega)\cdot\boldsymbol{f}(\omega) \tag{5.1.5}$$

其中

$$\boldsymbol{u}(\omega)=\{u_{l_1}(\omega)\quad u_{l_2}(\omega)\quad\cdots\quad u_{l_b}(\omega)\}^{\mathrm{T}} \tag{5.1.6}$$

$$\boldsymbol{H}(\omega)=\begin{bmatrix}H_{l_1p_1}(\omega) & H_{l_1p_2}(\omega) & \cdots & H_{l_1p_a}(\omega)\\ H_{l_2p_1}(\omega) & H_{l_2p_2}(\omega) & \cdots & H_{l_2p_a}(\omega)\\ \vdots & \vdots & & \vdots\\ H_{l_bp_1}(\omega) & H_{l_bp_2}(\omega) & \cdots & H_{l_bp_a}(\omega)\end{bmatrix} \tag{5.1.7}$$

当 $a>b$ 时，不存在唯一解。

当 $a=b$ 时，对式(5.1.5)矩阵求逆：

$$\boldsymbol{f}(\omega)=\boldsymbol{H}^{-1}(\omega)\cdot\boldsymbol{u}(\omega) \tag{5.1.8}$$

当 $a<b$ 时，对式(5.1.5)矩阵求广义逆：

$$\boldsymbol{f}(\omega)=\{\boldsymbol{H}(\omega)^{\mathrm{T}}\boldsymbol{H}(\omega)\}^{-1}\boldsymbol{H}(\omega)^{\mathrm{T}}\boldsymbol{u}(\omega)=\boldsymbol{H}^{+}(\omega)\cdot\boldsymbol{u}(\omega) \tag{5.1.9}$$

识别出的频域载荷信息也可以通过傅里叶逆变换转到时域中。同样，选择测量点的时候，需要避免反共振点，以提高信噪比。当激励点和响应点个数过多时，方程(5.1.5)常常是病态矩阵，可以借助正则化方法进行求解，请参阅第 9 章。

5.2 多自由度系统动载荷识别格林核函数时域方法

一般 N 自由度系统的动力学微分方程为

$$\begin{cases}\boldsymbol{M}\ddot{\boldsymbol{u}}(t)+\boldsymbol{C}\dot{\boldsymbol{u}}(t)+\boldsymbol{K}\boldsymbol{u}(t)=\boldsymbol{f}(t)\\ \boldsymbol{u}(0)=\boldsymbol{u}_0,\quad \dot{\boldsymbol{u}}(0)=\dot{\boldsymbol{u}}_0\end{cases} \tag{5.2.1}$$

式中，$\boldsymbol{M}$，$\boldsymbol{K}$，$\boldsymbol{C}$ 分别为系统的质量、刚度和阻尼矩阵；$\boldsymbol{u}=(u_1,u_2,\cdots,u_N)^{\mathrm{T}}$ 表示系统的位移响应；$\ddot{\boldsymbol{u}}$，$\dot{\boldsymbol{u}}$ 分别表示系统的加速度和速度响应；$\boldsymbol{f}=(f_1,f_2,\cdots,f_N)^{\mathrm{T}}$ 表示系统外载荷。在零初始条件下，根据叠加原理，系统第 i 个自由度的位移响应为

$$u_i(t)=\sum_{j=1}^{N}u_{ij}(t)=\sum_{j=1}^{N}\int_0^t h_{ij}(t-\tau)f_j(\tau)\mathrm{d}\tau \tag{5.2.2}$$

式中，$u_{ij}(t)$表示系统第 j 个自由度所受外激励在第 i 个自由度产生的位移响应；h_{ij} 表示系统第 j 个自由度与第 i 个自由度之间的单位脉冲响应函数；f_j 表示系统第 j 个自由度所受外力；N 表示系统自由度数目。

由第 4 章单自由度系统动载荷识别格林核函数时域法可知，$n\Delta t$ 时刻 $u_{ij}(n\Delta t)$的近似值为

$$u_{ij}(n\Delta t)\approx\left[\sum_{k=0}^{n-1}h_{ij}(n\Delta t-k\Delta t)f_i(k\Delta t)\right]\Delta t \tag{5.2.3}$$

若采样长度为 k，则 $u_{ij}(t)$各时刻的近似值为

$$\begin{cases}u_{ij}(1)=[h_{ij}(1)f_j(0)]\Delta t\\ u_{ij}(2)=[h_{ij}(2)f_j(0)+h_{ij}(1)f_j(1)]\Delta t\\ \vdots\\ u_{ij}(k)=[h_{ij}(k)f_j(0)+h_{ij}(k-1)f_j(1)+\cdots+h_{ij}(1)f_j(k-1)]\Delta t\end{cases} \tag{5.2.4}$$

式中，$u_{ij}(k)$，$h_{ij}(k)$，$f_j(k)$分别表示 $u_{ij}(k\Delta t)$，$h_{ij}(k\Delta t)$，$f_j(k\Delta t)$的值，为了表示方便，将其中的 Δt 省略。将式(5.2.4)整理成矩阵形式，可得

$$\begin{Bmatrix}u_{ij}(1)\\ u_{ij}(2)\\ \vdots\\ u_{ij}(k)\end{Bmatrix}=\begin{bmatrix}h_{ij}(1)\Delta t & & & \\ h_{ij}(2)\Delta t & h_{ij}(1)\Delta t & & \\ \vdots & \vdots & \ddots & \\ h_{ij}(k)\Delta t & h_{ij}(k-1)\Delta t & \cdots & h_{ij}(1)\Delta t\end{bmatrix}\begin{Bmatrix}f_j(0)\\ f_j(1)\\ \vdots\\ f_j(k-1)\end{Bmatrix} \tag{5.2.5}$$

可以简写成

$$\boldsymbol{u}_{ij}=\boldsymbol{h}_{ij}\boldsymbol{f}_j \tag{5.2.6}$$

若只在第 j 个自由度上作用载荷，则第 i 个自由度响应为

$$\boldsymbol{u}_i=\boldsymbol{u}_{ij}=\boldsymbol{h}_{ij}\boldsymbol{f}_j \tag{5.2.7}$$

即为多自由度线性系统，单点激励下的格林核函数动载荷识别模型，$\boldsymbol{h}_{ij}$ 为载荷作用点位置 j 与测量点 i 之间的格林核函数组成的矩阵。

若是多输入多输出的情况，假设在系统中 m 个自由度上作用载荷，所处的自由度编号分别为 $l_1,l_2,\cdots,l_m$，并测量系统第 $r_1,r_2,\cdots,r_n$ 自由度上共计 n 个的响应($m\leqslant n$)，则各测量点响应的线性离散方程为

$$\boldsymbol{u}_i=\sum_{j=1}^{l_m}\boldsymbol{u}_{ij}=\sum_{j=1}^{l_m}\boldsymbol{h}_{ij}\boldsymbol{f}_j\quad(i=r_1,r_2,\cdots,r_n) \tag{5.2.8}$$

写成矩阵形式即为多输入多输出系统的线性离散方程组：

$$\begin{Bmatrix} \boldsymbol{u}_{r_1} \\ \boldsymbol{u}_{r_2} \\ \vdots \\ \boldsymbol{u}_{r_n} \end{Bmatrix} = \begin{bmatrix} \boldsymbol{h}_{r_1 l_1} & \boldsymbol{h}_{r_1 l_2} & \cdots & \boldsymbol{h}_{r_1 l_m} \\ \boldsymbol{h}_{r_2 l_1} & \boldsymbol{h}_{r_2 l_2} & \cdots & \boldsymbol{h}_{r_2 l_m} \\ \vdots & \vdots & & \vdots \\ \boldsymbol{h}_{r_n l_1} & \boldsymbol{h}_{r_n l_2} & \cdots & \boldsymbol{h}_{r_n l_m} \end{bmatrix} \begin{Bmatrix} \boldsymbol{f}_{l_1} \\ \boldsymbol{f}_{l_2} \\ \vdots \\ \boldsymbol{f}_{l_m} \end{Bmatrix} \tag{5.2.9}$$

得到多输入多输出系统的载荷识别时域模型后，简化形式为

$$\boldsymbol{u}_r = \boldsymbol{h}_{rl} \boldsymbol{f}_l \tag{5.2.10}$$

直接对格林核函数矩阵求逆即可反求得到系统所受的外载荷。

当 $m=n$ 时，对式(5.2.10)中的传递矩阵求逆：

$$\boldsymbol{f}_l = \boldsymbol{h}_{rl}^{-} \boldsymbol{u}_r \tag{5.2.11}$$

当 $m<n$ 时，对式(5.2.10)中的矩阵求广义逆：

$$\boldsymbol{f}_l = \boldsymbol{h}_{rl}^{+} \boldsymbol{u}_r \tag{5.2.12}$$

可以看出，这种基于格林核函数的动载荷识别方法推导过程简单明了、物理意义明确，但是由于实际测量中存在误差噪声，响应与格林函数矩阵都可能是不准确的，所以基于格林核函数的动载荷识别方法往往是不适定的，这种不适定性意味着测量响应或者结构模型中的微小误差将会导致识别载荷的巨大变化，此时借助正则化方法可以缓解不适定问题。对于一个零初始条件的系统，离散的格林核函数矩阵为一个下三角形形式的矩阵。当初始条件不为零时，需要先求解得到系统的零输入响应，然后在测点的响应中减去零输入响应，从而转化为上述矩阵形式，再进行载荷识别。格林核函数法是将动载荷离散为一系列等宽矩形脉冲叠加的阶梯状近似载荷，然而实际载荷往往并不是阶梯状的，而是连续的，因此格林核函数法的识别精度必然有限。

5.3 多自由系统动载荷识别 Newmark-β 方法

Newmark-β 方法是将线性加速度方法普遍化的方法，是求解结构动力学响应的一种十分有效的数值方法，由于其良好的稳定性和适应性被广泛应用。

Newmark-β 方法的基本思想是将时间离散化并使时间间隔 Δt 足够小，然后把微分方程近似为代数方程，从 t 时刻的响应求解下一时刻 $t+\Delta t$ 时刻的响应，并以此类推。

对于 N 自由度系统的动力学微分方程(5.2.1)，其中矩阵 $\boldsymbol{M}_{N\times N}$、$\boldsymbol{K}_{N\times N}$、$\boldsymbol{C}_{N\times N}$ 和向量 $\boldsymbol{f}(t)_{N\times 1}$、$\boldsymbol{u}_0$、$\dot{\boldsymbol{u}}_0$ 已知。

若 t 时刻的系统状态 $\boldsymbol{u}(t)_{N\times 1}$、$\dot{\boldsymbol{u}}(t)_{N\times 1}$ 已知，根据式(5.2.1)可确定其加速度 $\ddot{\boldsymbol{u}}(t)_{N\times 1}$。系统在下一时刻 $t+\Delta t$ 的运动满足

$$\boldsymbol{M}\ddot{\boldsymbol{u}}(t+\Delta t) + \boldsymbol{C}\dot{\boldsymbol{u}}(t+\Delta t) + \boldsymbol{K}\boldsymbol{u}(t+\Delta t) = \boldsymbol{f}(t+\Delta t) \tag{5.3.1}$$

对于足够小的间隔 Δt，可写出以下 Taylor 展开式

$$\begin{cases}\boldsymbol{u}(t+\Delta t)=\boldsymbol{u}(t)+\Delta t\dot{\boldsymbol{u}}(t)+\dfrac{\Delta t^2}{2}\ddot{\boldsymbol{u}}(t)+\dfrac{\Delta t^3}{6}\dddot{\boldsymbol{u}}(t)+\cdots & (5.3.2\text{a})\\ \dot{\boldsymbol{u}}(t+\Delta t)=\dot{\boldsymbol{u}}(t)+\Delta t\ddot{\boldsymbol{u}}(t)+\dfrac{\Delta t^2}{2}\dddot{\boldsymbol{u}}(t)+\cdots & (5.3.2\text{b})\\ \ddot{\boldsymbol{u}}(t+\Delta t)=\ddot{\boldsymbol{u}}(t)+\Delta t\dddot{\boldsymbol{u}}(t)+\cdots & (5.3.2\text{c})\end{cases}$$

若忽略上述泰勒展开式中的高阶项，则由式(5.3.2c)可知，加速度在$[t,t+\Delta t]$间隔内随时间线性变化，这隐含了外激励线性变化的假设。因此，需要使间隔 Δt 足够小来逼近真实外激励。

Newmark-β 方法引入两个参数 β 和 γ，将 Taylor 展开式(5.3.2)作截断处理，从而有

$$\begin{cases}\boldsymbol{u}(t+\Delta t)=\boldsymbol{u}(t)+\Delta t\dot{\boldsymbol{u}}(t)+\dfrac{\Delta t^2}{2}\ddot{\boldsymbol{u}}(t)+\beta\Delta t^3\dddot{\boldsymbol{u}}(t) & (5.3.3\text{a})\\ \dot{\boldsymbol{u}}(t+\Delta t)=\dot{\boldsymbol{u}}(t)+\Delta t\ddot{\boldsymbol{u}}(t)+\gamma\Delta t^2\dddot{\boldsymbol{u}}(t) & (5.3.3\text{b})\\ \ddot{\boldsymbol{u}}(t+\Delta t)=\ddot{\boldsymbol{u}}(t)+\Delta t\dddot{\boldsymbol{u}}(t) & (5.3.3\text{c})\end{cases}$$

式(5.3.1)和式(5.3.3)共 4 个矩阵方程，包含有 4 个未知向量 $\boldsymbol{u}(t+\Delta t)$、$\dot{\boldsymbol{u}}(t+\Delta t)$、$\ddot{\boldsymbol{u}}(t+\Delta t)$和 $\dddot{\boldsymbol{u}}(t)$，满足求解的必要条件。具体解法是：先从式(5.3.3a)解出

$$\dddot{\boldsymbol{u}}(t)=\frac{1}{\beta\Delta t^3}\left[\boldsymbol{u}(t+\Delta t)-\boldsymbol{u}(t)-\Delta t\dot{\boldsymbol{u}}(t)-\frac{1}{2}\Delta t^2\ddot{\boldsymbol{u}}(t)\right] \tag{5.3.4}$$

代入式(5.3.3b)和式(5.3.3c)，得

$$\begin{cases}\dot{\boldsymbol{u}}(t+\Delta t)=\dfrac{\gamma}{\beta\Delta t}\boldsymbol{u}(t+\Delta t)-\boldsymbol{a}_1(t)\\ \ddot{\boldsymbol{u}}(t+\Delta t)=\dfrac{1}{\beta\Delta t^2}\boldsymbol{u}(t+\Delta t)-\boldsymbol{a}_2(t)\end{cases} \tag{5.3.5}$$

其中

$$\begin{cases}\boldsymbol{a}_1(t)\overset{\text{def}}{=}\dfrac{\gamma}{\beta\Delta t}\boldsymbol{u}(t)-\left(1-\dfrac{\gamma}{\beta}\right)\dot{\boldsymbol{u}}(t)-\left(1-\dfrac{\gamma}{2\beta}\right)\Delta t\ddot{\boldsymbol{u}}(t)\\ \boldsymbol{a}_2(t)\overset{\text{def}}{=}\dfrac{1}{\beta\Delta t^2}\boldsymbol{u}(t)+\dfrac{1}{\beta\Delta t}\dot{\boldsymbol{u}}(t)-\left(1-\dfrac{1}{2\beta}\right)\ddot{\boldsymbol{u}}(t)\end{cases} \tag{5.3.6}$$

是只与 t 时刻系统运动有关的已知向量。把式(5.3.5)和式(5.3.6)代入式(5.3.1)得

$$\left(\frac{1}{\beta\Delta t^2}\boldsymbol{M}+\frac{\gamma}{\beta\Delta t}\boldsymbol{C}+\boldsymbol{K}\right)\boldsymbol{u}(t+\Delta t)=\boldsymbol{f}(t+\Delta t)+\boldsymbol{M}\boldsymbol{a}_2(t)+\boldsymbol{C}\boldsymbol{a}_1(t) \tag{5.3.7}$$

由此解出

$$\boldsymbol{u}(t+\Delta t)=\left(\frac{1}{\beta\Delta t^2}\boldsymbol{M}+\frac{\gamma}{\beta\Delta t}\boldsymbol{C}+\boldsymbol{K}\right)^{-1}\left[\boldsymbol{f}(t+\Delta t)+\boldsymbol{M}\boldsymbol{a}_2(t)+\boldsymbol{C}\boldsymbol{a}_1(t)\right] \tag{5.3.8}$$

定义：$\boldsymbol{K}^*=\left(\dfrac{1}{\beta\Delta t^2}\boldsymbol{M}+\dfrac{\gamma}{\beta\Delta t}\boldsymbol{C}+\boldsymbol{K}\right)$为等效刚度矩阵，以及相应的系数：

$$b_1=\frac{1}{\beta(\Delta t)^2},\quad b_2=\frac{1}{\beta\Delta t},\quad b_3=\frac{1}{2\beta}-1,\quad b_4=\frac{\gamma}{\beta\Delta t},\quad b_5=\frac{\gamma}{\beta}-1,\quad b_6=\left(\frac{\gamma}{2\beta}-1\right)\Delta t$$

则式(5.3.8)可以写作

$$\boldsymbol{K}^*\boldsymbol{u}(t+\Delta t)=\boldsymbol{f}(t+\Delta t)+\boldsymbol{M}[b_1\boldsymbol{u}(t)+b_2\dot{\boldsymbol{u}}(t)+b_3\ddot{\boldsymbol{u}}(t)]+\boldsymbol{C}[b_4\boldsymbol{u}(t)+b_5\dot{\boldsymbol{u}}(t)+b_6\ddot{\boldsymbol{u}}(t)] \tag{5.3.9}$$

式(5.3.5)、式(5.3.6)和式(5.3.7)给出了根据 t 时刻的响应 $\boldsymbol{u}(t)$、$\dot{\boldsymbol{u}}(t)$ 和 $\ddot{\boldsymbol{u}}(t)$，计算 $t+\Delta t$ 时刻响应 $\boldsymbol{u}(t+\Delta t)$、$\dot{\boldsymbol{u}}(t+\Delta t)$ 和 $\ddot{\boldsymbol{u}}(t+\Delta t)$ 的公式。把后者作为新的时间起点，可再求下一时刻的响应，如此递推，直到所关心的时刻为止。

当 $\beta=1/6$、$\gamma=1/2$ 时，该方法对应了具体形式的线性加速度方法；当 $\beta=0$、$\gamma=1/2$ 时，该方法对应了具体形式的中心差分法。这种直接积分方法的主要问题是计算精度与计算时间的问题，为了保证计算的精度，时间步长 Δt 应该足够小，但时间步长的减小会增加递推步数，从而增加了计算时间，影响计算效率。此外，递推步数的增加会使计算的累积误差变大。根据稳定性分析表明，当 $\gamma\geqslant 0.5$、$\beta\geqslant 0.25(0.5+\gamma^2)$ 时，Newmark-β 方法在任意步长时得到的解都不会发散，即无条件稳定，所以该方法广泛应用于结构动响应的数值求解中。

根据 Newmark-β 动响应分析方法，下面将推导在已知加速度响应信息的条件下，基于 Newmark-β 法的动载荷识别方法。

根据式(5.3.9)

$$\boldsymbol{K}^*\boldsymbol{u}(t+\Delta t)=\boldsymbol{f}(t+\Delta t)+\boldsymbol{f}^*(t) \tag{5.3.10}$$

其中

$$\boldsymbol{f}^*(t)=\boldsymbol{M}[b_1\boldsymbol{u}(t)+b_2\dot{\boldsymbol{u}}(t)+b_3\ddot{\boldsymbol{u}}(t)]+\boldsymbol{C}[b_4\boldsymbol{u}(t)+b_5\dot{\boldsymbol{u}}(t)+b_6\ddot{\boldsymbol{u}}(t)] \tag{5.3.11}$$

是由 t 时刻的所有响应构成的向量，可以看作是由 t 时刻的响应虚构的一个虚拟力，其本质是 t 时刻以前所有的力对 t 时刻以后响应的贡献。

根据动载荷识别的线性假设，在微小时间间隔内，根据叠加原理，将式(5.3.10)改写为

$$\begin{cases}\boldsymbol{K}^*\boldsymbol{u}_1(t+\Delta t)=\boldsymbol{f}(t+\Delta t) & (5.3.12\text{a})\\ \boldsymbol{K}^*\boldsymbol{u}_2(t+\Delta t)=\boldsymbol{f}^*(t) & (5.3.12\text{b})\end{cases}$$

式中，$\boldsymbol{u}_1(t+\Delta t)$ 和 $\boldsymbol{u}_2(t+\Delta t)$ 是 $\boldsymbol{u}(t+\Delta t)$ 的两个分量，其中 $\boldsymbol{u}_1(t+\Delta t)$ 可以看成是 $t+\Delta t$ 时刻的动载荷 $\boldsymbol{f}(t+\Delta t)$ 引起的响应，$\boldsymbol{u}_2(t+\Delta t)$ 可以看成是因为虚拟力 $\boldsymbol{f}^*(t)$ 引起的 $t+\Delta t$ 的响应。有如下关系式：

$$\boldsymbol{u}_1(t+\Delta t)+\boldsymbol{u}_2(t+\Delta t)=\boldsymbol{u}(t+\Delta t) \tag{5.3.13}$$

现假设未知动载荷的个数 $n\leqslant N$，已知加速度响应信息的个数为 m，并且满足 $m\geqslant n$。激励位置影响矩阵用 $\boldsymbol{R}_{\mathrm{f}}\in\mathbf{R}^{n\times N}$ 表示，动响应测点位置的影响矩阵为 $\boldsymbol{R}_{\mathrm{a}}\in\mathbf{R}^{m\times N}$。影响矩阵全部由 0 和 1 组成，1 表征该对应位置作用有载荷或是测点位置，0 的意义与此相反。因此由未知载荷组成的向量为 $\boldsymbol{R}_{\mathrm{f}}\boldsymbol{f}(t)$，由测点的加速度信号组成的向量为 $\boldsymbol{R}_{\mathrm{a}}\ddot{\boldsymbol{u}}(t)$。下面给出基于 Newmark-$\beta$ 法的动载荷时域递推过程。

动载荷识别时域递推方法的关键步骤是：如何由已知 $\boldsymbol{f}(t)$ 递推出 $\boldsymbol{f}(t+\Delta t)$。下面给出详细的推导过程。

基本思路：现假设 t 时刻的载荷 $\boldsymbol{f}(t)$ 已知，则根据 Newmark-β 方法正向计算出 t 时刻的 $\boldsymbol{u}(t)$ 和 $\dot{\boldsymbol{u}}(t)$，由式(5.3.11)可以计算 t 时刻的虚拟力 $\boldsymbol{f}^*(t)$，进而获取 $\boldsymbol{u}_2(t+\Delta t)$，由式(5.3.13)可得 $\boldsymbol{u}_1(t+\Delta t)$，再由式(5.3.12a)可以得到 $\boldsymbol{f}(t+\Delta t)$。由已知 $\boldsymbol{f}(t)$ 递推出 $\boldsymbol{f}(t+\Delta t)$ 的具体步骤如下：

(1) 根据采样时间间隔、多自由系统的 $\boldsymbol{M}$、$\boldsymbol{K}$、$\boldsymbol{C}$ 计算等效刚度：

$$\boldsymbol{K}^* = \left(\frac{1}{\beta\Delta t^2}\boldsymbol{M} + \frac{\gamma}{\beta\Delta t}\boldsymbol{C} + \boldsymbol{K}\right)$$

(2) 从测量的加速度响应信号出发，计算 $\boldsymbol{u}(t+\Delta t)$：

假设已知全部自由度上的响应信号为加速度，即是 $m=N$，$\boldsymbol{R}_\mathrm{a}$ 为单位方阵，由式(5.3.5)和式(5.3.6)可知：

$$\ddot{\boldsymbol{u}}(t+\Delta t) = \frac{1}{\beta\Delta t^2}\boldsymbol{u}(t+\Delta t) - \left[\frac{1}{\beta\Delta t^2}\boldsymbol{u}(t) + \frac{1}{\beta\Delta t}\dot{\boldsymbol{u}}(t) - \left(1-\frac{1}{2\beta}\right)\ddot{\boldsymbol{u}}(t)\right] \tag{5.3.14}$$

因为 $\ddot{\boldsymbol{u}}(t+\Delta t)$ 是通过测量得到，而 $\boldsymbol{u}(t)$、$\dot{\boldsymbol{u}}(t)$ 及 $\ddot{\boldsymbol{u}}(t)$ 可以由前一时刻的式(5.3.5)和式(5.3.6)及式(5.3.7)计算得到，所以

$$\boldsymbol{u}(t+\Delta t) = \boldsymbol{u}(t) + \dot{\boldsymbol{u}}(t)\Delta t + \left[\left(\frac{1}{2}-\beta\right)\ddot{\boldsymbol{u}}(t) + \beta\ddot{\boldsymbol{u}}(t+\Delta t)\right]\Delta t^2 \tag{5.3.15}$$

此时所有自由度上的 $\boldsymbol{u}(t+\Delta t)$ 均可以得到。

事实上，工程上不易测量所有自由度上的加速度响应信息，假设 $m<N$，即 $\ddot{\boldsymbol{u}}(t)$ 加速度向量并不完备，只知道部分自由度的加速度响应，由已知的加速度响应组成的向量为 $\boldsymbol{R}_\mathrm{a}\ddot{\boldsymbol{u}}(t)$，此时可以得到测量自由度上的位移响应，组成的向量为 $\boldsymbol{R}_\mathrm{a}\boldsymbol{u}(t+\Delta t)$。

(3) 计算 $\boldsymbol{f}^*(t)$：

若 t 时刻 $\boldsymbol{f}(t)$ 已经求得，则 $\boldsymbol{u}(t)$、$\dot{\boldsymbol{u}}(t)$ 及 $\ddot{\boldsymbol{u}}(t)$ 可以由式(5.3.5)、式(5.3.6)和式(5.3.7)计算得到，根据式(5.3.11)计算 $\boldsymbol{f}^*(t)$，则

$$\boldsymbol{u}_2(t+\Delta t) = (\boldsymbol{K}^*)^{-1}\boldsymbol{f}^*(t) \tag{5.3.16}$$

(4) 计算 $\boldsymbol{u}_1(t+\Delta t)$：

当测点个数为 m 时，对应测点上的位移响应为

$$\begin{aligned}\boldsymbol{R}_\mathrm{a}\boldsymbol{u}_1(t+\Delta t) &= \boldsymbol{R}_\mathrm{a}[\boldsymbol{u}(t+\Delta t) - \boldsymbol{u}_2(t+\Delta t)] \\ &= \boldsymbol{R}_\mathrm{a}[\boldsymbol{u}(t+\Delta t) - (\boldsymbol{K}^*)^{-1}\boldsymbol{f}^*(t)]\end{aligned} \tag{5.3.17}$$

如果 $\boldsymbol{R}_\mathrm{a}$ 为单位方阵，则所有自由度上 $t+\Delta t$ 的位移响应均可以求得，否则，只能得到测点部分的位移响应。

(5) 计算 $\boldsymbol{f}(t+\Delta t)$：

由步骤(4)知求得的 $\boldsymbol{R}_\mathrm{a}\boldsymbol{u}_1(t+\Delta t)$ 的维度为 $m\times1$，未知载荷组成的向量 $\boldsymbol{R}_\mathrm{f}\boldsymbol{f}(t+\Delta t)$ 的维度为 $n\times1$。由式(5.3.12a)无法直接求解，对式(5.3.12a)两边分别左乘 $\boldsymbol{R}_\mathrm{f}$，可知

$$\boldsymbol{R}_{\mathrm{f}}\boldsymbol{K}^{*}\boldsymbol{u}_{1}(t+\Delta t)=\boldsymbol{R}_{\mathrm{f}}\boldsymbol{f}(t+\Delta t) \tag{5.3.18}$$

则

$$\boldsymbol{u}_{1}(t+\Delta t)=(\boldsymbol{R}_{\mathrm{f}}\boldsymbol{K}^{*})^{+}\boldsymbol{R}_{\mathrm{f}}\boldsymbol{f}(t+\Delta t) \tag{5.3.19}$$

对上式两边同时左乘 $\boldsymbol{R}_{\mathrm{a}}$：

$$\boldsymbol{R}_{\mathrm{a}}\boldsymbol{u}_{1}(t+\Delta t)=\boldsymbol{R}_{\mathrm{a}}(\boldsymbol{R}_{\mathrm{f}}\boldsymbol{K}^{*})^{+}\boldsymbol{R}_{\mathrm{f}}\boldsymbol{f}(t+\Delta t) \tag{5.3.20}$$

则有

$$\boldsymbol{f}(t+\Delta t)=[\boldsymbol{R}_{\mathrm{a}}(\boldsymbol{R}_{\mathrm{f}}\boldsymbol{K}^{*})^{+}\boldsymbol{R}_{\mathrm{f}}]^{+}\boldsymbol{R}_{\mathrm{a}}\boldsymbol{u}_{1}(t+\Delta t) \tag{5.3.21}$$

上式中，$\boldsymbol{R}_{\mathrm{a}}\boldsymbol{u}_{1}(t+\Delta t)$由步骤(4)计算得到，其他均为已知。

至此，完成了从 $\boldsymbol{f}(t)$到 $\boldsymbol{f}(t+\Delta t)$的递推关系。

在 $t=0$ 时刻 $\boldsymbol{f}(0)$的值与初始位移和初始速度 $\boldsymbol{u}_0$，$\dot{\boldsymbol{u}}_0$ 有关系。如所有自由度上的加速度响应均已知，则根据 $t=0$ 的动力学微分方程很容易得到 $\boldsymbol{f}(0)$：

$$\boldsymbol{M}\ddot{\boldsymbol{u}}(0)+\boldsymbol{C}\dot{\boldsymbol{u}}(0)+\boldsymbol{K}\boldsymbol{u}(0)=\boldsymbol{f}(0) \tag{5.3.22}$$

如果加速度测点有 m 个，则 $\boldsymbol{f}(0)$的确定方式可以仿照式(5.3.21)的推导思路，形式如下：

$$\boldsymbol{f}(0)=[\boldsymbol{R}_{\mathrm{a}}(\boldsymbol{R}_{\mathrm{f}}\boldsymbol{M})^{+}\boldsymbol{R}_{\mathrm{f}}]^{+}\{\boldsymbol{R}_{\mathrm{a}}\ddot{\boldsymbol{u}}(0)+\boldsymbol{R}_{\mathrm{a}}(\boldsymbol{R}_{\mathrm{f}}\boldsymbol{M})^{+}\boldsymbol{R}_{\mathrm{f}}[\boldsymbol{C}\dot{\boldsymbol{u}}(0)+\boldsymbol{K}\boldsymbol{u}(0)]\} \tag{5.3.23}$$

综上，通过确定 $\boldsymbol{f}(0)$以及 $\boldsymbol{f}(t)$的递推关系，实现了基于 Newmark-β 多自由度系统的动载荷时域递推识别过程。需要指出，为了能够准确确定载荷的初始值 $\boldsymbol{f}(0)$，该方法一般要求加速度测试位置点包括激励点。另外，只是基于速度响应或者位移响应，也能够建立动载荷的递推关系(这里不再赘述)，但是仅仅已知位移响应或者速度响应时，无法准确确定初始载荷 $\boldsymbol{f}(0)$，还需要借助其他补充信息。

事实上，基于 Newmark-β 法的动载荷识别方法还可以进一步改写成显式形式。

由式(5.3.10)求逆可得

$$\boldsymbol{u}(t+\Delta t)=(\boldsymbol{K}^{*})^{-1}[\boldsymbol{f}(t+\Delta t)+\boldsymbol{f}^{*}(t)] \tag{5.3.24}$$

令

$$\begin{cases}\boldsymbol{A}_{0}=(\boldsymbol{K}^{*})^{-1}\\ \boldsymbol{A}_{\mathrm{d}}=(\boldsymbol{K}^{*})^{-1}\left[\dfrac{1}{\beta(\Delta t)^{2}}\boldsymbol{I}+\dfrac{\gamma}{\beta\Delta t}\boldsymbol{C}\right]\\ \boldsymbol{A}_{\mathrm{v}}=(\boldsymbol{K}^{*})^{-1}\left[\dfrac{1}{\beta\Delta t}\boldsymbol{I}+\left(\dfrac{\gamma}{\beta}-1\right)\boldsymbol{C}\right]\\ \boldsymbol{A}_{\mathrm{a}}=(\boldsymbol{K}^{*})^{-1}\left[\left(\dfrac{1}{2\beta}-1\right)\boldsymbol{I}+\dfrac{\Delta t}{2}\left(\dfrac{\gamma}{\beta}-2\right)\boldsymbol{C}\right]\end{cases} \tag{5.3.25}$$

将式(5.3.25)和式(5.3.11)代入式(5.3.24)，可以得到

$$\boldsymbol{u}(t+\Delta t)=\boldsymbol{A}_{0}\boldsymbol{f}(t+\Delta t)+\boldsymbol{A}_{\mathrm{d}}\boldsymbol{u}(t)+\boldsymbol{A}_{\mathrm{v}}\dot{\boldsymbol{u}}(t)+\boldsymbol{A}_{\mathrm{a}}\ddot{\boldsymbol{u}}(t) \tag{5.3.26}$$

将式(5.3.26)代入式(5.3.5)并进行改写：

$$\dot{\boldsymbol{u}}(t+\Delta t)=\frac{\gamma}{\beta\Delta t}[\boldsymbol{A}_{0}\boldsymbol{f}(t+\Delta t)+\boldsymbol{A}_{\mathrm{d}}\boldsymbol{u}(t)+\boldsymbol{A}_{\mathrm{v}}\dot{\boldsymbol{u}}(t)+\boldsymbol{A}_{\mathrm{a}}\ddot{\boldsymbol{u}}(t)-\boldsymbol{u}(t)]+$$

$$\left(1-\frac{\gamma}{\beta}\right)\dot{\boldsymbol{u}}(t)+\left(1-\frac{\gamma}{2\beta}\right)(\boldsymbol{K}^*)^{-1}\boldsymbol{K}^*\Delta t\ddot{\boldsymbol{u}}(t) \tag{5.3.27}$$

$$\ddot{\boldsymbol{u}}(t+\Delta t)=\frac{1}{\beta\Delta t^2}[\boldsymbol{A}_0\boldsymbol{f}(t+\Delta t)+\boldsymbol{A}_{\mathrm{d}}\boldsymbol{u}(t)+\boldsymbol{A}_{\mathrm{v}}\dot{\boldsymbol{u}}(t)+\boldsymbol{A}_{\mathrm{a}}\ddot{\boldsymbol{u}}(t)-\boldsymbol{u}(t)]-$$
$$\frac{1}{\beta\Delta t}(\boldsymbol{K}^*)^{-1}\boldsymbol{K}^*\dot{\boldsymbol{u}}(t)+\left(1-\frac{1}{2\beta}\right)(\boldsymbol{K}^*)^{-1}\boldsymbol{K}^*\ddot{\boldsymbol{u}}(t) \tag{5.3.28}$$

令

$$\begin{cases}\boldsymbol{B}_0=\dfrac{\gamma}{\beta\Delta t}(\boldsymbol{K}^*)^{-1}\\[2mm] \boldsymbol{B}_{\mathrm{d}}=\dfrac{-\gamma}{\beta\Delta t}(\boldsymbol{K}^*)^{-1}\boldsymbol{K}\\[2mm] \boldsymbol{B}_{\mathrm{v}}=\dfrac{\gamma}{\beta\Delta t}(\boldsymbol{K}^*)^{-1}\left[\left(\dfrac{\beta\Delta t}{\gamma}-\Delta t\right)\boldsymbol{K}+\dfrac{1}{\gamma\Delta t}\boldsymbol{I}\right]\\[2mm] \boldsymbol{B}_{\mathrm{a}}=\dfrac{\gamma}{\beta\Delta t}(\boldsymbol{K}^*)^{-1}\left[\left(\dfrac{\beta\Delta t^2}{\gamma}-\dfrac{\Delta t^2}{2}\right)\boldsymbol{K}+\left(\dfrac{1}{\gamma}-1\right)\boldsymbol{I}\right]\end{cases} \tag{5.3.29}$$

$$\begin{cases}\boldsymbol{C}_0=\dfrac{1}{\beta\Delta t^2}(\boldsymbol{K}^*)^{-1}\\[2mm] \boldsymbol{C}_{\mathrm{d}}=\dfrac{-1}{\beta\Delta t^2}(\boldsymbol{K}^*)^{-1}\boldsymbol{K}\\[2mm] \boldsymbol{C}_{\mathrm{v}}=\dfrac{-1}{\beta\Delta t^2}(\boldsymbol{K}^*)^{-1}(\boldsymbol{C}+\Delta t\boldsymbol{K})\\[2mm] \boldsymbol{C}_{\mathrm{a}}=\dfrac{1}{\beta\Delta t^2}(\boldsymbol{K}^*)^{-1}\left[(\gamma-1)\Delta t\boldsymbol{C}-\beta\Delta t^2\left(\dfrac{1}{2\beta}-1\right)\boldsymbol{K}\right]\end{cases} \tag{5.3.30}$$

将式(5.3.29)和式(5.3.30)分别代入式(5.3.27)和式(5.3.28),可以得到

$$\begin{Bmatrix}\boldsymbol{u}(t+\Delta t)\\ \dot{\boldsymbol{u}}(t+\Delta t)\\ \ddot{\boldsymbol{u}}(t+\Delta t)\end{Bmatrix}=\begin{Bmatrix}\boldsymbol{A}_0\\ \boldsymbol{B}_0\\ \boldsymbol{C}_0\end{Bmatrix}\boldsymbol{f}(t+\Delta t)+\begin{bmatrix}\boldsymbol{A}_{\mathrm{d}} & \boldsymbol{A}_{\mathrm{v}} & \boldsymbol{A}_{\mathrm{a}}\\ \boldsymbol{B}_{\mathrm{d}} & \boldsymbol{B}_{\mathrm{v}} & \boldsymbol{B}_{\mathrm{a}}\\ \boldsymbol{C}_{\mathrm{d}} & \boldsymbol{C}_{\mathrm{v}} & \boldsymbol{C}_{\mathrm{a}}\end{bmatrix}\begin{Bmatrix}\boldsymbol{u}(t)\\ \dot{\boldsymbol{u}}(t)\\ \ddot{\boldsymbol{u}}(t)\end{Bmatrix} \tag{5.3.31}$$

则根据递推关系可以得到

$$\begin{Bmatrix}\boldsymbol{u}(t_i)\\ \dot{\boldsymbol{u}}(t_i)\\ \ddot{\boldsymbol{u}}(t_i)\end{Bmatrix}=\begin{Bmatrix}\boldsymbol{A}_0\\ \boldsymbol{B}_0\\ \boldsymbol{C}_0\end{Bmatrix}\boldsymbol{f}(t_i)+\begin{bmatrix}\boldsymbol{A}_{\mathrm{d}} & \boldsymbol{A}_{\mathrm{v}} & \boldsymbol{A}_{\mathrm{a}}\\ \boldsymbol{B}_{\mathrm{d}} & \boldsymbol{B}_{\mathrm{v}} & \boldsymbol{B}_{\mathrm{a}}\\ \boldsymbol{C}_{\mathrm{d}} & \boldsymbol{C}_{\mathrm{v}} & \boldsymbol{C}_{\mathrm{a}}\end{bmatrix}\begin{Bmatrix}\boldsymbol{u}(t_{i-1})\\ \dot{\boldsymbol{u}}(t_{i-1})\\ \ddot{\boldsymbol{u}}(t_{i-1})\end{Bmatrix} \tag{5.3.32}$$

$$\vdots$$

$$\begin{Bmatrix}\boldsymbol{u}(t_1)\\ \dot{\boldsymbol{u}}(t_1)\\ \ddot{\boldsymbol{u}}(t_1)\end{Bmatrix}=\begin{Bmatrix}\boldsymbol{A}_0\\ \boldsymbol{B}_0\\ \boldsymbol{C}_0\end{Bmatrix}\boldsymbol{f}(t_1)+\begin{bmatrix}\boldsymbol{A}_{\mathrm{d}} & \boldsymbol{A}_{\mathrm{v}} & \boldsymbol{A}_{\mathrm{a}}\\ \boldsymbol{B}_{\mathrm{d}} & \boldsymbol{B}_{\mathrm{v}} & \boldsymbol{B}_{\mathrm{a}}\\ \boldsymbol{C}_{\mathrm{d}} & \boldsymbol{C}_{\mathrm{v}} & \boldsymbol{C}_{\mathrm{a}}\end{bmatrix}\begin{Bmatrix}\boldsymbol{u}(t_0)\\ \dot{\boldsymbol{u}}(t_0)\\ \ddot{\boldsymbol{u}}(t_0)\end{Bmatrix} \tag{5.3.33}$$

其中，$t_i = t_0 + i\Delta t$。

由式(5.3.32)及式(5.3.33)可以得到

$$\begin{Bmatrix} \boldsymbol{u}(t_i) \\ \dot{\boldsymbol{u}}(t_i) \\ \ddot{\boldsymbol{u}}(t_i) \end{Bmatrix} = \sum_{j=0}^{i-1} \begin{bmatrix} \boldsymbol{A}_{\mathrm{d}} & \boldsymbol{A}_{\mathrm{v}} & \boldsymbol{A}_{\mathrm{a}} \\ \boldsymbol{B}_{\mathrm{d}} & \boldsymbol{B}_{\mathrm{v}} & \boldsymbol{B}_{\mathrm{a}} \\ \boldsymbol{C}_{\mathrm{d}} & \boldsymbol{C}_{\mathrm{v}} & \boldsymbol{C}_{\mathrm{a}} \end{bmatrix}^j \begin{Bmatrix} \boldsymbol{A}_0 \\ \boldsymbol{B}_0 \\ \boldsymbol{C}_0 \end{Bmatrix} \boldsymbol{f}(t_{i-j}) + \begin{bmatrix} \boldsymbol{A}_{\mathrm{d}} & \boldsymbol{A}_{\mathrm{v}} & \boldsymbol{A}_{\mathrm{a}} \\ \boldsymbol{B}_{\mathrm{d}} & \boldsymbol{B}_{\mathrm{v}} & \boldsymbol{B}_{\mathrm{a}} \\ \boldsymbol{C}_{\mathrm{d}} & \boldsymbol{C}_{\mathrm{v}} & \boldsymbol{C}_{\mathrm{a}} \end{bmatrix}^i \begin{Bmatrix} \boldsymbol{u}(t_0) \\ \dot{\boldsymbol{u}}(t_0) \\ \ddot{\boldsymbol{u}}(t_0) \end{Bmatrix} \tag{5.3.34}$$

结构上测量响应点信息表示为

$$\boldsymbol{y} = \{\boldsymbol{R}_{\mathrm{d}} \quad \boldsymbol{R}_{\mathrm{v}} \quad \boldsymbol{R}_{\mathrm{a}}\} \begin{Bmatrix} \boldsymbol{u} \\ \dot{\boldsymbol{u}} \\ \ddot{\boldsymbol{u}} \end{Bmatrix} = \boldsymbol{R}_{\mathrm{d}}\boldsymbol{u} + \boldsymbol{R}_{\mathrm{v}}\dot{\boldsymbol{u}} + \boldsymbol{R}_{\mathrm{a}}\ddot{\boldsymbol{u}} \tag{5.3.35}$$

式中，$\boldsymbol{R}_{\mathrm{d}} \in \mathbf{R}^{m\times N}$，$\boldsymbol{R}_{\mathrm{v}} \in \mathbf{R}^{m\times N}$，$\boldsymbol{R}_{\mathrm{a}} \in \mathbf{R}^{m\times N}$ 分别表示位移响应位置影响矩阵、速度响应位置影响矩阵、加速度响应位置影响矩阵。$\boldsymbol{R}_{\mathrm{d}}=0$，$\boldsymbol{R}_{\mathrm{v}}=0$，$\boldsymbol{R}_{\mathrm{a}}\neq 0$ 表示只有观测加速度响应。定义 $\boldsymbol{R}=[\boldsymbol{R}_{\mathrm{d}} \quad \boldsymbol{R}_{\mathrm{v}} \quad \boldsymbol{R}_{\mathrm{a}}]$，将式(5.3.35)代入式(5.3.34)得到

$$\begin{aligned} \boldsymbol{y}(t_i) &= \{\boldsymbol{R}_{\mathrm{d}} \quad \boldsymbol{R}_{\mathrm{v}} \quad \boldsymbol{R}_{\mathrm{a}}\} \begin{Bmatrix} \boldsymbol{u}(t_i) \\ \dot{\boldsymbol{u}}(t_i) \\ \ddot{\boldsymbol{u}}(t_i) \end{Bmatrix} \\ &= \sum_{j=0}^{i-1} \boldsymbol{R} \begin{bmatrix} \boldsymbol{A}_{\mathrm{d}} & \boldsymbol{A}_{\mathrm{v}} & \boldsymbol{A}_{\mathrm{a}} \\ \boldsymbol{B}_{\mathrm{d}} & \boldsymbol{B}_{\mathrm{v}} & \boldsymbol{B}_{\mathrm{a}} \\ \boldsymbol{C}_{\mathrm{d}} & \boldsymbol{C}_{\mathrm{v}} & \boldsymbol{C}_{\mathrm{a}} \end{bmatrix}^j \begin{Bmatrix} \boldsymbol{A}_0 \\ \boldsymbol{B}_0 \\ \boldsymbol{C}_0 \end{Bmatrix} \boldsymbol{f}(t_{i-j}) + \boldsymbol{R} \begin{bmatrix} \boldsymbol{A}_{\mathrm{d}} & \boldsymbol{A}_{\mathrm{v}} & \boldsymbol{A}_{\mathrm{a}} \\ \boldsymbol{B}_{\mathrm{d}} & \boldsymbol{B}_{\mathrm{v}} & \boldsymbol{B}_{\mathrm{a}} \\ \boldsymbol{C}_{\mathrm{d}} & \boldsymbol{C}_{\mathrm{v}} & \boldsymbol{C}_{\mathrm{a}} \end{bmatrix}^i \begin{Bmatrix} \boldsymbol{u}(t_0) \\ \dot{\boldsymbol{u}}(t_0) \\ \ddot{\boldsymbol{u}}(t_0) \end{Bmatrix} \end{aligned} \tag{5.3.36}$$

令

$$\boldsymbol{y}^*(t_i) = \boldsymbol{y}(t_i) - \boldsymbol{R} \begin{bmatrix} \boldsymbol{A}_{\mathrm{d}} & \boldsymbol{A}_{\mathrm{v}} & \boldsymbol{A}_{\mathrm{a}} \\ \boldsymbol{B}_{\mathrm{d}} & \boldsymbol{B}_{\mathrm{v}} & \boldsymbol{B}_{\mathrm{a}} \\ \boldsymbol{C}_{\mathrm{d}} & \boldsymbol{C}_{\mathrm{v}} & \boldsymbol{C}_{\mathrm{a}} \end{bmatrix}^i \begin{Bmatrix} \boldsymbol{u}(t_0) \\ \dot{\boldsymbol{u}}(t_0) \\ \ddot{\boldsymbol{u}}(t_0) \end{Bmatrix} \tag{5.3.37}$$

从而得到

$$\boldsymbol{y}^*(t_i) = \sum_{j=0}^{i-1} \boldsymbol{R} \begin{bmatrix} \boldsymbol{A}_{\mathrm{d}} & \boldsymbol{A}_{\mathrm{v}} & \boldsymbol{A}_{\mathrm{a}} \\ \boldsymbol{B}_{\mathrm{d}} & \boldsymbol{B}_{\mathrm{v}} & \boldsymbol{B}_{\mathrm{a}} \\ \boldsymbol{C}_{\mathrm{d}} & \boldsymbol{C}_{\mathrm{v}} & \boldsymbol{C}_{\mathrm{a}} \end{bmatrix}^j \begin{Bmatrix} \boldsymbol{A}_0 \\ \boldsymbol{B}_0 \\ \boldsymbol{C}_0 \end{Bmatrix} \boldsymbol{f}(t_{i-j}) \tag{5.3.38}$$

改写成

$$\boldsymbol{Y} = \boldsymbol{Q}\boldsymbol{f} \tag{5.3.39}$$

其中

$$\boldsymbol{Q}_i = \boldsymbol{R} \begin{bmatrix} \boldsymbol{A}_{\mathrm{d}} & \boldsymbol{A}_{\mathrm{v}} & \boldsymbol{A}_{\mathrm{a}} \\ \boldsymbol{B}_{\mathrm{d}} & \boldsymbol{B}_{\mathrm{v}} & \boldsymbol{B}_{\mathrm{a}} \\ \boldsymbol{C}_{\mathrm{d}} & \boldsymbol{C}_{\mathrm{v}} & \boldsymbol{C}_{\mathrm{a}} \end{bmatrix}^{i-1} \begin{Bmatrix} \boldsymbol{A}_0 \\ \boldsymbol{B}_0 \\ \boldsymbol{C}_0 \end{Bmatrix},\quad \boldsymbol{Q} = \begin{bmatrix} \boldsymbol{Q}_1 & \boldsymbol{0} & \cdots & \boldsymbol{0} \\ \boldsymbol{Q}_2 & \boldsymbol{Q}_1 & \cdots & \boldsymbol{0} \\ \vdots & \vdots & & \vdots \\ \boldsymbol{Q}_i & \boldsymbol{Q}_{i-1} & \cdots & \boldsymbol{Q}_1 \end{bmatrix},\quad \boldsymbol{Y} = \begin{Bmatrix} y^*(t_1) \\ y^*(t_2) \\ \vdots \\ y^*(t_i) \end{Bmatrix},\quad \boldsymbol{f} = \begin{Bmatrix} f(t_1) \\ f(t_2) \\ \vdots \\ f(t_i) \end{Bmatrix}$$

对方程(5.3.39)求逆可以得到

$$\boldsymbol{f}=\boldsymbol{Q}^{+}\boldsymbol{Y} \tag{5.3.40}$$

上式为基于 Newmark-β 法的动载荷识别的显式公式，在计算 $\boldsymbol{y}^{*}$ 时，需要给出 t_0 时刻的动响应信息，该方法思路清晰、便于理解、适用范围广。但是该方法也存在一定的不适定性，同样需要进一步改善病态，提升识别精度。

5.4 多自由度系统动载荷识别 Wilson-θ 方法

Wilson-θ 方法是在线性加速度方法的基础上发展而来的，是结构动力学领域计算动响应的有效方法，由于该方法具有极强稳定性而被广泛应用。

Wilson-θ 方法的基本思想与 Newmark-β 方法类似，都是将时间离散化，选取足够小的时间间隔 Δt，将微分方程近似看作代数方程进行计算，根据 t 时刻的响应对 $t+\Delta t$ 时刻的响应进行计算。但是，Wilson-θ 法引进了参数 θ，将线性加速度假设的线性变化的范围由 t 时刻至 $t+\Delta t$ 时刻，扩大到了 t 时刻至 $t+\theta\Delta t\,(\theta>1)$ 时刻，如图 5.2 所示。

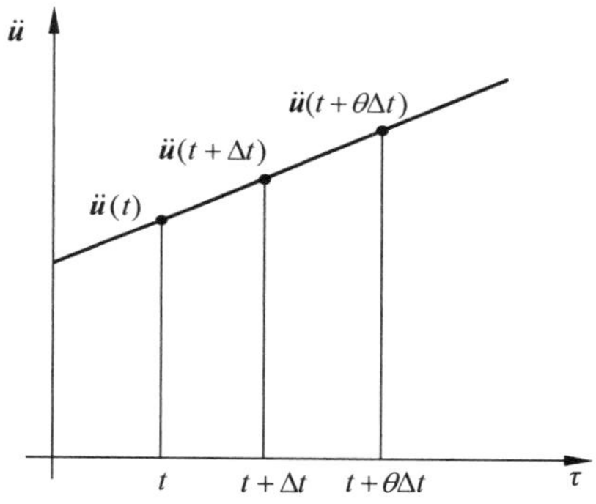

图 5.2 线性加速度假设原理图

下面推导 Wilson-θ 法的逐步积分公式。根据线性加速度假设，加速度 $\ddot{\boldsymbol{u}}$ 在区间$[t,t+\theta\Delta t]$上的表达式可以表示为

$$\ddot{\boldsymbol{u}}(t+\tau)=\ddot{\boldsymbol{u}}(t)+\frac{\tau}{\theta\Delta t}[\ddot{\boldsymbol{u}}(t+\theta\Delta t)-\ddot{\boldsymbol{u}}(t)]\quad(0\leqslant\tau\leqslant\theta\Delta t) \tag{5.4.1}$$

将式(5.4.1)对 τ 进行积分，得到速度和位移为

$$\dot{\boldsymbol{u}}(t+\tau)=\dot{\boldsymbol{u}}(t)+\tau\ddot{\boldsymbol{u}}(t)+\frac{\tau^2}{2\theta\Delta t}[\ddot{\boldsymbol{u}}(t+\theta\Delta t)-\ddot{\boldsymbol{u}}(t)] \tag{5.4.2}$$

$$\boldsymbol{u}(t+\tau)=\boldsymbol{u}(t)+\tau\dot{\boldsymbol{u}}(t)+\frac{\tau^2}{2}\ddot{\boldsymbol{u}}(t)+\frac{\tau^3}{6\theta\Delta t}[\ddot{\boldsymbol{u}}(t+\theta\Delta t)-\ddot{\boldsymbol{u}}(t)] \tag{5.4.3}$$

然后取 $\tau=\theta\Delta t$ 得

$$\dot{\boldsymbol{u}}(t+\theta\Delta t)=\dot{\boldsymbol{u}}(t)+\theta\Delta t\ddot{\boldsymbol{u}}(t)+\frac{\theta\Delta t}{2}[\ddot{\boldsymbol{u}}(t+\theta\Delta t)-\ddot{\boldsymbol{u}}(t)] \tag{5.4.4}$$

$$\boldsymbol{u}(t+\theta\Delta t)=\boldsymbol{u}(t)+\theta\Delta t\dot{\boldsymbol{u}}(t)+\frac{(\theta\Delta t)^2}{6}[\ddot{\boldsymbol{u}}(t+\theta\Delta t)+2\ddot{\boldsymbol{u}}(t)] \tag{5.4.5}$$

由式(5.4.4)和式(5.4.5)可得到由 $\boldsymbol{u}(t+\theta\Delta t)$表示的 $t+\theta\Delta t$ 时刻的速度和加速度：

$$\dot{\boldsymbol{u}}(t+\theta\Delta t)=\frac{3}{\theta\Delta t}[\boldsymbol{u}(t+\theta\Delta t)-\boldsymbol{u}(t)]-2\dot{\boldsymbol{u}}(t)-\frac{\theta\Delta t}{2}\ddot{\boldsymbol{u}}(t) \tag{5.4.6}$$

$$\ddot{\boldsymbol{u}}(t+\theta\Delta t)=\frac{6}{(\theta\Delta t)^2}[\boldsymbol{u}(t+\theta\Delta t)-\boldsymbol{u}(t)]-\frac{6}{\theta\Delta t}\dot{\boldsymbol{u}}(t)-2\ddot{\boldsymbol{u}}(t) \tag{5.4.7}$$

对于 N 自由度系统在 $t+\theta\Delta t$ 时刻的运动，满足：

$$\boldsymbol{M}\boldsymbol{u}(t+\theta\Delta t)+\boldsymbol{C}\boldsymbol{u}(t+\theta\Delta t)+\boldsymbol{K}\boldsymbol{u}(t+\theta\Delta t)=\boldsymbol{f}(t+\theta\Delta t) \tag{5.4.8}$$

其中，外载荷向量 $\boldsymbol{f}(t+\theta\Delta t)$ 可以通过线性外插计算求出：

$$\boldsymbol{f}(t+\theta\Delta t)=\boldsymbol{f}(t)+\theta[\boldsymbol{f}(t+\Delta t)-\boldsymbol{f}(t)] \tag{5.4.9}$$

将式(5.4.6)、式(5.4.7)和式(5.4.9)代入式(5.4.8)，可以得到关于 $\boldsymbol{u}(t+\theta\Delta t)$ 的方程：

$$\boldsymbol{K}^{*}\boldsymbol{u}(t+\theta\Delta t)=\hat{\boldsymbol{f}}(t+\theta\Delta t) \tag{5.4.10}$$

其中等效刚度和等效激励分别为

$$\boldsymbol{K}^{*}=\boldsymbol{K}+\frac{6}{(\theta\Delta t)^{2}}\boldsymbol{M}+\frac{3}{\theta\Delta t}\boldsymbol{C} \tag{5.4.11}$$

$$\hat{\boldsymbol{f}}(t+\theta\Delta t)=\boldsymbol{f}(t+\theta\Delta t)+\boldsymbol{M}\left[\frac{6}{(\theta\Delta t)^{2}}\boldsymbol{u}(t)+\frac{3}{\theta\Delta t}\dot{\boldsymbol{u}}(t)+2\ddot{\boldsymbol{u}}(t)\right]+\boldsymbol{C}\left[\frac{3}{\theta\Delta t}\boldsymbol{u}(t)+2\dot{\boldsymbol{u}}(t)+\frac{\theta\Delta t}{2}\ddot{\boldsymbol{u}}(t)\right] \tag{5.4.12}$$

再将式(5.4.7)代入式(5.4.1)，同时取 $\tau=\Delta t$，可以得到

$$\ddot{\boldsymbol{u}}(t+\Delta t)=\frac{6}{\theta^{3}\Delta t^{2}}[\boldsymbol{u}(t+\theta\Delta t)-\boldsymbol{u}(t)]-\frac{6}{\theta^{2}\Delta t}\dot{\boldsymbol{u}}(t)+\left(1-\frac{3}{\theta}\right)\ddot{\boldsymbol{u}}(t) \tag{5.4.13}$$

令式(5.4.2)和式(5.4.3)中的 θ 取值为 1，同时令 $\tau=\Delta t$，可以得到 $t+\Delta t$ 时刻的速度和位移：

$$\dot{\boldsymbol{u}}(t+\Delta t)=\ddot{\boldsymbol{u}}(t)+\frac{\Delta t}{2}[\ddot{\boldsymbol{u}}(t+\Delta t)+\ddot{\boldsymbol{u}}(t)] \tag{5.4.14}$$

$$\boldsymbol{u}(t+\Delta t)=\boldsymbol{u}(t)+\Delta t\dot{\boldsymbol{u}}(t)+\frac{\Delta t^{2}}{6}[\ddot{\boldsymbol{u}}(t+\Delta t)+2\ddot{\boldsymbol{u}}(t)] \tag{5.4.15}$$

所求得的 $\ddot{\boldsymbol{u}}(t+\Delta t)$，$\dot{\boldsymbol{u}}(t+\Delta t)$ 和 $\boldsymbol{u}(t+\Delta t)$ 可作为下一步迭代的原始数据，直至得到所有关心时刻的响应值。

稳定性分析结果表明，当我们选取的常数 $\theta\geqslant 1.37$ 时，可以保证 Wilson-θ 方法无条件稳定，采用任意时间步长计算都不会造成结果的发散。Wilson-θ 方法解决了一般数值积分方法在计算精度与计算时间上的矛盾，同时思路清晰，易于编程实现，因此被广泛应用于结构动力学响应计算领域。

下面将推导已知加速度响应的情况下，基于 Wilson-θ 法的动载荷识别方法。

根据式(5.4.10)可得

$$\boldsymbol{K}^{*}\boldsymbol{u}(t+\theta\Delta t)=\boldsymbol{f}(t+\theta\Delta t)+\boldsymbol{f}^{*}(t) \tag{5.4.16}$$

其中

$$\boldsymbol{f}^{*}(t)=\boldsymbol{M}\left[\frac{6}{(\theta\Delta t)^{2}}\boldsymbol{u}(t)+\frac{6}{\theta\Delta t}\dot{\boldsymbol{u}}(t)+2\ddot{\boldsymbol{u}}(t)\right]+\boldsymbol{C}\left[\frac{3}{\theta\Delta t}\boldsymbol{u}(t)+2\dot{\boldsymbol{u}}(t)+\frac{\theta\Delta t}{2}\ddot{\boldsymbol{u}}(t)\right] \tag{5.4.17}$$

式(5.4.17)中 $f^{*}(t)$是由 t 时刻的所有响应构成的向量,可以看作是由 t 时刻的响应虚构的一个虚拟力,其本质是 t 时刻以前所有的力对 t 时刻以后响应的贡献。

系统在 $t+\theta\Delta t$ 时刻的位移为 $\boldsymbol{u}(t+\theta\Delta t)$,可以在线弹性假设的基础上,在每一个微小载荷步内,运用线性叠加原理,将式(5.4.16)的解表示为两个解之和,即

$$\boldsymbol{u}(t+\theta\Delta t)=\boldsymbol{u}'(t+\theta\Delta t)+\boldsymbol{u}''(t+\theta\Delta t) \tag{5.4.18}$$

式中,$\boldsymbol{u}'(t+\theta\Delta t)$和 $\boldsymbol{u}''(t+\theta\Delta t)$为中间量。

所以式(5.4.16)进一步改写为

$$\boldsymbol{K}^{*}\boldsymbol{u}'(t+\theta\Delta t)=\boldsymbol{f}(t+\theta\Delta t) \tag{5.4.19}$$

$$\boldsymbol{K}^{*}\boldsymbol{u}''(t+\theta\Delta t)=\boldsymbol{f}^{*}(t) \tag{5.4.20}$$

式中,$\boldsymbol{u}'(t+\theta\Delta t)$可以看作是 $t+\theta\Delta t$ 时刻的动载荷 $\boldsymbol{f}(t+\theta\Delta t)$引起的响应,而 $\boldsymbol{u}''(t+\theta\Delta t)$可以看作是由虚拟力 $\boldsymbol{f}^{*}(t)$引起的响应。

现假设未知动载荷的个数 $n\leqslant N$,在系统中选取 m 个测点的加速度响应信息,并且满足条件 $m\geqslant n$。激励位置影响矩阵用 $\boldsymbol{R}_{\mathrm{f}}\in\mathbf{R}^{n\times N}$ 表示,动响应测点位置影响矩阵用 $\boldsymbol{R}_{\mathrm{a}}\in\mathbf{R}^{m\times N}$ 表示。影响矩阵全部由 0 和 1 组成,1 表征该对应位置作用有载荷或是测点位置,0 的意义与此相反。因此全部由未知载荷组成的向量为 $\boldsymbol{R}_{\mathrm{f}}\boldsymbol{f}(t)$,由测点的加速度信号组成的向量为 $\boldsymbol{R}_{\mathrm{a}}\ddot{\boldsymbol{u}}(t)$。

基于 Wilson-θ 法的动载荷识别时域递推的关键步骤是:通过已知的 $\boldsymbol{f}(t)$递推得到 $\boldsymbol{f}(t+\theta\Delta t)$。基本思路是:假设 t 时刻系统载荷为 $\boldsymbol{f}(t)$,根据 Wilson-θ 方法正向计算得到 t 时刻的位移响应 $\boldsymbol{u}(t)$、速度响应 $\dot{\boldsymbol{u}}(t)$和加速度响应 $\ddot{\boldsymbol{u}}(t)$,通过式(5.4.17)计算得到 $\boldsymbol{f}^{*}(t)$,进而根据式(5.4.20)获得 $\boldsymbol{u}''(t+\theta\Delta t)$,再由式(5.4.18)得到 $\boldsymbol{u}'(t+\theta\Delta t)$,最后通过式(5.4.19)计算得到 $\boldsymbol{f}(t+\theta\Delta t)$。由已知的 $\boldsymbol{f}(t)$递推得到 $\boldsymbol{f}(t+\theta\Delta t)$具体步骤如下:

(1) 根据常数 θ 和时间间隔 Δt,以及多自由度系统的 $\boldsymbol{M}$、$\boldsymbol{K}$、$\boldsymbol{C}$,通过式(5.4.11)计算等效刚度 $\boldsymbol{K}^{*}$。

(2) 通过测量得到的加速度响应信号,计算 $\boldsymbol{u}(t+\theta\Delta t)$。

假设全部自由度上的加速度响应信号均为已知,即测点数 $m=N$,则 $\boldsymbol{R}_{\mathrm{a}}$ 为单位方阵,由式(5.4.5)可以得到全部自由度上的 $\boldsymbol{u}(t+\theta\Delta t)$。

事实上,在实际工程中很难对所有自由度的加速度响应进行测量,即测点数 $m<N$,也就是我们实际获得的加速度响应向量 $\ddot{\boldsymbol{u}}(t)$是不完备的。所以由已知加速度响应组成的向量为 $\boldsymbol{R}_{\mathrm{a}}\ddot{\boldsymbol{u}}(t)$,通过式(5.4.5)可以得到多自由度系统各测点处 $t+\theta\Delta t$ 时刻的位移响应 $\boldsymbol{R}_{\mathrm{a}}\boldsymbol{u}(t+\theta\Delta t)$。

(3) 计算 $\boldsymbol{f}^*(t)$。

已知 t 时刻系统载荷为 $\boldsymbol{f}(t)$,则可通过 Wilson-θ 方法计算得到 t 时刻位移响应 $\boldsymbol{u}(t)$、速度响应 $\dot{\boldsymbol{u}}(t)$和加速度响应 $\ddot{\boldsymbol{u}}(t)$;再根据式(5.4.17)计算 $\boldsymbol{f}^*(t)$,则

$$\boldsymbol{u}''(t+\theta\Delta t)=(\boldsymbol{K}^*)^{-1}\boldsymbol{f}^*(t) \tag{5.4.21}$$

(4) 计算 $\boldsymbol{u}'(t+\theta\Delta t)$。

测点个数为 m 时,对应测点的位移响应为

$$\boldsymbol{R}_{\mathrm{a}}\boldsymbol{u}'(t+\theta\Delta t)=\boldsymbol{R}_{\mathrm{a}}[\boldsymbol{u}(t+\theta\Delta t)-\boldsymbol{u}''(t+\theta\Delta t)]=\boldsymbol{R}_{\mathrm{a}}[\boldsymbol{u}(t+\theta\Delta t)-(\boldsymbol{K}^*)^{-1}\boldsymbol{f}^*(t)] \tag{5.4.22}$$

如果 $\boldsymbol{R}_{\mathrm{a}}$ 为单位矩阵,则所有自由度上的 $t+\theta\Delta t$ 时刻的位移响应均可以求得,否则,只能得到各测点处的位移响应。

(5) 计算 $\boldsymbol{f}(t+\theta\Delta t)$。

由步骤(4)求得的 $\boldsymbol{R}_{\mathrm{a}}\boldsymbol{u}'(t+\theta\Delta t)$维度为 $m\times1$,未知载荷组成的向量 $\boldsymbol{R}_{\mathrm{f}}\boldsymbol{f}(t+\theta\Delta t)$的维度为 $n\times1$。所以不能通过直接对式(5.4.19)求逆进行解决,需要先对式(5.4.19)两边分别左乘 $\boldsymbol{R}_{\mathrm{f}}$,可得

$$\boldsymbol{R}_{\mathrm{f}}\boldsymbol{K}^*\boldsymbol{u}'(t+\theta\Delta t)=\boldsymbol{R}_{\mathrm{f}}\boldsymbol{f}(t+\theta\Delta t) \tag{5.4.23}$$

则有

$$\boldsymbol{u}'(t+\theta\Delta t)=(\boldsymbol{R}_{\mathrm{f}}\boldsymbol{K}^*)^+\boldsymbol{R}_{\mathrm{f}}\boldsymbol{f}(t+\theta\Delta t) \tag{5.4.24}$$

再对式(5.4.24)两边分别左乘 $\boldsymbol{R}_{\mathrm{a}}$,得到

$$\boldsymbol{R}_{\mathrm{a}}\boldsymbol{u}'(t+\theta\Delta t)=\boldsymbol{R}_{\mathrm{a}}(\boldsymbol{R}_{\mathrm{f}}\boldsymbol{K}^*)^+\boldsymbol{R}_{\mathrm{f}}\boldsymbol{f}(t+\theta\Delta t) \tag{5.4.25}$$

整理得到

$$\boldsymbol{f}(t+\theta\Delta t)=[\boldsymbol{R}_{\mathrm{a}}(\boldsymbol{R}_{\mathrm{f}}\boldsymbol{K}^*)^+\boldsymbol{R}_{\mathrm{f}}]^+\boldsymbol{R}_{\mathrm{a}}\boldsymbol{u}'(t+\theta\Delta t) \tag{5.4.26}$$

式中,$\boldsymbol{R}_{\mathrm{a}}\boldsymbol{u}'(t+\theta\Delta t)$由步骤(4)计算得到,其余均为已知量。

(6) 计算 $\boldsymbol{f}(t+\Delta t)$。

根据下式对 $\boldsymbol{f}(t+\Delta t)$进行计算:

$$\boldsymbol{f}(t+\Delta t)=\frac{\boldsymbol{f}(t+\theta\Delta t)-\boldsymbol{f}(t)}{\theta}+\boldsymbol{f}(t) \tag{5.4.27}$$

至此,我们完成了由已知 $\boldsymbol{f}(t)$递推得到 $\boldsymbol{f}(t+\Delta t)$的工作。

在 $t=0$ 时刻,载荷初始值 $\boldsymbol{f}(0)$的计算思路与 5.3 节 Newmark-β 方法一致,参考式(5.3.22)及式(5.3.23)对系统的载荷初始值进行计算,本节将不再赘述。

基于 Wilson-θ 法的动载荷识别方法,同样也可以进一步写成显式形式。

对式(5.4.16)求逆可得

$$\boldsymbol{u}(t+\theta\Delta t)=(\boldsymbol{K}^*)^{-1}[\boldsymbol{f}(t+\theta\Delta t)+\boldsymbol{f}^*(t)] \tag{5.4.28}$$

将式(5.4.9)和式(5.4.17)代入上式,有

$$\boldsymbol{u}(t+\theta\Delta t)=(\boldsymbol{K}^*)^{-1}(1-\theta)\boldsymbol{f}(t)+\theta(\boldsymbol{K}^*)^{-1}\boldsymbol{f}(t+\Delta t)+$$

$$\left[\frac{6}{(\theta\Delta t)^2}\boldsymbol{M}(\boldsymbol{K}^*)^{-1}+\frac{3}{\theta\Delta t}\boldsymbol{C}(\boldsymbol{K}^*)^{-1}\right]\boldsymbol{u}(t)+$$
$$\left[\frac{6}{\theta\Delta t}\boldsymbol{M}(\boldsymbol{K}^*)^{-1}+2\boldsymbol{C}(\boldsymbol{K}^*)^{-1}\right]\dot{\boldsymbol{u}}(t)+$$
$$\left[2\boldsymbol{M}(\boldsymbol{K}^*)^{-1}+\frac{\theta\Delta t}{2}\boldsymbol{C}(\boldsymbol{K}^*)^{-1}\right]\ddot{\boldsymbol{u}}(t) \qquad (5.4.29)$$

再将上式代入式(5.4.13)，可得

$$\ddot{\boldsymbol{u}}(t+\Delta t)=\boldsymbol{C}_0\boldsymbol{f}(t)+\boldsymbol{C}_1\boldsymbol{f}(t+\Delta t)+\boldsymbol{C}_{\mathrm{d}}\boldsymbol{u}(t)+\boldsymbol{C}_{\mathrm{v}}\dot{\boldsymbol{u}}(t)+\boldsymbol{C}_{\mathrm{a}}\ddot{\boldsymbol{u}}(t) \qquad (5.4.30)$$

式中

$$\begin{cases}\boldsymbol{C}_0=\dfrac{6}{\theta^3\Delta t^2}(\boldsymbol{K}^*)^{-1}(1-\theta)\\ \boldsymbol{C}_1=\dfrac{6}{\theta^2\Delta t^2}(\boldsymbol{K}^*)^{-1}\\ \boldsymbol{C}_{\mathrm{d}}=\dfrac{-6}{\theta^3\Delta t^2}(\boldsymbol{K}^*)^{-1}\boldsymbol{K}\\ \boldsymbol{C}_{\mathrm{v}}=\dfrac{6}{\theta^2\Delta t}\left[\dfrac{6}{\theta^2\Delta t^2}\boldsymbol{M}(\boldsymbol{K}^*)^{-1}+\dfrac{2}{\theta\Delta t}\boldsymbol{C}(\boldsymbol{K}^*)^{-1}-1\right]\\ \boldsymbol{C}_{\mathrm{a}}=\left[\dfrac{12}{\theta^3\Delta t^2}\boldsymbol{M}(\boldsymbol{K}^*)^{-1}+\dfrac{3}{\theta^2\Delta t}\boldsymbol{C}(\boldsymbol{K}^*)^{-1}+1-\dfrac{3}{\theta}\right]\end{cases} \qquad (5.4.31)$$

将式(5.4.29)分别代入式(5.4.14)、式(5.4.15)中，可以得到 $t+\Delta t$ 时刻的速度和位移分别为

$$\dot{\boldsymbol{u}}(t+\Delta t)=\boldsymbol{B}_0\boldsymbol{f}(t)+\boldsymbol{B}_1\boldsymbol{f}(t+\Delta t)+\boldsymbol{B}_{\mathrm{d}}\boldsymbol{u}(t)+\boldsymbol{B}_{\mathrm{v}}\dot{\boldsymbol{u}}(t)+\boldsymbol{B}_{\mathrm{a}}\ddot{\boldsymbol{u}}(t) \qquad (5.4.32)$$

$$\boldsymbol{u}(t+\Delta t)=\boldsymbol{A}_0\boldsymbol{f}(t)+\boldsymbol{A}_1\boldsymbol{f}(t+\Delta t)+\boldsymbol{A}_{\mathrm{d}}\boldsymbol{u}(t)+\boldsymbol{A}_{\mathrm{v}}\dot{\boldsymbol{u}}(t)+\boldsymbol{A}_{\mathrm{a}}\ddot{\boldsymbol{u}}(t) \qquad (5.4.33)$$

式中

$$\begin{cases}\boldsymbol{B}_0=\dfrac{\Delta t}{2}\boldsymbol{C}_0\\ \boldsymbol{B}_1=\dfrac{\Delta t}{2}\boldsymbol{C}_1\\ \boldsymbol{B}_{\mathrm{d}}=\dfrac{\Delta t}{2}\boldsymbol{C}_{\mathrm{d}}\\ \boldsymbol{B}_{\mathrm{v}}=\dfrac{\Delta t}{2}\boldsymbol{C}_{\mathrm{v}}+1\\ \boldsymbol{B}_{\mathrm{a}}=\dfrac{\Delta t}{2}(\boldsymbol{C}_{\mathrm{a}}+1)\end{cases},\quad \begin{cases}\boldsymbol{A}_0=\dfrac{\Delta t^2}{6}\boldsymbol{C}_0\\ \boldsymbol{A}_1=\dfrac{\Delta t^2}{6}\boldsymbol{C}_1\\ \boldsymbol{A}_{\mathrm{d}}=\dfrac{\Delta t^2}{6}\boldsymbol{C}_{\mathrm{d}}+1\\ \boldsymbol{A}_{\mathrm{v}}=\left(\dfrac{\Delta t}{6}\boldsymbol{C}_{\mathrm{v}}+1\right)\Delta t\\ \boldsymbol{A}_{\mathrm{a}}=\dfrac{\Delta t^2}{6}(\boldsymbol{C}_{\mathrm{a}}+2)\end{cases} \qquad (5.4.34)$$

然后将式(5.4.30)、式(5.4.32)与式(5.4.33)表示为矩阵形式，有

$$\begin{bmatrix} \boldsymbol{u}(t+\Delta t) \\ \dot{\boldsymbol{u}}(t+\Delta t) \\ \ddot{\boldsymbol{u}}(t+\Delta t) \end{bmatrix} = \begin{bmatrix} \boldsymbol{A}_0 & \boldsymbol{A}_1 \\ \boldsymbol{B}_0 & \boldsymbol{B}_1 \\ \boldsymbol{C}_0 & \boldsymbol{C}_1 \end{bmatrix} \begin{bmatrix} \boldsymbol{f}(t) \\ \boldsymbol{f}(t+\Delta t) \end{bmatrix} + \begin{bmatrix} \boldsymbol{A}_\mathrm{d} & \boldsymbol{A}_\mathrm{v} & \boldsymbol{A}_\mathrm{a} \\ \boldsymbol{B}_\mathrm{d} & \boldsymbol{B}_\mathrm{v} & \boldsymbol{B}_\mathrm{a} \\ \boldsymbol{C}_\mathrm{d} & \boldsymbol{C}_\mathrm{v} & \boldsymbol{C}_\mathrm{a} \end{bmatrix} \begin{bmatrix} \boldsymbol{u}(t) \\ \dot{\boldsymbol{u}}(t) \\ \ddot{\boldsymbol{u}}(t) \end{bmatrix} \tag{5.4.35}$$

则根据递推关系可以得到

$$\begin{bmatrix} \boldsymbol{u}(t_i) \\ \dot{\boldsymbol{u}}(t_i) \\ \ddot{\boldsymbol{u}}(t_i) \end{bmatrix} = \begin{bmatrix} \boldsymbol{A}_0 & \boldsymbol{A}_1 \\ \boldsymbol{B}_0 & \boldsymbol{B}_1 \\ \boldsymbol{C}_0 & \boldsymbol{C}_1 \end{bmatrix} \begin{bmatrix} \boldsymbol{f}(t_{i-1}) \\ \boldsymbol{f}(t_i) \end{bmatrix} + \begin{bmatrix} \boldsymbol{A}_\mathrm{d} & \boldsymbol{A}_\mathrm{v} & \boldsymbol{A}_\mathrm{a} \\ \boldsymbol{B}_\mathrm{d} & \boldsymbol{B}_\mathrm{v} & \boldsymbol{B}_\mathrm{a} \\ \boldsymbol{C}_\mathrm{d} & \boldsymbol{C}_\mathrm{v} & \boldsymbol{C}_\mathrm{a} \end{bmatrix} \begin{bmatrix} \boldsymbol{u}(t_{i-1}) \\ \dot{\boldsymbol{u}}(t_{i-1}) \\ \ddot{\boldsymbol{u}}(t_{i-1}) \end{bmatrix} \tag{5.4.36}$$

$$\vdots$$

$$\begin{bmatrix} \boldsymbol{u}(t_1) \\ \dot{\boldsymbol{u}}(t_1) \\ \ddot{\boldsymbol{u}}(t_1) \end{bmatrix} = \begin{bmatrix} \boldsymbol{A}_0 & \boldsymbol{A}_1 \\ \boldsymbol{B}_0 & \boldsymbol{B}_1 \\ \boldsymbol{C}_0 & \boldsymbol{C}_1 \end{bmatrix} \begin{bmatrix} \boldsymbol{f}(t_0) \\ \boldsymbol{f}(t_1) \end{bmatrix} + \begin{bmatrix} \boldsymbol{A}_\mathrm{d} & \boldsymbol{A}_\mathrm{v} & \boldsymbol{A}_\mathrm{a} \\ \boldsymbol{B}_\mathrm{d} & \boldsymbol{B}_\mathrm{v} & \boldsymbol{B}_\mathrm{a} \\ \boldsymbol{C}_\mathrm{d} & \boldsymbol{C}_\mathrm{v} & \boldsymbol{C}_\mathrm{a} \end{bmatrix} \begin{bmatrix} \boldsymbol{u}(t_0) \\ \dot{\boldsymbol{u}}(t_0) \\ \ddot{\boldsymbol{u}}(t_0) \end{bmatrix} \tag{5.4.37}$$

式中，$t_i = t_0 + i\Delta t$。

由式(5.4.36)和式(5.4.37)可以得到

$$\begin{bmatrix} \boldsymbol{u}(t_i) \\ \dot{\boldsymbol{u}}(t_i) \\ \ddot{\boldsymbol{u}}(t_i) \end{bmatrix} = \sum_{j=0}^{i-1} \begin{bmatrix} \boldsymbol{A}_\mathrm{d} & \boldsymbol{A}_\mathrm{v} & \boldsymbol{A}_\mathrm{a} \\ \boldsymbol{B}_\mathrm{d} & \boldsymbol{B}_\mathrm{v} & \boldsymbol{B}_\mathrm{a} \\ \boldsymbol{C}_\mathrm{d} & \boldsymbol{C}_\mathrm{v} & \boldsymbol{C}_\mathrm{a} \end{bmatrix}^j \begin{bmatrix} \boldsymbol{A}_0 & \boldsymbol{A}_1 \\ \boldsymbol{B}_0 & \boldsymbol{B}_1 \\ \boldsymbol{C}_0 & \boldsymbol{C}_1 \end{bmatrix} \begin{bmatrix} \boldsymbol{f}(t_{i-j-1}) \\ \boldsymbol{f}(t_{i-j}) \end{bmatrix} + \begin{bmatrix} \boldsymbol{A}_\mathrm{d} & \boldsymbol{A}_\mathrm{v} & \boldsymbol{A}_\mathrm{a} \\ \boldsymbol{B}_\mathrm{d} & \boldsymbol{B}_\mathrm{v} & \boldsymbol{B}_\mathrm{a} \\ \boldsymbol{C}_\mathrm{d} & \boldsymbol{C}_\mathrm{v} & \boldsymbol{C}_\mathrm{a} \end{bmatrix}^i \begin{bmatrix} \boldsymbol{u}(t_0) \\ \dot{\boldsymbol{u}}(t_0) \\ \ddot{\boldsymbol{u}}(t_0) \end{bmatrix} \tag{5.4.38}$$

式中，两个指数 i 和 j 分别表示相应矩阵的幂。

令

$$\boldsymbol{y}(t_i) = \begin{bmatrix} \boldsymbol{u}(t_i) \\ \dot{\boldsymbol{u}}(t_i) \\ \ddot{\boldsymbol{u}}(t_i) \end{bmatrix} - \begin{bmatrix} \boldsymbol{A}_\mathrm{d} & \boldsymbol{A}_\mathrm{v} & \boldsymbol{A}_\mathrm{a} \\ \boldsymbol{B}_\mathrm{d} & \boldsymbol{B}_\mathrm{v} & \boldsymbol{B}_\mathrm{a} \\ \boldsymbol{C}_\mathrm{d} & \boldsymbol{C}_\mathrm{v} & \boldsymbol{C}_\mathrm{a} \end{bmatrix}^i \begin{bmatrix} \boldsymbol{u}(t_0) \\ \dot{\boldsymbol{u}}(t_0) \\ \ddot{\boldsymbol{u}}(t_0) \end{bmatrix} \tag{5.4.39}$$

则式(5.4.38)可以改写为

$$\boldsymbol{y}(t_i) = \sum_{j=0}^{i-1} \begin{bmatrix} \boldsymbol{A}_\mathrm{d} & \boldsymbol{A}_\mathrm{v} & \boldsymbol{A}_\mathrm{a} \\ \boldsymbol{B}_\mathrm{d} & \boldsymbol{B}_\mathrm{v} & \boldsymbol{B}_\mathrm{a} \\ \boldsymbol{C}_\mathrm{d} & \boldsymbol{C}_\mathrm{v} & \boldsymbol{C}_\mathrm{a} \end{bmatrix}^j \begin{bmatrix} \boldsymbol{A}_0 & \boldsymbol{A}_1 \\ \boldsymbol{B}_0 & \boldsymbol{B}_1 \\ \boldsymbol{C}_0 & \boldsymbol{C}_1 \end{bmatrix} \begin{bmatrix} \boldsymbol{f}(t_{i-j-1}) \\ \boldsymbol{f}(t_{i-j}) \end{bmatrix} \tag{5.4.40}$$

令

$$\boldsymbol{H}_k = \begin{bmatrix} \boldsymbol{A}_\mathrm{d} & \boldsymbol{A}_\mathrm{v} & \boldsymbol{A}_\mathrm{a} \\ \boldsymbol{B}_\mathrm{d} & \boldsymbol{B}_\mathrm{v} & \boldsymbol{B}_\mathrm{a} \\ \boldsymbol{C}_\mathrm{d} & \boldsymbol{C}_\mathrm{v} & \boldsymbol{C}_\mathrm{a} \end{bmatrix}^{(k-1)} \begin{bmatrix} \boldsymbol{A}_0 & \boldsymbol{A}_1 \\ \boldsymbol{B}_0 & \boldsymbol{B}_1 \\ \boldsymbol{C}_0 & \boldsymbol{C}_1 \end{bmatrix} \tag{5.4.41}$$

$$\boldsymbol{R}_i = \begin{bmatrix} \boldsymbol{f}(t_{i-1}) \\ \boldsymbol{f}(t_i) \end{bmatrix} \tag{5.4.42}$$

式(5.4.40)可以写为从时间段1到 nt 上的卷积形式:

$$\boldsymbol{Y}=\boldsymbol{H}\boldsymbol{f} \tag{5.4.43}$$

式中

$$\boldsymbol{Y}=[\boldsymbol{y}_1^{\mathrm{T}},\boldsymbol{y}_2^{\mathrm{T}},\cdots,\boldsymbol{y}_{nt}^{\mathrm{T}}] \tag{5.4.44}$$

$$\boldsymbol{H}=\begin{bmatrix}\boldsymbol{H}_1 & 0 & \cdots & 0\\ \boldsymbol{H}_2 & \boldsymbol{H}_1 & \cdots & 0\\ \vdots & \vdots & & \vdots\\ \boldsymbol{H}_{nt} & \boldsymbol{H}_{nt-1} & \cdots & \boldsymbol{H}_1\end{bmatrix} \tag{5.4.45}$$

$$\boldsymbol{f}=\begin{bmatrix}\boldsymbol{R}_1\\ \boldsymbol{R}_2\\ \vdots\\ \boldsymbol{R}_{nt}\end{bmatrix} \tag{5.4.46}$$

对式(5.4.43)求逆可以得到

$$\boldsymbol{f}=\boldsymbol{H}^{+}\boldsymbol{Y} \tag{5.4.47}$$

上式即为基于 Wilson-θ 方法的动载荷识别显式表达式,对于给定的系统,$\boldsymbol{H}$ 是常数,$\boldsymbol{Y}$ 可以从系统测量的响应中得到,该方法思路简单,易于编程实现。但是该方法仍然存在病态问题,在实际使用过程中需要进一步优化,提高识别精度。

5.5 小结

本章介绍了多自由度系统的动载荷识别方法,分别介绍了频域、格林核函数时域法、基于 Newmark-β 法、基于 Wilson-θ 法的动载荷识别方法。多自由度系统的动载荷识别除本章介绍的方法之外还包括很多,并且一些新识别方法和思路不断涌现,不断丰富了多点动载荷识别理论。相比较而言,多点动载荷识别的频域方法简单易懂,但是要进行时频转化,时频转化本身也会造成一定的误差。多点动载荷识别的时域方法虽然避免了时频转化,但也并非十分完美,在存在噪声的情况下,识别误差积累、初始值非零等问题也困扰研究人员很长时间,需要研究人员逐个攻克。提高识别精度、促进工程应用是从事动载荷识别的科研人员孜孜以求的目标。

第 6 章

连续系统分布动载荷识别方法

在工程实际中，大多数结构属于连续系统。由于连续系统的惯性、弹性和阻尼等结构参数都是连续分布的，属于无限自由度系统。因此，在对作用于连续系统的动载荷进行重构时，结构模型将更加复杂。另一方面，除了集中载荷外，连续系统上作用的分布动载荷在实际工程中也占有很重要的地位。例如典型的连续梁结构和弹性薄板结构是工程中应用广泛的结构，研究作用在连续系统上连续变化的分布动载荷的识别问题是理论及工程应用极具研究价值的问题之一。本章将从一维连续梁结构出发，建立其动载荷识别方法，再将一维连续梁结构推广至二维弹性薄板结构，构建二维结构的动载荷识别方法。

6.1　一维连续梁结构的动载荷识别

梁结构是工程中常用的一种结构形式，在工程中得到较广泛的运用。同时，在工程中有很多类似于梁的结构形式，在进行设计分析时，亦可简化为梁结构来处理。因此首先对简单的一维连续梁结构的动载荷识别问题进行研究。连续梁结构上作用的载荷类型也是多种多样，可以是集中动载荷，也可以是分布动载荷；可以是确定性动载荷，也可以是随机动载荷。本节从连续梁结构的集中动载荷识别开始，重点讨论一维连续梁结构的分布动载荷识别方法，下面以两端简支边界条件下的梁为模型来研究动载荷识别问题。

6.1.1　连续梁结构多点动载荷识别

如图 6.1 所示建立两端简支条件下的均匀梁模型，模型为伯努利-欧拉梁，具有均匀横截面 A，材料为匀质，密度为 ρ，截面弹性模量为 E，截面惯性矩为 I。考虑连续梁结构在 $x=x_1$ 处作用集中简谐载荷 $f_1(x,t)=f(t)\delta(x-x_1)$，其中，$\delta$ 为狄拉克函数，建立连续梁结构的振动微分方程：

$$\rho A\frac{\partial^2 w}{\partial t^2}+EIc_0\frac{\partial w}{\partial t}+EIc_1\frac{\partial^5 w}{\partial t\partial x^4}+EI\frac{\partial^4 w}{\partial x^4}=f_1(x,t)\tag{6.1.1}$$

式中，EI 为梁的截面刚度；ρA 为梁单位长度的质量；w 即 $w(x,t)$ 为梁的横向变形；c_0 为梁的外部介质粘性阻尼系数；c_1 为梁的内阻尼系数。

利用振型函数的正交性，类似于有限自由度系统的模态坐标变换法，可以使连续系统的偏微分方程变成一系列用主坐标表示的常微分方程。采用振型叠加法求解，为此引入主坐标变换。基于模态坐标转化方法，将梁的弯曲挠度 $w(x,t)$ 按级数展开：

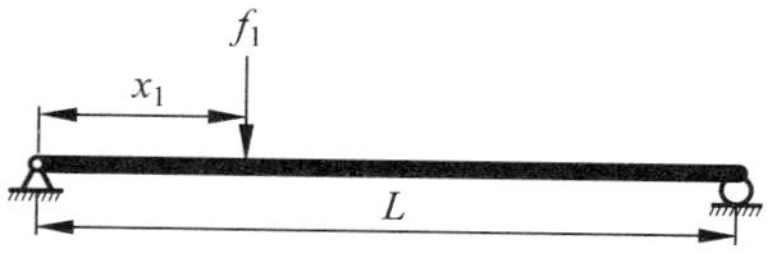

图 6.1　集中力作用简支梁模型

$$w(x,t)=\sum_{j=1}^{+\infty}W_j(x)q_j(t) \tag{6.1.2}$$

将式(6.1.2)代入式(6.1.1)，在方程两边乘以 $W_j(x)$，并将方程两边对 x 在区间$[0,L]$上积分，利用振型函数的正交条件，得出模态空间下的微分方程组：

$$\ddot{q}_n(t)+2\zeta_n\omega_n\dot{q}_n(t)+\omega_n^2q_n(t)=f_n(t),\quad (n=1,2,3,\cdots) \tag{6.1.3}$$

式中，ω_n 是梁第 n 阶固有频率；$2\zeta_n\omega_n=c_0\dfrac{EI}{\rho A}+c_1\omega_n^2$；$f_n(t)=f(t)W_n(x_1)/M_n$，$M_n=\int_0^L\rho AW_n^2(x)\mathrm{d}x$ 为第 n 阶模态质量。

由式(6.1.3)得

$$q_n(t)=\int_0^t h_n(t-\tau)f_n(\tau)\mathrm{d}\tau \tag{6.1.4}$$

式中，$h_n(t)$为第 n 阶模态脉冲响应函数。将式(6.1.4)代入式(6.1.2)：

$$w(x,t)=\sum_{j=1}^{+\infty}W_j(x)q_j(t)=\sum_{j=1}^{+\infty}W_j(x)\int_0^t h_j(t-\tau)f_j(\tau)\mathrm{d}\tau \tag{6.1.5}$$

式(6.1.5)中 $w(x,t)$表示在梁上 x_1 点受力 $f\sin(\omega t)$激励，x 点的位移响应，定义：

$$H(x,x_1,\omega)=\sum_{n=1}^{+\infty}\frac{W_n(x)W_n(x_1)}{M_n(\omega_n^2-\omega^2+\mathrm{i}2\zeta_n\omega_n\omega)} \tag{6.1.6}$$

为 x_1 点的激励与 x 点处的位移响应之间的频响函数，当激励频率 ω 遍历整个带宽时，就可以得到完整的频响函数表达式。上式可以写为

$$H(x,x_1,\omega)=H^{\mathrm{r}}(x,x_1,\omega)+iH^{\mathrm{i}}(x,x_1,\omega) \tag{6.1.7}$$

当外激励为周期信号或者宽频信号时，在频域连续梁结构的单点激励与响应的关系式为

$$X(x,\omega)=H(x,x_1,\omega)F(\omega) \tag{6.1.8}$$

式中，$X(x,\omega)$为位置 x 点处的位移响应 $w(x,t)$的傅里叶变换，包括幅值和相位信息；$H(x,x_1,\omega)$为 x_1 点的激励与 x 点处的位移响应之间的频响函数；$F(\omega)$为 x_1 点激励力的傅里叶变换，同样包括幅值和相位信息。事实上，这里的 $X(\omega)$可以是位移、速度、加速度中的任意一个，$H(x,x_1,\omega)$则是与 $X(x,\omega)$相对应的频响函数，则可以得到力谱：

$$F(\omega)=X(x,\omega)/H(x,x_1,\omega) \tag{6.1.9}$$

也可将式(6.1.8)改写成

$$(H^{\mathrm{r}}+\mathrm{i}H^{\mathrm{i}})(F^{\mathrm{r}}+\mathrm{i}F^{\mathrm{i}})=(X^{\mathrm{r}}+\mathrm{i}X^{\mathrm{i}}) \tag{6.1.10}$$

即

$$\begin{bmatrix} H^{\mathrm{r}} & -H^{\mathrm{i}} \\ H^{\mathrm{i}} & H^{\mathrm{r}} \end{bmatrix}\begin{Bmatrix} F^{\mathrm{r}} \\ F^{\mathrm{i}} \end{Bmatrix}=\begin{Bmatrix} X^{\mathrm{r}} \\ X^{\mathrm{i}} \end{Bmatrix} \tag{6.1.11}$$

对式(6.1.11)求逆,可以得到

$$\begin{Bmatrix} F^{\mathrm{r}} \\ F^{\mathrm{i}} \end{Bmatrix}=\begin{bmatrix} H^{\mathrm{r}} & -H^{\mathrm{i}} \\ H^{\mathrm{i}} & H^{\mathrm{r}} \end{bmatrix}^{-}\begin{Bmatrix} X^{\mathrm{r}} \\ X^{\mathrm{i}} \end{Bmatrix} \tag{6.1.12}$$

式中,H^{r}、H^{i} 表示频响函数的实部和虚部;X^{r}、X^{i} 表示位移频域响应的实部和虚部;F^{r}、F^{i} 表示激励力在频域下的实部和虚部。考虑到响应中噪声的影响,可以采用多点响应来识别激励力,由多点响应来识别单点激励时的识别模型:

$$\begin{Bmatrix} X_1(\omega) \\ X_2(\omega) \\ \vdots \\ X_k(\omega) \end{Bmatrix}=\begin{Bmatrix} H_{11}(\omega) \\ H_{21}(\omega) \\ \vdots \\ H_{k1}(\omega) \end{Bmatrix}F(\omega) \tag{6.1.13}$$

式中,k 表示响应点个数;H_{k1} 表示在连续梁上第 k 个响应点与激励点 x_1 的频响函数 $H(x_k,x_1,\omega)$。则激励的最小二乘解可以写成

$$F(\omega)=\frac{\{H_{11}(\omega)\quad H_{21}(\omega)\quad \cdots \quad H_{k1}(\omega)\}\{X_1(\omega)\quad X_2(\omega)\quad \cdots \quad X_k(\omega)\}^{\mathrm{T}}}{\{H_{11}(\omega)\quad H_{21}(\omega)\quad \cdots \quad H_{k1}(\omega)\}\{H_{11}(\omega)\quad H_{21}(\omega)\quad \cdots \quad H_{k1}(\omega)\}^{\mathrm{T}}} \tag{6.1.14}$$

式(6.1.14)是针对连续梁结构上单点激励的动载荷频域识别方法,如果连续梁上作用着多个动载荷,分别为 $f_1,f_2,\cdots,f_l$,作用位置分别为 $x_{f_1},x_{f_2},\cdots,x_{f_l}$ 总共 l 个。则有下列关系成立:

$$X(x,\omega)=\sum_{j=1}^{l}H(x,x_{f_j},\omega)F_j(\omega) \tag{6.1.15}$$

若测量响应点的个数 k 大于 l,则

$$\begin{cases} X(x_1,\omega)=\sum_{j=1}^{l}H(x_1,x_{f_j},\omega)F_j(\omega) \\ X(x_2,\omega)=\sum_{j=1}^{l}H(x_2,x_{f_j},\omega)F_j(\omega) \\ \vdots \\ X(x_k,\omega)=\sum_{j=1}^{l}H(x_k,x_{f_j},\omega)F_j(\omega) \end{cases} \tag{6.1.16}$$

写成矩阵形式：

$$\begin{Bmatrix} X_1(\omega) \\ X_2(\omega) \\ \vdots \\ X_k(\omega) \end{Bmatrix} = \begin{bmatrix} H_{11}(\omega) & H_{12}(\omega) & \cdots & H_{1l}(\omega) \\ H_{21}(\omega) & H_{22}(\omega) & \cdots & H_{2l}(\omega) \\ \vdots & \vdots & & \vdots \\ H_{k1}(\omega) & H_{k2}(\omega) & \cdots & H_{kl}(\omega) \end{bmatrix} \begin{Bmatrix} F_1(\omega) \\ F_2(\omega) \\ \vdots \\ F_l(\omega) \end{Bmatrix} \tag{6.1.17}$$

对式(6.1.17)求逆：

$$\begin{Bmatrix} F_1(\omega) \\ F_2(\omega) \\ \vdots \\ F_l(\omega) \end{Bmatrix} = \begin{bmatrix} H_{11}(\omega) & H_{12}(\omega) & \cdots & H_{1l}(\omega) \\ H_{21}(\omega) & H_{22}(\omega) & \cdots & H_{2l}(\omega) \\ \vdots & \vdots & & \vdots \\ H_{k1}(\omega) & H_{k2}(\omega) & \cdots & H_{kl}(\omega) \end{bmatrix}^{+} \begin{Bmatrix} X_1(\omega) \\ X_2(\omega) \\ \vdots \\ X_k(\omega) \end{Bmatrix} \tag{6.1.18}$$

式(6.1.18)是针对连续梁结构上多点激励的动载荷频域识别方法。需要注意的是，该频域法的关键是确定频响函数，即动态传递矩阵的动态标定过程。可以通过两种方式标定：仿真动标定和试验动标定。所谓仿真动标定是指通过理论分析或者数值模拟的方式确定动态传递矩阵，该方法的优势在于不需要真实物理模型，成本低、快捷方便，缺点在于模态截断、仿真模型存在误差时会导致动态传递矩阵不准；试验动标定是指通过试验的方式获取动态传递矩阵，该方法的突出优势在于不用考虑模态截断，也不存在仿真动标定时的模型误差，测得的动态传递矩阵更能准确反映激励和响应之间的传递关系，缺点是必须有真实的物理模型和试验条件。

模态截断是连续系统动载荷识别不可回避的问题，这也是连续系统区别于多自由系统的一个重要特征，目前仍然没有合适的理论或公式能确定截断方式。事实上，我们关注的激励和响应频率范围一般不高于2000Hz，对于大型结构，关注的频率范围将会更低。因此在进行模态截断时，首要确定激励或响应的频率范围，截断后的最高阶模态必须覆盖激励的频率范围，例如激励的最高频率为500Hz，则截断的模态频率必须高于500Hz。无论是何种结构，模态截断必然造成一定的误差，误差的大小取决于模态截断的阶次以及结构模态的稀疏程度。对于稀疏模态而言，高阶模态对低阶频率的贡献较小，高阶模态截断后对识别结果的影响不太大。而对于密集模态特别是大阻尼系统而言，高阶模态对低阶频率的影响相对较大，此时模态阶次的选择可能对动态传递矩阵造成一定的影响，为此模态阶次的选择需要十分慎重。现有的文献中，多是通过仿真的手段来确定模态截断的阶次，对于模态截断阶次的选择方案或者经验公式目前还有待研究。

除了上述的频域方法，对于连续梁结构系统上作用多点激励的情况下，也存在许多时域识别方法，例如多自由系统的格林核函数方法、Newmark-β 方法，这些时域方法转到模态空间后，仿照多自由度系统识别的思路同样可以识别连续系统，这些部分请读者阅读相关文献自行学习。

6.1.2 连续梁结构分布动载荷离散化及定阶方法

分布动载荷是连续系统中一类重要的载荷模型，在工程中也存在着较多应用。例如，土建结构中的细长混凝土梁结构上作用的分布载荷、航空飞行器中细长桨叶结构上作用的气动分布载荷、风力发电叶片等，都可以简化为此类载荷模型。分布动载荷有别于集中动载荷，它包含时间和空间两种维度。对于一维分布的梁结构而言，分布动载荷形式可以标注为 $f(x,t)$，其中，x 可以表示为空间位置，t 可以表示为时间维度，简支梁模型如图 6.2 所示。

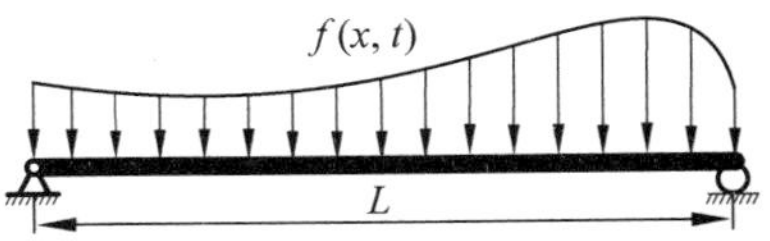

图 6.2 分布力作用简支梁模型

分布力不仅仅在时间维度连续变化，在空间维度也同样是连续变化的。从形式上看，时间和空间都是无限个参数表征的，欲重构分布动载荷，首要工作就是离散化。时间的离散化相对简单，只要满足采样定理，离散后的数据就能重构连续信号。对于空间的离散，存在不同方式，可以利用 2.2.1 节介绍的广义傅里叶展开的离散化方法。事实上，以时域或频域方法描述的动载荷都能基于广义傅里叶展开进行离散，将用无限个参数表征的分布动载荷转化成用有限个参数表示。其中，阶次问题是广义傅里叶展开中的一项关键问题，本节首先探讨广义傅里叶展开阶次的确定方法。

针对加权平方可积的函数，利用正交多项式进行广义傅里叶级数展开时，展开的阶次为无穷次，但在数值计算过程中，无限逼近是不可能的也是不必要的，实际上，当拟合函数和被拟合函数之间的误差控制在一定的误差范围内时，就可以认为两者之间是逼近意义上的相等：

$$\tilde{f}(x)=\sum_{i=1}^{m_t}a_iL_i(x) \tag{6.1.19}$$

式中，$a_i(i=1,2,\cdots,m_t)$是拟合系数；$L_i(x)(i=1,2,\cdots,m_t)$是归一化的第 i 阶基函数；$\tilde{f}(x)$是 $f(x)$的逼近函数；m_t 是拟合阶数。合理地确定截断的阶次 m_t，可以提高计算效率和控制拟合精度。但拟合阶次也并非越高越好，在求解反问题的过程中，当拟合阶次越大，求解的问题病态可能就越严重。因此，合理地确定拟合的阶次十分必要，本书提出两种确定拟合阶次的方法：快速二分搜索法和频域法。

1）快速二分搜索法

定义 $\|f(x)\|=\left[\int_a^b f^2(x)\mathrm{d}x\right]^{1/2}$，由此，拟合函数和被拟合函数之间的误差可以写成

$$\|f(x)-\tilde{f}(x)\|^2=\int_a^b(f(x)-\tilde{f}(x))^2\mathrm{d}x=\int_a^b\Big(\sum_{i=m_t+1}^{+\infty}a_iL_i(x)\Big)^2\mathrm{d}x=\sum_{i=m_t+1}^{+\infty}a_i^2 \tag{6.1.20}$$

式(6.1.20)表明，随着拟合阶数 m_t 增大，拟合误差减小，利用这个性质，在给定拟合误

差的情况下，可利用二分搜索法搜索最佳拟合阶数，目标是搜索满足误差要求的最小的阶次。为了加快搜索速度，将搜索间隔采取不等步长的方式，具体步骤如下：

(1) 给定拟合误差 $\varepsilon_0>0$，设定拟合初始阶数 $m_1=m_2=1$；

(2) 将 m_2-1 赋予 m_t，根据式(6.1.19)计算 $\tilde{f}(x)$，并且计算 $\varepsilon_t=\|f(x)-\tilde{f}(x)\|$；

(3) 判断 $\varepsilon>\varepsilon_0$ 是否成立，如果成立，首先将 m_2 的值赋给 m_1，即 $m_1=m_2$，然后将 $2m_1$ 赋予 m_2，即 $m_2=2m_1$，返回执行步骤(2)；否则，执行下一步；

(4) 将 $(m_1+m_2)/2-1$ 赋予 m_t，根据式(6.1.19)计算 $\tilde{f}(x)$，并且计算 $\varepsilon=\|f(x)-\tilde{f}(x)\|$；

(5) 若 $\varepsilon>\varepsilon_0$，将 $(m_1+m_2)/2$ 赋予 m_1，即 $m_1=(m_1+m_2)/2$；否则，将 $(m_1+m_2)/2$ 赋予 m_2，即 $m_2=(m_1+m_2)/2$；返回执行步骤(4)；

(6) 终止条件：$m_1=m_2-1$ 或者 $m_1=m_2$。则 m_2 是搜索出来的最佳阶数，即 $m_t=m_2-1$。

这种搜索方法能够大大地降低运算次数，提高运算效率，这种方法称为“二分搜索法”。流程图如图 6.3 所示。

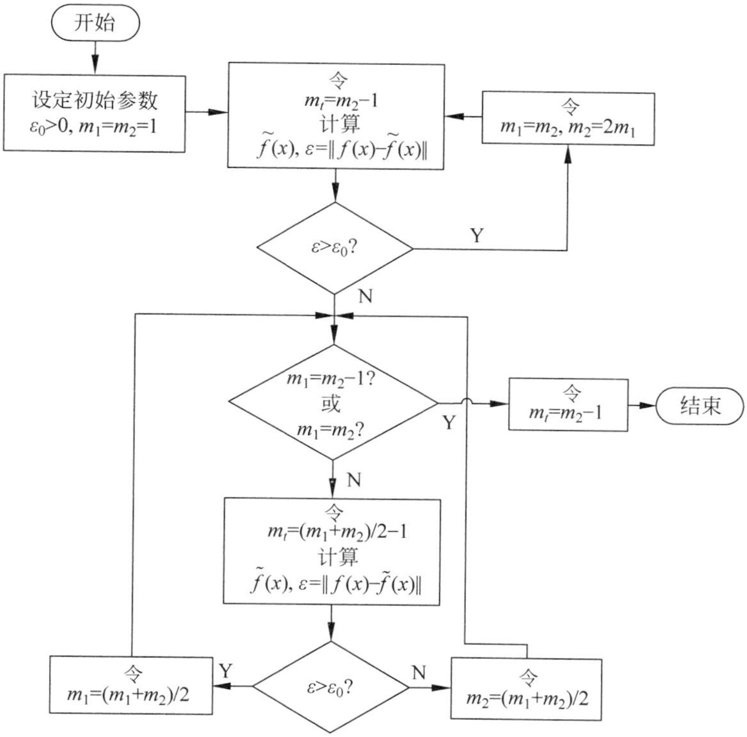

图 6.3　二分搜索法确定拟合阶数流程框图

在给定拟合误差的前提下，利用变步长的方法（实际上，搜索的后一阶数是前一阶数的二倍）能够很快搜索到满足拟合误差的阶数，然后取半（搜索前一阶数和后一阶数的平均值）往回搜索，找到满足误差条件的最小阶数。利用变步长的搜索法能够很快地确定拟合阶数，与等步长的二分法相比运算次数大大降低。同样，对于二维正交拟合也可以利用此种方法确定阶数。

例如：对于二维多项式：$e^{-(x-y)^2}\sin(x-y)$，x、y 的作用区间均为[0,2]。

取 $\varepsilon_0=0.02$，运算次数及结果误差如表 6.1 所示。

表 6.1 阶数及误差列表

计算次数	阶 数	误差 ε	$\varepsilon-\varepsilon_0$	m_1, m_2
1	1×1	1.09284	>0	1,1
2	2×2	0.96	>0	1,2
3	4×4	0.226865	>0	2,4
4	8×8	0.00242501	<0	4,8
5	6×6	0.023795	>0	6,8
6	7×7	0.00792422	<0	6,7

从表 6.1 也可看出，随着阶次的增加，拟合误差逐渐减小，而且只需要计算 6 次就可以找到最佳的拟合阶数，随着拟合阶次的增加，计算效率更高。

2）频域法定阶

当 $f(x)$ 变量为时间变量，即 $f(t)$ 时，对式(6.1.19)两边进行傅里叶变换，根据傅里叶变换的性质可知：

$$\widetilde{F}(\omega)=\sum_{i=1}^{m_t}a_i L_i(\omega) \tag{6.1.21}$$

从频域看，$f(t)$ 的频谱函数是由基函数的频谱组合而成的。为此，首先考察勒让德多项式的频域表示，设 $f(t)$ 的作用区间为[0,1]，部分阶次的频谱图如图 6.4～图 6.15 所示。

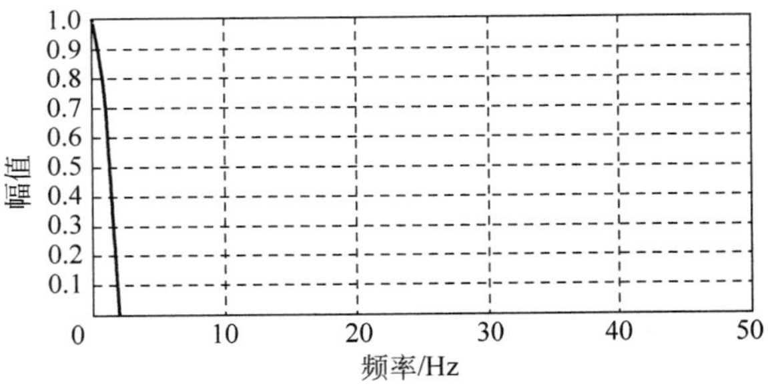

图 6.4 [0,1]区间勒让德多项式第 1 阶基函数频谱

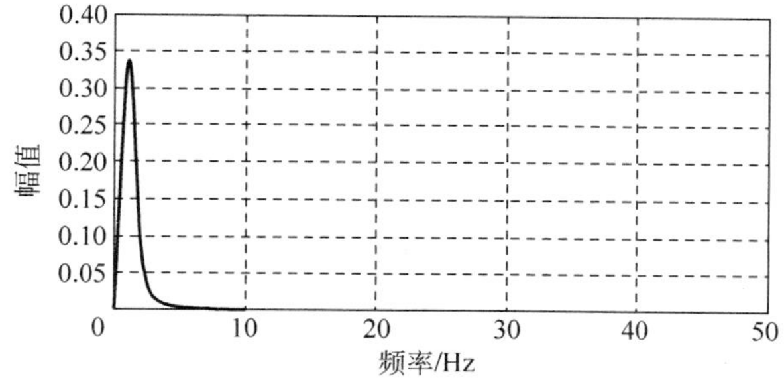

图 6.5 [0,1]区间勒让德多项式第 2 阶基函数频谱

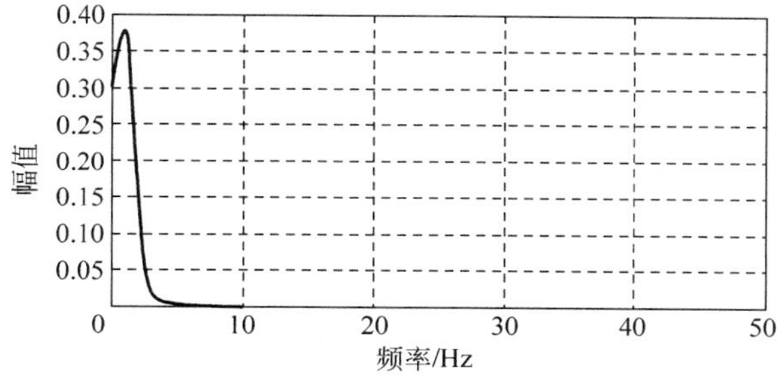

图 6.6 [0,1]区间勒让德多项式第 3 阶基函数频谱

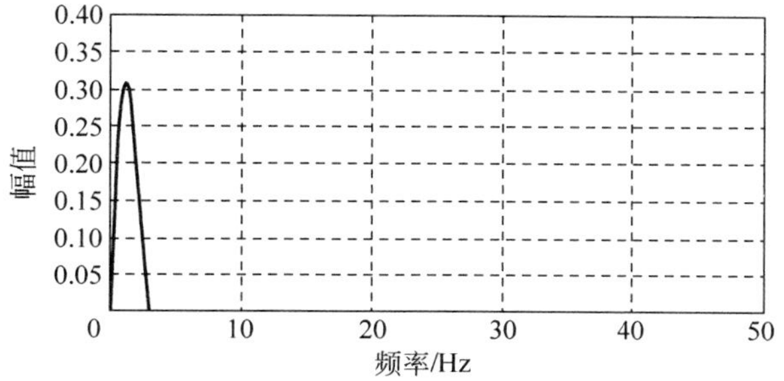

图 6.7 [0,1]区间勒让德多项式第 4 阶基函数频谱

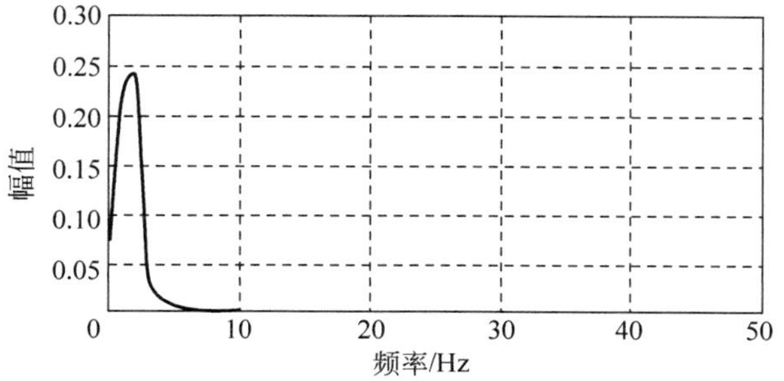

图 6.8 [0,1]区间勒让德多项式第 5 阶基函数频谱

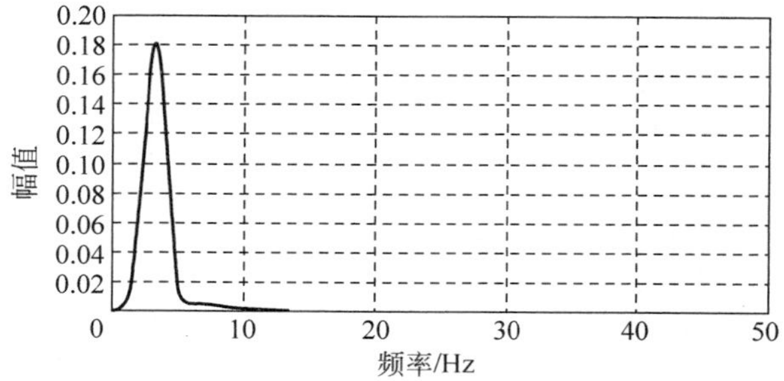

图 6.9 [0,1]区间勒让德多项式第 10 阶基函数频谱

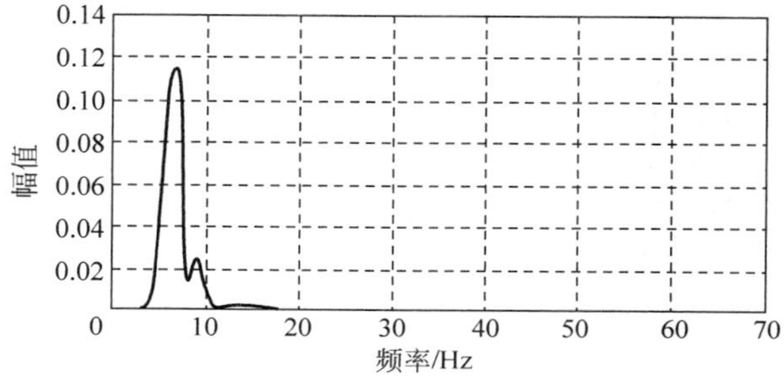

图 6.10 [0,1]区间勒让德多项式第 20 阶基函数频谱

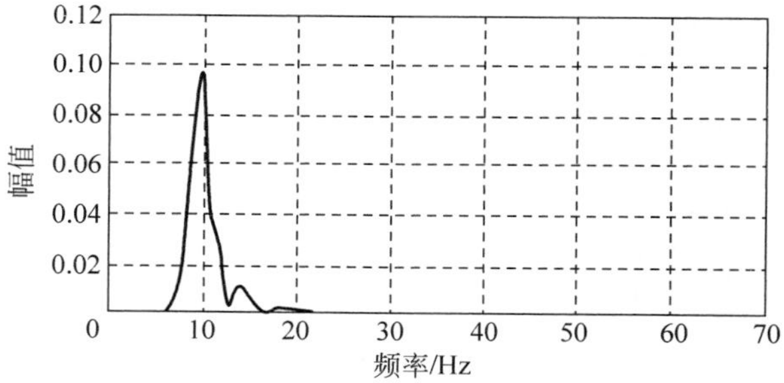

图 6.11 [0,1]区间勒让德多项式第 30 阶基函数频谱

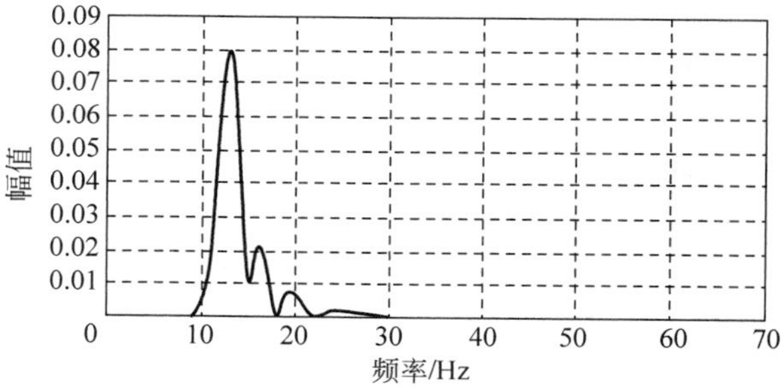

图 6.12 [0,1]区间勒让德多项式第 40 阶基函数频谱

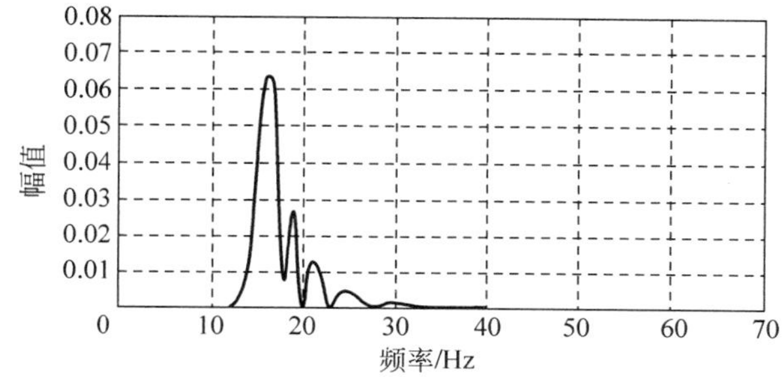

图 6.13 [0,1]区间勒让德多项式第 50 阶基函数频谱

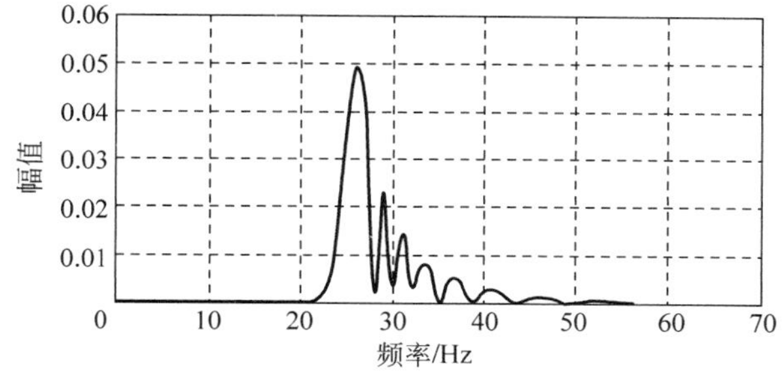

图 6.14 [0,1]区间勒让德多项式第 80 阶基函数频谱

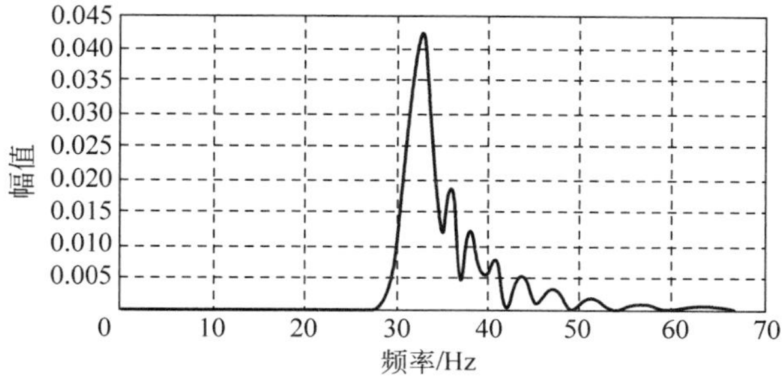

图 6.15 [0,1]区间勒让德多项式第 100 阶基函数频谱

同样,设 $f(t)$的作用区间为[0,4],部分阶次的频谱图如图 6.16～图 6.19 所示。

综合以上基函数频谱图,发现如下规律:

(1) 勒让德多项式每阶基函数的频谱都有一个主峰,即主频率;

(2) 勒让德多项式作用区间[0,1]时,由主频率随着阶次的变化曲线可知:随着阶次的增加,对应的频谱的主频率也在增加,如图 6.20 所示;

(3) 在每阶基函数的频谱图的主频率后较窄的频带内存在较小的频率成分,并很快衰减为零,而在主频率前频带内对应的幅值几乎为零;

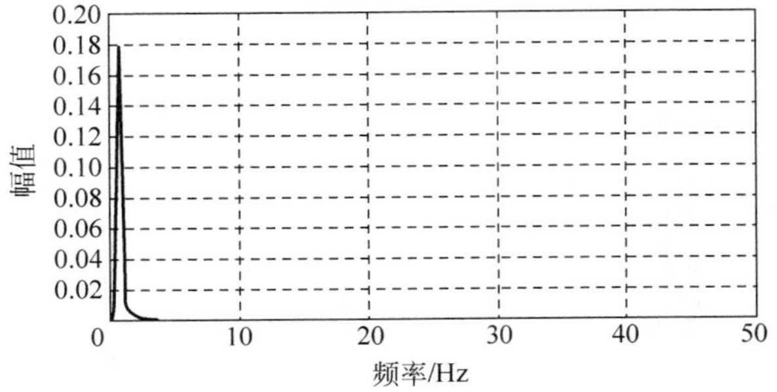

图 6.16 [0,4]区间勒让德多项式第 10 阶基函数频谱

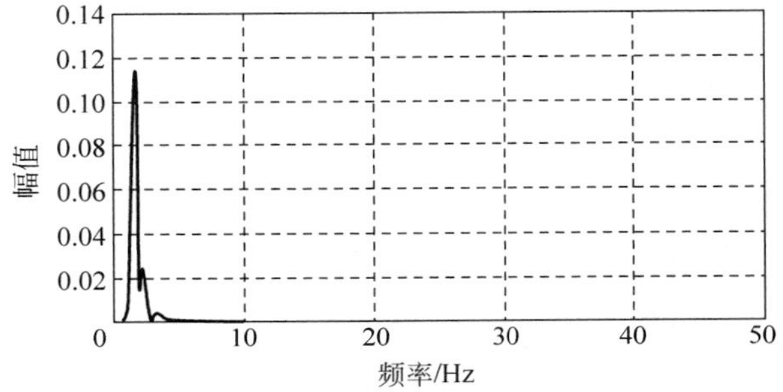

图 6.17 [0,4]区间勒让德多项式第 30 阶基函数频谱

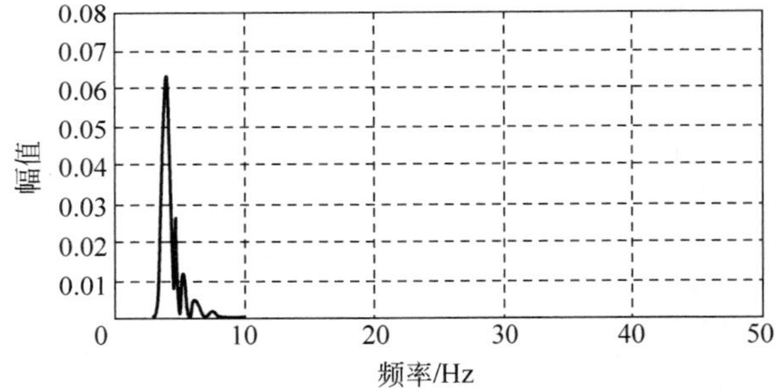

图 6.18 [0,4]区间勒让德多项式第 50 阶基函数频谱

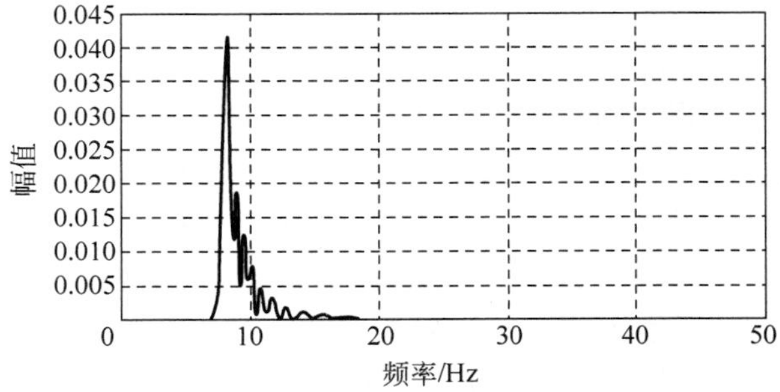

图 6.19 [0,4]区间勒让德多项式第 100 阶基函数频谱

（4）相邻阶基函数的主峰频率很接近；

（5）对比相同阶次的基函数的频谱图可以发现：主频率的大小不仅与阶次有关，而且与勒让德多项式作用的区间范围有关，对于同一阶的基函数，作用范围越大，对应的主频率越低，反之，则越高。

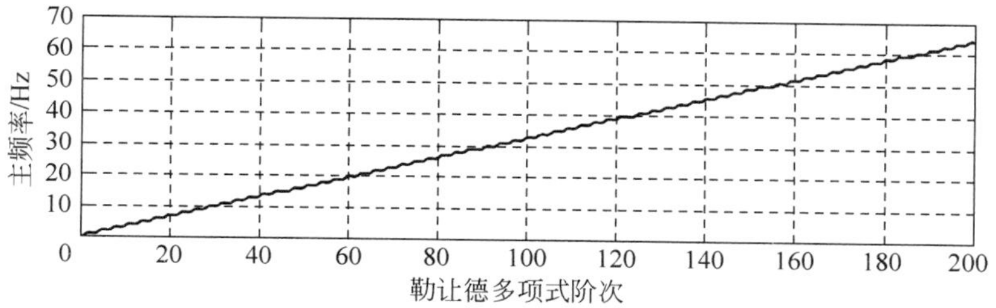

图 6.20 勒让德正交多项式主频率与阶次的关系曲线

因此，基于以上发现，尝试通过频域对广义傅里叶展开进行定阶，具体思路如下：首先判断被拟合函数的最高频率，对比勒让德多项式基函数频谱内的主频率，将主频率刚好大于被拟合函数最高频率的基函数作为截断。

当函数的变量属于空间域时，同样对方程(6.1.19)两边进行傅里叶变换，将空间域转化到波数域，本书不再赘述。对于二维、高维的广义正交多项式的拟合阶次确定方法同样也可以类比。

6.1.3 连续梁结构分布动载荷识别的频域方法

根据伯努利-欧拉梁的动力学方程，一维连续梁结构分布动载荷激励、动响应在频域的关系可以写成

$$\int_0^L H(x_k, x, \omega) F(x, \omega) \mathrm{d}x = X(x_k, \omega) \tag{6.1.22}$$

式中，x，x_k 分别为加载激励的位置点和测量响应的位置点；$F(x,\omega)$为分布动载荷 $f(x,t)$ 的傅里叶变换；$X(x_k,\omega)$为位置为 x_k 处位移响应的傅里叶变换。其中：

$$H(x_k, x, \omega) = \sum_{n=1}^{+\infty} \frac{W_n(x_k) W_n(x)}{M_n(\omega_n^2 - \omega^2 + \mathrm{i}2\zeta_n \omega_n \omega)} \tag{6.1.23}$$

式中，M_n、$W_n(x)$、ω_n 和 ζ_n 分别表示梁模型的模态质量、模态振型、模态频率及模态阻尼比。考虑到广义傅里叶展开中的基函数均为实函数，将式(6.1.22)中的频率响应函数写成复数形式并用矩阵表示为

$$\int_0^L \begin{bmatrix} H_{kx}^{\mathrm{r}}(\omega) & -H_{kx}^{\mathrm{i}}(\omega) \\ H_{kx}^{\mathrm{i}}(\omega) & H_{kx}^{\mathrm{r}}(\omega) \end{bmatrix} \begin{Bmatrix} F^{\mathrm{r}}(x,\omega) \\ F^{\mathrm{i}}(x,\omega) \end{Bmatrix} \mathrm{d}x = \begin{Bmatrix} X_k^{\mathrm{r}}(\omega) \\ X_k^{\mathrm{i}}(\omega) \end{Bmatrix} \tag{6.1.24}$$

式中，$H_{kx}^{\mathrm{r}}(\omega)$、$H_{kx}^{\mathrm{i}}(\omega)$分别为 $H(x_k,x,\omega)$的实部和虚部；$F^{\mathrm{r}}(x,\omega)$、$F^{\mathrm{i}}(x,\omega)$分别为分布动载荷 $f(x,t)$傅里叶变换的实部和虚部；$X_k^{\mathrm{r}}(\omega)$、$X_k^{\mathrm{i}}(\omega)$分别为 x_k 处位移响应傅里叶变换的实部和虚部。

若频率 ω 确定，依照频域法可确定截断阶次为 m 次，将分布动载荷傅里叶变换的 $F^{\mathrm{r}}(x,\omega)$，$F^{\mathrm{i}}(x,\omega)$基于广义傅里叶展开：

$$F^{\mathrm{r}}(x,\omega)=\sum_{i=1}^{m}a_iL_i(x)=\{L_1(x)\quad L_2(x)\quad\cdots\quad L_m(x)\}\begin{Bmatrix}a_1\\a_2\\\vdots\\a_m\end{Bmatrix}\tag{6.1.25}$$

$$F^{\mathrm{i}}(x,\omega)=\sum_{i=1}^{m}b_iL_i(x)=\{L_1(x)\quad L_2(x)\quad\cdots\quad L_m(x)\}\begin{Bmatrix}b_1\\b_2\\\vdots\\b_m\end{Bmatrix}\tag{6.1.26}$$

式中，$L_i(x)(i=1,2,\cdots,\infty)$是归一化后的一维勒让德正交多项式；$a_i$，$b_i(i=1,2,\cdots,m)$是广义傅里叶系数。将式(6.1.25)和式(6.1.26)代入式(6.1.24)，即得

$$\int_0^L\begin{bmatrix}H_{kx}^{\mathrm{r}}L_1(x)&\cdots&H_{kx}^{\mathrm{r}}L_m(x)&-H_{kx}^{\mathrm{i}}L_1(x)&\cdots&-H_{kx}^{\mathrm{i}}L_m(x)\\H_{kx}^{\mathrm{i}}L_1(x)&\cdots&H_{kx}^{\mathrm{i}}L_m(x)&H_{kx}^{\mathrm{r}}L_1(x)&\cdots&H_{kx}^{\mathrm{r}}L_m(x)\end{bmatrix}\mathrm{d}x\begin{Bmatrix}a_1\\\vdots\\a_m\\b_1\\\vdots\\b_m\end{Bmatrix}=\begin{Bmatrix}X_k^{\mathrm{r}}\\X_k^{\mathrm{i}}\end{Bmatrix}\tag{6.1.27}$$

对于多点响应，取测量点数为 $n(m\leqslant n)$，则式(6.1.27)可拓展为

$$\int_0^L\begin{bmatrix}H_{1x}^{\mathrm{r}}L_1(x)&\cdots&H_{1x}^{\mathrm{r}}L_m(x)&-H_{1x}^{\mathrm{i}}L_1(x)&\cdots&-H_{1x}^{\mathrm{i}}L_m(x)\\\vdots&&\vdots&\vdots&&\vdots\\H_{nx}^{\mathrm{r}}L_1(x)&\cdots&H_{nx}^{\mathrm{r}}L_m(x)&-H_{nx}^{\mathrm{i}}L_1(x)&\cdots&-H_{nx}^{\mathrm{i}}L_m(x)\\H_{1x}^{\mathrm{i}}L_1(x)&\cdots&H_{1x}^{\mathrm{i}}L_m(x)&H_{1x}^{\mathrm{r}}L_1(x)&\cdots&H_{1x}^{\mathrm{r}}L_m(x)\\\vdots&&\vdots&\vdots&&\vdots\\H_{nx}^{\mathrm{i}}L_1(x)&\cdots&H_{nx}^{\mathrm{i}}L_m(x)&H_{nx}^{\mathrm{r}}L_1(x)&\cdots&H_{nx}^{\mathrm{r}}L_m(x)\end{bmatrix}\mathrm{d}x\begin{Bmatrix}a_1\\\vdots\\a_m\\b_1\\\vdots\\b_m\end{Bmatrix}=\begin{Bmatrix}X_1^{\mathrm{r}}\\\vdots\\X_n^{\mathrm{r}}\\X_1^{\mathrm{i}}\\\vdots\\X_n^{\mathrm{i}}\end{Bmatrix}\tag{6.1.28}$$

令

$$
\boldsymbol{Q}=\int_0^L\begin{bmatrix} H_{1x}^{\mathrm{r}}L_1(x) & \cdots & H_{1x}^{\mathrm{r}}L_m(x) & -H_{1x}^{\mathrm{i}}L_1(x) & \cdots & -H_{1x}^{\mathrm{i}}L_m(x) \\ \vdots & & \vdots & \vdots & & \vdots \\ H_{nx}^{\mathrm{r}}L_1(x) & \cdots & H_{nx}^{\mathrm{r}}L_m(x) & -H_{nx}^{\mathrm{i}}L_1(x) & \cdots & -H_{nx}^{\mathrm{i}}L_m(x) \\ H_{1x}^{\mathrm{i}}L_1(x) & \cdots & H_{1x}^{\mathrm{i}}L_m(x) & H_{1x}^{\mathrm{r}}L_1(x) & \cdots & H_{1x}^{\mathrm{r}}L_m(x) \\ \vdots & & \vdots & \vdots & & \vdots \\ H_{nx}^{\mathrm{i}}L_1(x) & \cdots & H_{nx}^{\mathrm{i}}L_m(x) & H_{nx}^{\mathrm{r}}L_1(x) & \cdots & H_{nx}^{\mathrm{r}}L_m(x) \end{bmatrix}\mathrm{d}x \tag{6.1.29}
$$

$$
\boldsymbol{\alpha}=\begin{Bmatrix} a_1 \\ \vdots \\ a_m \\ b_1 \\ \vdots \\ b_m \end{Bmatrix},\quad \boldsymbol{A}=\begin{Bmatrix} a_1 \\ a_2 \\ \vdots \\ a_m \end{Bmatrix},\quad \boldsymbol{B}=\begin{Bmatrix} b_1 \\ b_2 \\ \vdots \\ b_m \end{Bmatrix},\quad \boldsymbol{X}=\begin{Bmatrix} X_1^{\mathrm{r}} \\ \vdots \\ X_n^{\mathrm{r}} \\ X_1^{\mathrm{i}} \\ \vdots \\ X_n^{\mathrm{i}} \end{Bmatrix} \tag{6.1.30}
$$

则式(6.1.28)可简写为

$$
\boldsymbol{Q\alpha}=\boldsymbol{X} \tag{6.1.31}
$$

其中,$\boldsymbol{Q}$ 表达了连续梁的位移响应与外部作用的分布动载荷广义傅里叶系数之间的传递关系,定义为动态标定矩阵。对式(6.1.31)求广义逆可以得到

$$
\boldsymbol{\alpha}=\boldsymbol{Q}^{+}\boldsymbol{X} \tag{6.1.32}
$$

将$\boldsymbol{\alpha}=[\boldsymbol{A},\boldsymbol{B}]^{\mathrm{T}}$ 分别代入式(6.1.25)和式(6.1.26)即可以得到分布动载荷的频域信息。针对单频激励下的分布动载荷,只需计算激励频率下沿梁的分布函数;对于周期或者宽频激励,需要遍历所有的 ω 得出每一个频率下的分布信息,再固定每一个位置利用傅里叶逆变换即可得到该位置的时域历程,遍历所有位置就得到分布力的时域历程。这就是分布动载荷识别的频域方法。

利用频域法进行分布动载荷识别的关键在于对动态标定矩阵 $\boldsymbol{Q}$ 的求解,即为连续梁的动态标定过程。动态标定矩阵 $\boldsymbol{Q}$ 的标定可以通过仿真方式进行,分别加载基函数在连续梁模型上,计算对应点的频域响应从而构造动态标定矩阵 $\boldsymbol{Q}$。利用仿真手段进行动态矩阵标定时,如果模型存在误差必然导致动态标定矩阵的误差,进而引起动载荷识别的误差,另外基于仿真方法进行动态矩阵标定时,同样也存在模态截断误差的影响,并且实施起来相对复杂。另外一种标定方法是基于试验动标定,本节介绍基于高斯-勒让德积分法的试验动态标定的过程,通过测量连续梁上高斯点和响应点之间的频响函数以及相应的一维勒让德正交多项式函数值,求解出具体的动态标定矩阵。该方法的主要思想是将无限维(施加分布正交多项式载荷求其频域响应)的仿真动标定向有限维(确定高斯点和响应点间的频响函数)的试验动标定转化,并且消除了仿真模型误差带来的影响,具有较高的精度。

一般高斯积分的表达式为

$$\int_a^b f(x)\rho(x)\mathrm{d}x = \sum_{k=0}^{N} A_k f(x_k) \tag{6.1.33}$$

式中，$x_k(k=0,1,2,\cdots,N)$为求积节点；$A_k(k=0,1,2,\cdots,N)$为相对应的系数；$\rho(x)$为加权函数。可适当选取 x_k 及 A_k，使式(6.1.33)具有 $2N+1$ 次代数精度，若满足此精度，则称其节点 $x_k(k=0,1,2,\cdots,N)$为高斯点(见表6.2)。式(6.1.33)为高斯求积公式。该式将连续函数的积分变成求和的形式，并且具有较高的代数精度。为此，本节采用高斯积分将动态标定矩阵的积分变成求和形式，从而将无限维的动标定转化成有限维，为试验动标定动态传递矩阵提供了可能。

表 6.2 常用高斯点及求积系数表(随 N 值变化)

N	u_k	A_k
1	±0.5773502692	1
2	±0.7745966692	0.5555555556
	0	0.8888888889
3	±0.8611363116	0.3478548451
	±0.3399810436	0.6521451549
4	±0.9061798459	0.2369268851
	0	0.5688888889
	±0.5384693101	0.4786286705
5	±0.9324695142	0.1713244924
	±0.6612093865	0.3607615730
	±0.2386191861	0.4679139346
6	±0.9491079123	0.1294849662
	±0.7415311856	0.2797053915
	±0.4058451514	0.8313800505
	0	0.4179591834
7	±0.9602898565	0.1012285363
	±0.7966664774	0.2223810345
	±0.5255324099	0.3137066459
	±0.1834346425	0.3626837834
8	±0.9681602395	0.0812743884
	±0.8360311073	0.1806481607
	±0.6133714327	0.2606106964
	±0.3242534234	0.3123347077
	0	0.3302393550
9	±0.9739065285	0.0666713443
	±0.8650633667	0.1494513492
	±0.6794095683	0.2190863625
	±0.4333953941	0.2692667193
	±0.1488743390	0.2955242247

本节采用高斯-勒让德积分理论，试验动标定过程主要分以下几个步骤：

(1) 确定连续梁模型结构及相应的参数。

(2) 选取高斯点数、高斯点值 u_k 及相应的求积系数值 A_k。由于本节所述的试验动标定是通过有限维离散化的动标定来逼近无限维连续的动标定结果，因此高斯点的数目对标定精度有重要影响，一般情况下高斯点数目选取越多，结果越逼近真实值，试验标定精度也越高。

(3) 确定各个高斯点在连续梁模型上的坐标位置，同时也可以确定一维勒让德正交多项式在各个高斯点下的具体值。由于高斯-勒让德积分理论的应用区间是 $[-1,1]$，而连续梁结构的标定矩阵积分区间为 $[0,L]$，因此需通过变量代换 $x_k=L/2\times u_k+L/2$ 来确定。

(4) 根据连续梁结构上具体的高斯点，通过测量每个高斯点和梁上响应测点之间的频响函数 H，再结合一维勒让德正交多项式的具体值，组合成动态标定矩阵 $\boldsymbol{Q}$。

通过以上步骤，可以通过试验方法完成连续梁结构的有限维动标定，获得动态标定矩阵，其标定流程图如图 6.21 所示。

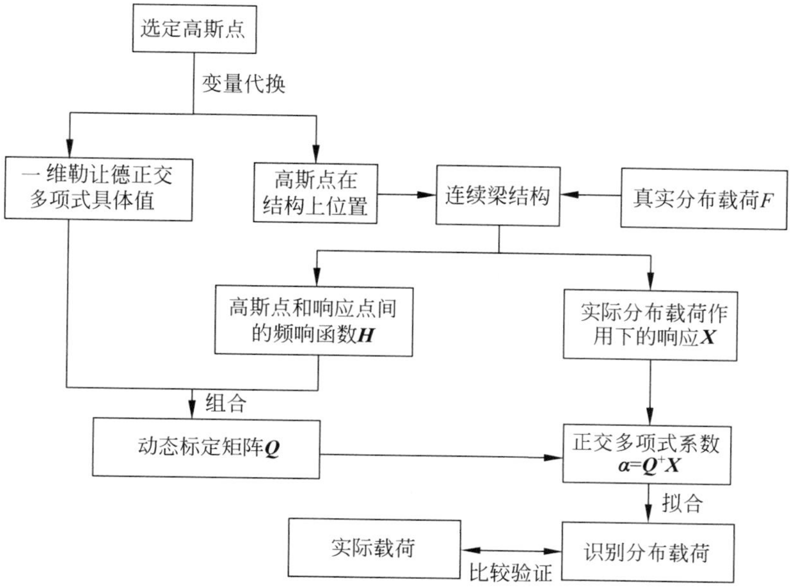

图 6.21　连续梁结构动标定流程图

根据以上流程，下面将具体介绍连续梁结构动态标定矩阵的求解过程。

令 $a=0,b=L,x=\dfrac{b-a}{2}u+\dfrac{a+b}{2}$，利用变量代换可写为

$$
\boldsymbol{Q}=\frac{L}{2}\int_{-1}^{1}\begin{bmatrix}
H_1^{\mathrm{r}}\left(\frac{L}{2}u+\frac{L}{2}\right)L_1\left(\frac{L}{2}u+\frac{L}{2}\right) & \cdots & H_1^{\mathrm{r}}\left(\frac{L}{2}u+\frac{L}{2}\right)L_m\left(\frac{L}{2}u+\frac{L}{2}\right) & -H_1^{\mathrm{i}}\left(\frac{L}{2}u+\frac{L}{2}\right)L_1\left(\frac{L}{2}u+\frac{L}{2}\right) & \cdots & -H_1^{\mathrm{i}}\left(\frac{L}{2}u+\frac{L}{2}\right)L_m\left(\frac{L}{2}u+\frac{L}{2}\right) \\
\vdots & & \vdots & \vdots & & \vdots \\
H_n^{\mathrm{r}}\left(\frac{L}{2}u+\frac{L}{2}\right)L_1\left(\frac{l}{2}u+\frac{L}{2}\right) & \cdots & H_n^{\mathrm{r}}\left(\frac{L}{2}u+\frac{L}{2}\right)L_m\left(\frac{L}{2}u+\frac{L}{2}\right) & -H_n^{\mathrm{i}}\left(\frac{L}{2}u+\frac{L}{2}\right)L_1\left(\frac{L}{2}u+\frac{L}{2}\right) & \cdots & -H_n^{\mathrm{i}}\left(\frac{L}{2}u+\frac{L}{2}\right)L_m\left(\frac{L}{2}u+\frac{L}{2}\right) \\
H_1^{\mathrm{i}}\left(\frac{L}{2}u+\frac{L}{2}\right)L_1\left(\frac{l}{2}u+\frac{L}{2}\right) & \cdots & H_1^{\mathrm{i}}\left(\frac{L}{2}u+\frac{L}{2}\right)L_m\left(\frac{L}{2}u+\frac{L}{2}\right) & H_1^{\mathrm{r}}\left(\frac{l}{2}u+\frac{l}{2}\right)L_1\left(\frac{l}{2}u+\frac{L}{2}\right) & \cdots & H_1^{\mathrm{r}}\left(\frac{L}{2}u+\frac{L}{2}\right)L_m\left(\frac{L}{2}u+\frac{L}{2}\right) \\
\vdots & & \vdots & \vdots & & \vdots \\
H_n^{\mathrm{i}}\left(\frac{L}{2}u+\frac{L}{2}\right)L_1\left(\frac{L}{2}u+\frac{L}{2}\right) & \cdots & H_n^{\mathrm{i}}\left(\frac{L}{2}u+\frac{L}{2}\right)L_m\left(\frac{L}{2}u+\frac{L}{2}\right) & H_n^{\mathrm{r}}\left(\frac{L}{2}u+\frac{L}{2}\right)L_1\left(\frac{L}{2}u+\frac{L}{2}\right) & \cdots & H_n^{\mathrm{r}}\left(\frac{L}{2}u+\frac{L}{2}\right)L_m\left(\frac{L}{2}u+\frac{L}{2}\right)
\end{bmatrix}\mathrm{d}u
\tag{6.1.34}
$$

设

$$
\boldsymbol{q}(u)=\begin{bmatrix}
H_1^{\mathrm{r}}\left(\frac{L}{2}u+\frac{L}{2}\right)L_1\left(\frac{L}{2}u+\frac{L}{2}\right) & \cdots & H_1^{\mathrm{r}}\left(\frac{L}{2}u+\frac{L}{2}\right)L_m\left(\frac{L}{2}u+\frac{L}{2}\right) & -H_1^{\mathrm{i}}\left(\frac{L}{2}u+\frac{L}{2}\right)L_1\left(\frac{L}{2}u+\frac{L}{2}\right) & \cdots & -H_1^{\mathrm{i}}\left(\frac{L}{2}u+\frac{L}{2}\right)L_m\left(\frac{L}{2}u+\frac{L}{2}\right) \\
\vdots & & \vdots & \vdots & & \vdots \\
H_n^{\mathrm{r}}\left(\frac{L}{2}u+\frac{L}{2}\right)L_1\left(\frac{L}{2}u+\frac{L}{2}\right) & \cdots & H_n^{\mathrm{r}}\left(\frac{L}{2}u+\frac{L}{2}\right)L_m\left(\frac{L}{2}u+\frac{L}{2}\right) & -H_n^{\mathrm{i}}\left(\frac{L}{2}u+\frac{L}{2}\right)L_1\left(\frac{L}{2}u+\frac{L}{2}\right) & \cdots & -H_n^{\mathrm{i}}\left(\frac{L}{2}u+\frac{L}{2}\right)L_m\left(\frac{L}{2}u+\frac{L}{2}\right) \\
H_1^{\mathrm{i}}\left(\frac{L}{2}u+\frac{L}{2}\right)L_1\left(\frac{L}{2}u+\frac{L}{2}\right) & \cdots & H_1^{\mathrm{i}}\left(\frac{L}{2}u+\frac{L}{2}\right)L_m\left(\frac{L}{2}u+\frac{L}{2}\right) & H_1^{\mathrm{r}}\left(\frac{L}{2}u+\frac{L}{2}\right)L_1\left(\frac{L}{2}u+\frac{L}{2}\right) & \cdots & H_1^{\mathrm{r}}\left(\frac{L}{2}u+\frac{L}{2}\right)L_m\left(\frac{L}{2}u+\frac{L}{2}\right) \\
\vdots & & \vdots & \vdots & & \vdots \\
H_n^{\mathrm{i}}\left(\frac{L}{2}u+\frac{L}{2}\right)L_1\left(\frac{L}{2}u+\frac{L}{2}\right) & \cdots & H_n^{\mathrm{i}}\left(\frac{L}{2}u+\frac{L}{2}\right)L_m\left(\frac{L}{2}u+\frac{L}{2}\right) & H_n^{\mathrm{r}}\left(\frac{L}{2}u+\frac{L}{2}\right)L_1\left(\frac{L}{2}u+\frac{L}{2}\right) & \cdots & H_n^{\mathrm{r}}\left(\frac{L}{2}u+\frac{L}{2}\right)L_m\left(\frac{L}{2}u+\frac{L}{2}\right)
\end{bmatrix}
\tag{6.1.35}
$$

则式(6.1.34)可简写为

$$\boldsymbol{Q}=\frac{L}{2}\int_{-1}^{1}\boldsymbol{q}(u)\mathrm{d}u=\frac{L}{2}\sum_{s=0}^{N}A_s\boldsymbol{q}(u_s) \tag{6.1.36}$$

式中,N 为高斯点数;u_s 为第 s 项高斯点;A_s 为第 s 项高斯点对应的求积系数。

针对动态标定矩阵 $\boldsymbol{Q}$ 的求解,当 u_s 确定时,其高斯点在连续梁上的坐标位置 $x_k=L/2\times u_k+L/2$ 以及一维勒让德多项式的值是确定的。因此,可通过分别求解 Q 中的 H 和 L 项从而求解出动态标定矩阵 $\boldsymbol{Q}$。

例如:针对 $\boldsymbol{Q}$ 中的 $H_1^{\mathrm{r}}(L/2\times u+L/2)L_1(L/2\times u+L/2)$项,分别将高斯点 u_s 的值代入 $L/2\times u+L/2$ 中,确定出每个高斯点在梁上的位置,作为激励点,通过仿真计算出它与第一个响应点之间的实部频响函数 $H_1^{\mathrm{r}}(L/2\times u+L/2)$;同时,将 $L/2\times u_s+L/2(s=0,1,\cdots,N)$分别代入一维勒让德正交多项式,可以求解出 $L_1(L/2\times u+L/2)$,这样 $\boldsymbol{Q}$ 中的 $H_1^{\mathrm{r}}(L/2\times u+L/2)L_1(L/2\times u+L/2)$项即可得到,以此类推分别求出其他项后,将依据不同高斯点所得到的动态标定矩阵中的各项值进行求和,进而组合成动态标定矩阵 $\boldsymbol{Q}$。

连续梁模型分布动载荷的试验动标定方法避免了仿真动标定存在的模型误差和截断问题,具有更高的精度。因此动载荷识别的精度理应更好,该方法改善了识别精度的同时,也提高了计算效率。

6.1.4 连续梁结构分布动载荷识别的时域方法

1) 基于二维广义正交多项式的连续梁结构分布动载荷识别的时域方法

一维连续梁结构上作用的分布动载荷可以用 $f(x,t)$描述,包含时间和空间两个维度,利用 2.2.3 节中的归一化二维正交多项式 $L_{ij}(x,t)$可以将 $f(x,t)$进行离散化,设截断阶次为 $K\times J$。

$$f(x,t)=\sum_{i=1}^{K}\sum_{j=1}^{J}L_{ij}(x,t)\alpha_{ij}=\sum_{i=1}^{K}\sum_{j=1}^{J}L_i(x)L_j(t)\alpha_{ij} \tag{6.1.37}$$

根据伯努利-欧拉梁的动力学运动方程:

$$\rho A\frac{\partial^2 w}{\partial t^2}+EIc_0\frac{\partial w}{\partial t}+EIc_1\frac{\partial^5 w}{\partial t\partial x^4}+EI\frac{\partial^4 w}{\partial x^4}=f(x,t) \tag{6.1.38}$$

式中,EI 为梁的截面刚度;ρA 为梁单位长度的质量;w 即 $w(x,t)$为梁的横向变形;c_0 为梁的外部介质粘性阻尼系数;c_1 为梁的内阻尼系数;$f(x,t)$为作用的分布外载荷。

引入模态坐标变换:

$$w(x,t)=\sum_{j=1}^{+\infty}W_j(x)q_j(t) \tag{6.1.39}$$

利用振型函数的正交条件,得出模态空间下的微分方程组:

$$\ddot{q}_n(t)+2\zeta_n\omega_n\dot{q}_n(t)+\omega_n^2q_n(t)=f_n(t)\quad(n=1,2,3,\cdots) \tag{6.1.40}$$

式中，ω_n 是梁第 n 阶固有频率；$2\zeta_n\omega_n = c_0\dfrac{EI}{\rho A}+c_1\omega_n^2$；$f_n(t)=\int_0^L f(x,t)W_n(x)/M_n\mathrm{d}x$；$M_n=\int_0^L \rho A W_n^2(x)\mathrm{d}x$ 为第 n 阶模态质量。

假定系统初始条件为零，式(6.1.40)构成一组单自由度有阻尼系统的动力学方程，在时域的解可以基于杜哈梅积分表示为

$$q_n(t)=\int_0^t h_n(t-\tau)f_n(\tau)\mathrm{d}\tau \tag{6.1.41}$$

这里，第 n 阶脉冲响应函数为

$$h_n(t-\tau)=\frac{1}{\omega_n^{\mathrm{d}}}\mathrm{e}^{-\zeta_n\omega_n(t-\tau)}\sin\omega_n^{\mathrm{d}}(t-\tau),\quad t\geqslant\tau,\quad \omega_n^{\mathrm{d}}=\omega_n\sqrt{1-\zeta_n^2} \tag{6.1.42}$$

将式(6.1.41)、式(6.1.42)代入式(6.1.39)，即得物理坐标下梁的挠度位移响应：

$$w(x,t)=\sum_{n=1}^{+\infty}W_n(x)\int_0^t h_n(t-\tau)f_n(\tau)\mathrm{d}\tau \tag{6.1.43}$$

将式(6.1.37)代入模态力的计算表达式得到第 n 阶模态力：

$$\begin{aligned}
f_n(t)&=\int_0^L\sum_{i=1}^{K}\sum_{j=1}^{J}L_{ij}(x,t)\alpha_{ij}W_n(x)/M_n\mathrm{d}x=\sum_{i=1}^{K}\sum_{j=1}^{J}L_j(t)\int_0^L L_i(x)\alpha_{ij}W_n(x)/M_n\mathrm{d}x\\
&=\frac{1}{M_n}\Big\{L_1(t)\int_0^L L_1(x)W_n(x)\mathrm{d}x\quad L_1(t)\int_0^L L_2(x)W_n(x)\mathrm{d}x\quad\cdots\\
&\qquad L_J(t)\int_0^L L_K(x)W_n(x)\mathrm{d}x\Big\}\begin{Bmatrix}\alpha_{11}\\ \alpha_{21}\\ \vdots\\ \alpha_{KJ}\end{Bmatrix}
\end{aligned} \tag{6.1.44}$$

将上式代入式(6.1.43)得到梁的位移响应：

$$w(x,t)=\sum_{n=1}^{+\infty}\frac{W_n(x)}{M_n}\begin{Bmatrix}\int_0^t h_n(t-\tau)L_1(\tau)\int_0^L L_1(x)W_n(x)\mathrm{d}x\mathrm{d}\tau\\ \int_0^t h_n(t-\tau)L_1(\tau)\int_0^L L_2(x)W_n(x)\mathrm{d}x\mathrm{d}\tau\\ \vdots\\ \int_0^t h_n(t-\tau)L_J(\tau)\int_0^L L_K(x)W_n(x)\mathrm{d}x\mathrm{d}\tau\end{Bmatrix}^{\mathrm{T}}\begin{Bmatrix}\alpha_{11}\\ \alpha_{21}\\ \vdots\\ \alpha_{KJ}\end{Bmatrix} \tag{6.1.45}$$

记：

$$h_{nij}(t)=\int_0^t h_n(t-\tau)L_j(\tau)\int_0^L L_i(x)W_n(x)\mathrm{d}x\mathrm{d}\tau \tag{6.1.46}$$

则式(6.1.45)可简写为

$$w(x,t)=\sum_{n=1}^{+\infty}\frac{W_n(x)}{M_n}\{h_{n11}\quad h_{n21}\quad\cdots\quad h_{nKJ}\}\{\alpha_{11}\quad\alpha_{21}\quad\cdots\quad\alpha_{KJ}\}^{\mathrm{T}} \tag{6.1.47}$$

式(6.1.47)中有 $K\times J$ 个正交多项式级数系数为未知量。若已知梁上有 N 个点的位移响应已知,每一个响应点在时域的采样数均为 N_s,对应的采样时刻记为 t_s,那么有

$$\begin{Bmatrix} w(x_1,t_1) \\ w(x_1,t_2) \\ \vdots \\ w(x_1,t_s) \\ w(x_2,t_1) \\ \vdots \\ w(x_N,t_s) \end{Bmatrix} = \begin{bmatrix} \sum\limits_{n=1}^{+\infty}\frac{W_n(x_1)}{M_n}h_{n11}(t_1) & \sum\limits_{n=1}^{+\infty}\frac{W_n(x_1)}{M_n}h_{n21}(t_1) & \cdots & \sum\limits_{n=1}^{+\infty}\frac{W_n(x_1)}{M_n}h_{nKJ}(t_1) \\ \sum\limits_{n=1}^{+\infty}\frac{W_n(x_1)}{M_n}h_{n11}(t_2) & \sum\limits_{n=1}^{+\infty}\frac{W_n(x_1)}{M_n}h_{n21}(t_2) & \cdots & \sum\limits_{n=1}^{+\infty}\frac{W_n(x_1)}{M_n}h_{nKJ}(t_2) \\ \vdots & \vdots & & \vdots \\ \sum\limits_{n=1}^{+\infty}\frac{W_n(x_1)}{M_n}h_{n11}(t_s) & \sum\limits_{n=1}^{+\infty}\frac{W_n(x_1)}{M_n}h_{n21}(t_s) & \cdots & \sum\limits_{n=1}^{+\infty}\frac{W_n(x_1)}{M_n}h_{nKJ}(t_s) \\ \sum\limits_{n=1}^{+\infty}\frac{W_n(x_2)}{M_n}h_{n11}(t_1) & \sum\limits_{n=1}^{+\infty}\frac{W_n(x_2)}{M_n}h_{n21}(t_1) & \cdots & \sum\limits_{n=1}^{+\infty}\frac{W_n(x_2)}{M_n}h_{nKJ}(t_1) \\ \vdots & \vdots & & \vdots \\ \sum\limits_{n=1}^{+\infty}\frac{W_n(x_N)}{M_n}h_{n11}(t_s) & \sum\limits_{n=1}^{+\infty}\frac{W_n(x_N)}{M_n}h_{n21}(t_s) & \cdots & \sum\limits_{n=1}^{+\infty}\frac{W_n(x_N)}{M_n}h_{nKJ}(t_s) \end{bmatrix} \begin{Bmatrix} \alpha_{11} \\ \alpha_{21} \\ \vdots \\ \alpha_{KJ} \end{Bmatrix} \tag{6.1.48}$$

式(6.1.48)中,$w(x_N,t_s)$表示第 N 个测量点在 $t=t_s$ 时刻的位移响应值。式(6.1.48)表示了梁上任意 N 个测量点的离散响应值与广义正交多项式级数系数之间的关系式,方程右边有 $K\times J$ 个待识别系数值,式(6.1.48)可简写为

$$\boldsymbol{w}=\boldsymbol{h\alpha} \tag{6.1.49}$$

其中:

$$\boldsymbol{w}=\begin{Bmatrix} w(x_1,t_1) \\ \vdots \\ w(x_N,t_s) \end{Bmatrix}\in \mathbf{R}^{(N\times N_s)\times 1}, \quad \boldsymbol{\alpha}=\begin{Bmatrix} \alpha_{11} \\ \alpha_{21} \\ \vdots \\ \alpha_{KJ} \end{Bmatrix}\in \mathbf{R}^{(K\times J)\times 1}$$

$$\boldsymbol{h}=\begin{bmatrix} \sum\limits_{n=1}^{+\infty}\frac{W_n(x_1)}{M_n}h_{n11}(t_1) & \cdots & \sum\limits_{n=1}^{+\infty}\frac{W_n(x_1)}{M_n}h_{nKJ}(t_1) \\ \vdots & & \vdots \\ \sum\limits_{n=1}^{+\infty}\frac{W_n(x_N)}{M_n}h_{n11}(t_s) & \cdots & \sum\limits_{n=1}^{+\infty}\frac{W_n(x_N)}{M_n}h_{nKJ}(t_s) \end{bmatrix}\in \mathbf{R}^{(N\times N_s)\times(K\times J)}$$

当 $N\times N_s\geqslant K\times J$ 时,可以直接对式(6.1.49)求逆,解出广义正交多项式级数系数矩阵:

$$\boldsymbol{\alpha}=\boldsymbol{h}^{+}\boldsymbol{w} \tag{6.1.50}$$

求解出广义傅里叶级数的系数值$\boldsymbol{\alpha}$ 后,代入式(6.1.37)就可以拟合出分布动载荷的时

域历程：

$$f(x,t)=\sum_{i=1}^{K}\sum_{j=1}^{J}L_{ij}(x,t)\alpha_{ij}$$

至此，我们建立了基于二维正交多项式的连续梁结构在分布动载荷作用下的识别模型，利用该方法进行动载荷识别时，需要做分布动载荷广义傅里叶级数的阶次截断，在处理时域传递矩阵 $\boldsymbol{h}$ 时，可以采用仿真动标定方式确定时域传递矩阵的每一个元素。在求逆时，由于时域传递矩阵的相似性，求解系数的矩阵往往是病态方程，需要借助正则化方法改善识别精度。实际上，对结构的动力响应在时间上进行离散化处理，也可以用一维广义正交多项式解决梁模型分布动载荷的时域识别问题。下面将进行详细描述。

2）基于一维广义正交多项式的连续梁结构分布动载荷识别的时域方法

对时间域进行离散后，对每一时刻的外激励进行广义傅里叶展开。针对 $t=t_i$ 时刻的分布动载荷可以用 $f(x,t_i)$ 表征，此时用 K 项广义正交多项式进行广义傅里叶级数展开：

$$f(x,t_i)=\sum_{j=1}^{K}L_j(x)\alpha_j(t_i) \tag{6.1.51}$$

基于上文的分析，以 Δt 为采样间隔，$t=t_i=i\Delta t$ 时刻的模态力为

$$f_n(t_i)=f_n(i\Delta t)=\int_0^L\sum_{j=1}^{K}L_j(x)\alpha_j(t_i)W_n(x)/M_n\mathrm{d}x=\frac{1}{M_n}\begin{Bmatrix}\int_0^L L_1(x)W_n(x)\mathrm{d}x\\ \int_0^L L_2(x)W_n(x)\mathrm{d}x\\ \vdots\\ \int_0^L L_K(x)W_n(x)\mathrm{d}x\end{Bmatrix}^{\mathrm{T}}\begin{Bmatrix}\alpha_1(t_i)\\ \alpha_2(t_i)\\ \vdots\\ \alpha_K(t_i)\end{Bmatrix} \tag{6.1.52}$$

式(6.1.43)基于模态叠加法给出了分布动载荷作用下梁上任意点的位移响应，将时间进行离散得到

$$w(x,t_i)=w(x,i\Delta t)=\sum_{n=1}^{+\infty}W_n(x)\sum_{j=0}^{i-1}h_n(i\Delta t-j\Delta t)f_n(j\Delta t)\Delta t \tag{6.1.53}$$

将式(6.1.52)代入式(6.1.53)，令 $h_n(i)=h_n(i\Delta t)$，$\alpha_m(i)=\alpha_m(i\Delta t)$，可得到

$$\begin{aligned}w(x,t_i)&=\sum_{n=1}^{+\infty}\frac{W_n(x)}{M_n}\sum_{j=0}^{i-1}h_n(i-j)\sum_{m=1}^{K}L_m(x)\alpha_m(j)\Delta t\\&=\sum_{n=1}^{+\infty}\frac{W_n(x)\Delta t}{M_n}\Big[h_n(i)\sum_{m=1}^{K}L_m(x)\alpha_m(0)+h_n(i-1)\sum_{m=1}^{K}L_m(x)\alpha_m(1)+\cdots+\\&\quad h_n(1)\sum_{m=1}^{K}L_m(x)\alpha_m(i-1)\Big]\end{aligned} \tag{6.1.54}$$

令：$\boldsymbol{\alpha}_l=\{\alpha_1(l\Delta t)\quad\alpha_2(l\Delta t)\quad\cdots\quad\alpha_K(l\Delta t)\}^{\mathrm{T}}$ $(l=0,1,2,\cdots,i-1)$，$\boldsymbol{Q}_l^n(x)=$

$\{h_n(i-l)\Delta tL_1(x) \quad h_n(i-l)\Delta tL_2(x) \quad \cdots \quad h_n(i-l)\Delta tL_K(x)\}$则

$$w(x,t_i)=\sum_{n=1}^{+\infty}\frac{W_n(x)}{M_n}\{\boldsymbol{Q}_0^n \quad \boldsymbol{Q}_1^n \quad \cdots \quad \boldsymbol{Q}_{i-1}^n\}\begin{Bmatrix}\boldsymbol{\alpha}_0\\ \boldsymbol{\alpha}_1\\ \vdots\\ \boldsymbol{\alpha}_{i-1}\end{Bmatrix} \tag{6.1.55}$$

式(6.1.55)表示了时刻 t_i 的位移动响应与 t_i 时刻以前的分布动载荷广义傅里叶系数之间的关系,列出每一个时刻 $t_1,t_2,\cdots,t_i$ 的位移动响应与广义傅里叶系数之间的关系式,并将它们组建成矩阵的形式:

$$\begin{Bmatrix}w(x,t_1)\\ w(x,t_2)\\ \vdots\\ w(x,t_i)\end{Bmatrix}=\sum_{n=1}^{+\infty}\frac{W_n(x)}{M_n}\begin{bmatrix}\boldsymbol{Q}_0^n & 0 & 0 & \cdots & 0\\ \boldsymbol{Q}_0^n & \boldsymbol{Q}_1^n & 0 & \cdots & 0\\ \vdots & \vdots & \vdots & & \vdots\\ \boldsymbol{Q}_0^n & \boldsymbol{Q}_1^n & \cdots & \cdots & \boldsymbol{Q}_{i-1}^n\end{bmatrix}\begin{Bmatrix}\boldsymbol{\alpha}_0\\ \boldsymbol{\alpha}_1\\ \vdots\\ \boldsymbol{\alpha}_{i-1}\end{Bmatrix} \tag{6.1.56}$$

式(6.1.56)的方程个数为 i,未知系数的个数为 $i\times K$,信息量不够,系数的解不唯一。为此,增加响应测点个数为 J,并且满足 $J\geqslant K$,列出方程如下:

$$\begin{Bmatrix}w(x_1,t_1)\\ \vdots\\ w(x_1,t_i)\\ w(x_2,t_1)\\ \vdots\\ w(x_J,t_i)\end{Bmatrix}=\begin{bmatrix}\sum\limits_{n=1}^{+\infty}\frac{W_n(x_1)}{M_n}\boldsymbol{Q}_0^n & 0 & \cdots & 0\\ \vdots & \vdots & & \vdots\\ \sum\limits_{n=1}^{+\infty}\frac{W_n(x_1)}{M_n}\boldsymbol{Q}_0^n & \sum\limits_{n=1}^{+\infty}\frac{W_n(x_1)}{M_n}\boldsymbol{Q}_1^n & \cdots & \sum\limits_{n=1}^{+\infty}\frac{W_n(x_1)}{M_n}\boldsymbol{Q}_{i-1}^n\\ \sum\limits_{n=1}^{+\infty}\frac{W_n(x_2)}{M_n}\boldsymbol{Q}_0^n & 0 & \cdots & 0\\ \vdots & \vdots & & \vdots\\ \sum\limits_{n=1}^{+\infty}\frac{W_n(x_J)}{M_n}\boldsymbol{Q}_0^n & \sum\limits_{n=1}^{+\infty}\frac{W_n(x_J)}{M_n}\boldsymbol{Q}_1^n & \cdots & \sum\limits_{n=1}^{+\infty}\frac{W_n(x_J)}{M_n}\boldsymbol{Q}_{i-1}^n\end{bmatrix}\begin{Bmatrix}\boldsymbol{\alpha}_0\\ \boldsymbol{\alpha}_1\\ \vdots\\ \boldsymbol{\alpha}_{i-1}\end{Bmatrix} \tag{6.1.57}$$

式(6.1.57)中,除了广义傅里叶级数的系数未知外,其他均已知。将式(6.1.57)简化为

$$\boldsymbol{w}=\boldsymbol{Q}\boldsymbol{\alpha} \tag{6.1.58}$$

式中,$\boldsymbol{w}\in\mathbf{R}^{(i\times J)\times 1}$ 为位移动响应向量;$\boldsymbol{Q}\in\mathbf{R}^{(i\times J)\times(i\times K)}$ 为动态时域传递矩阵;$\boldsymbol{\alpha}\in\mathbf{R}^{(i\times K)\times 1}$ 为所有时刻的待求系数组成的向量。

如果满足 $J\geqslant K$,对式(6.1.58)直接求广义逆可以得到广义傅里级数展开的系数:

$$\boldsymbol{\alpha}=\boldsymbol{Q}^{+}\boldsymbol{w} \tag{6.1.59}$$

分别将每一个时刻的级数系数值代入广义傅里叶级数展开式(6.1.52),即可得到对应时刻的分布动载荷表达式。需要提醒的是本节所介绍的时域方法中,同样要考虑模态截断

的阶次,可以根据分析带宽及模态的密集程度选择合适的截断阶次。

本节讨论了线弹性范围内伯努利-欧拉梁模型的动载荷识别问题,由集中力作用下的识别模型,推导出分布力作用时的识别方法,从离散的动载荷模型发展到连续分布的动载荷模型,从频域识别方法推导至时域识别方法,逐步深入。相比而言,频域法过程相对简单,时域法物理意义更明确,文中基函数采用的是勒让德正交多项式,事实上分布动载荷识别的基函数的选择也不是唯一的,也可以采用切比雪夫正交多项式,甚至将结构的振型函数作为基函数进行分布动载荷识别也见于诸文献。如何更有效地确定正交多项式的截断阶次也是今后要研究的一个重要课题。

6.2 二维弹性薄板结构的动载荷识别

弹性薄板结构是连续系统中十分具有代表性的典型结构,相对于有限自由度系统及无限自由度系统的伯努利-欧拉梁模型,弹性薄板模型的动力学方程更为复杂,弹性薄板上的动载荷识别问题的建模过程必将更为复杂,求解规模更加庞大。本节以薄板小挠度动力学系统为研究对象,对二维弹性薄板结构的单点激励动载荷、线分布动载荷、面分布动载荷识别问题进行较为详细的讨论。

6.2.1 薄板动力学动响应计算的基本理论

中面为一平面的扁平连续体称为平板,厚度远小于中面平面尺寸时就称为薄板。各向同性材料弹性薄板的横向振动小挠度理论原本属于空间问题,但我们可以采用一系列反映薄板力学特性的简化假设(Kirchhoff 假设),使原始的三维空间问题降为二维平面问题来分析。弹性体振动时除了受外力、弹性力、惯性力作用外,一般还存在阻尼力作用。对于板壳等连续体来说,由内摩擦引起的能量转换损耗是主要形式,而内摩擦主要是由塑性变形引起的。为了在结构动力学分析中计入内摩擦效应,根据应力应变的滞变回线提出的阻尼模型主要有两大类,即粘滞阻尼理论与复阻尼理论。为简化计算,本章考虑的薄板阻尼为修正的凯尔文(Kelvin)粘性阻尼模型,该理论认为结构内力由与应变成正比的弹性恢复力及与应变速度成正比的阻尼力共同构成。对于单向应力状态,有如下关系式:

$$\sigma = E\left(\varepsilon + \frac{\chi}{2\pi\omega}\frac{\partial \varepsilon}{\partial t}\right) \tag{6.2.1}$$

式中,χ 为系统的损耗因子,表征系统能量的耗散程度。

基于如上假设,我们考虑具有任意边界形状的各向同性材料均匀等厚度薄板。如图 6.22 所示,取板件中面为 XOY 平面,Z 轴垂直于 XOY 平面,设板的厚度为 h,材料密度为 ρ,弹性模量为 E,泊松比为 μ,中面上的各点只沿 Z 轴方向做微幅振动,运动位移为 w。得到板的振动微分方程为

$$\rho h\frac{\partial^2 w}{\partial t^2}+D\left(\nabla^4 w+c\frac{\partial \nabla^4 w}{\partial t}\right)=f(x,y,t) \tag{6.2.2}$$

式中，$D=\dfrac{Eh^3}{12(1-\mu^2)}$为板的抗弯刚度；$\nabla^2=\dfrac{\partial^2}{\partial x^2}+\dfrac{\partial^2}{\partial y^2}$为拉普拉斯算子；$c=\dfrac{\chi}{2\pi\omega}$；$f(x,y,t)$为弹性薄板上作用的分布动载荷。

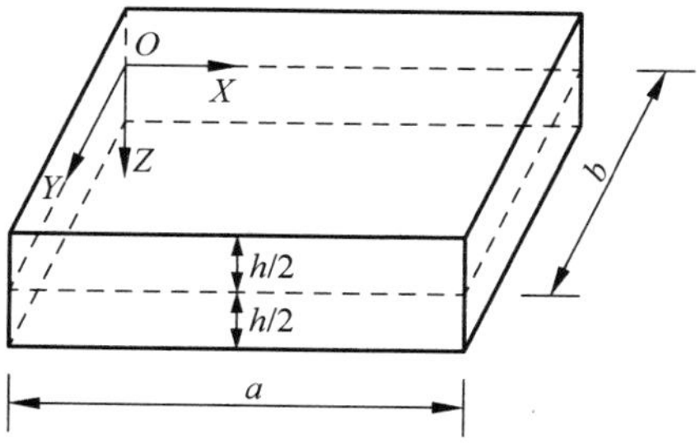

图 6.22　薄板结构尺寸示意图

对于长为 a，宽为 b 的矩形薄板，可采用分离变量法求解固有振动(此时不考虑阻尼的影响，$c=0$)，设：

$$w(x,y,t)=W(x,y)q(t) \tag{6.2.3}$$

代入方程(6.2.2)，可得出

$$\frac{\ddot{q}(t)}{q(t)}=-\frac{D}{\rho h}\frac{\nabla^4 W(x,y)}{W(x,y)}=-\omega^2 \tag{6.2.4}$$

分离为

$$\begin{cases}\nabla^4 W(x,y)-\beta^4 W(x,y)=0\\ \ddot{q}(t)+\omega^2 q(t)=0\end{cases} \tag{6.2.5}$$

其中

$$\beta^4=\frac{\rho h}{D}\omega^2 \tag{6.2.6}$$

如果板的四边均为铰支，薄板四边铰支的边界条件可以表示为

$$\begin{cases}\left.\dfrac{\partial^2 W(x,y)}{\partial^2 x}\right|_{x=0,a}=0\\ \left.\dfrac{\partial^2 W(x,y)}{\partial^2 y}\right|_{y=0,b}=0\end{cases} \tag{6.2.7}$$

可设满足边界条件的试探解：

$$W(x,y)=W_0\sin\frac{m\pi x}{a}\sin\frac{n\pi y}{b} \tag{6.2.8}$$

代入方程(6.2.5)，得出板的固有频率方程：

$$\beta_{mn}^4=\pi^4\left[\left(\frac{m}{a}\right)^2+\left(\frac{n}{b}\right)^2\right]^2\quad(m,n=1,2,3,\cdots) \tag{6.2.9}$$

代入式(6.2.6)，得到固有频率：

$$\omega_{mn}=\pi^2\sqrt{\frac{D}{\rho h}}\left(\frac{m^2}{a^2}+\frac{n^2}{b^2}\right)\quad(m,n=1,2,3,\cdots) \tag{6.2.10}$$

相应的固有振型函数为

$$W_{mn}(x,y)=\sin\frac{m\pi x}{a}\sin\frac{n\pi y}{b}\quad(m,n=1,2,3,\cdots) \tag{6.2.11}$$

由式(6.2.5)，平板两阶相异振型 W_{mn}、W_{kl} 和相应频率 ω_{mn}、ω_{kl} 满足振型方程：

$$\begin{cases} D\ \nabla^4 W_{mn} = \rho h \omega_{mn}^2 W_{mn} & (6.2.12\text{a}) \\ D\ \nabla^4 W_{kl} = \rho h \omega_{kl}^2 W_{kl} & (6.2.12\text{b}) \end{cases}$$

将式(6.2.12a)和式(6.2.12b)分别乘以 W_{kl} 和 W_{mn}，并沿板域 s 积分，则有

$$\begin{cases} \iint_s D\,\nabla^4 W_{mn} W_{kl}\,\mathrm{d}s = \omega_{mn}^2 \iint_s \rho h W_{mn} W_{kl}\,\mathrm{d}s & (6.2.13\text{a}) \\ \iint_s D\,\nabla^4 W_{kl} W_{mn}\,\mathrm{d}s = \omega_{kl}^2 \iint_s \rho h W_{kl} W_{mn}\,\mathrm{d}s & (6.2.13\text{b}) \end{cases}$$

将式(6.2.13a)，式(6.2.13b)相减得

$$\iint_s D\,\nabla^4 W_{mn} W_{kl}\,\mathrm{d}s = 0\ ,\quad \iint_s \rho h W_{kl} W_{mn}\,\mathrm{d}s = 0,\quad \omega_{mn} \neq \omega_{kl} \tag{6.2.14}$$

上式给出了固有振型函数的正交性。

假设板上作用有分布动载荷 $f(x,y,t)$，用振型叠加法求解受迫振动的结构响应，引入模态坐标变换：

$$w(x,y,t) = \sum_{m=1}^{+\infty}\sum_{n=1}^{+\infty} W_{mn}(x,y) q_{mn}(t) \tag{6.2.15}$$

将上式代入弹性薄板的动力学方程(6.2.2)，有

$$\rho h \sum_{m=1}^{+\infty}\sum_{n=1}^{+\infty} W_{mn}\ddot{q}_{mn} + D\left(\sum_{m=1}^{+\infty}\sum_{n=1}^{+\infty} \nabla^4 W_{mn} q_{mn} + c\sum_{m=1}^{+\infty}\sum_{n=1}^{+\infty} \nabla^4 W_{mn}\dot{q}_{mn}\right) = f(x,y,t) \tag{6.2.16}$$

将上式两边同乘以 W_{kl}，并沿板域 s 积分，利用式(6.2.14)固有振型函数的正交性，并结合式(6.2.13)，可以得到

$$\ddot{q}_{mn}(t) + 2\zeta_{mn}\omega_{mn}\dot{q}_{mn}(t) + \omega_{mn}^2 q_{mn}(t) = f_{mn}(t) \quad (m=1,2,\cdots;\ n=1,2,\cdots) \tag{6.2.17}$$

式中，$f_{mn}(t)$，M_{mn}，ζ_{mn} 分别表示第(m,n)阶模态力、模态质量、模态阻尼比。

$$\begin{cases} M_{mn} = \iint_s \rho h W_{mn} W_{mn}\,\mathrm{d}s \\ f_{mn}(t) = \dfrac{1}{M_{mn}} \iint_s f(x,y,t) W_{mn}(x,y)\,\mathrm{d}s \end{cases} \tag{6.2.18}$$

同时考虑到模态阻尼比 ζ_{mn} 与损耗因子 χ 有如下近似关系：

$$\zeta_{mn} = \frac{\chi}{4\pi} \tag{6.2.19}$$

若系统初始位移及速度分别为 $w_0(x,y)$、$\dot{w}_0(x,y)$，则根据固有振型函数正交性经过模态变换可以得到模态坐标下的初始条件：

$$\begin{cases} q_{mn}(0)=\dfrac{1}{M_{mn}}\iint\limits_{s}\rho hW_{mn}(x,y)w_0(x,y)\mathrm{d}s \\ \dot{q}_{mn}(0)=\dfrac{1}{M_{mn}}\iint\limits_{s}\rho hW_{mn}(x,y)\dot{w}_0(x,y)\mathrm{d}s \end{cases} \tag{6.2.20}$$

式(6.2.17)构成的单自由度系统响应由零初始状态下激励引起的响应及零激励条件下初始条件引起的响应叠加而成，将模态空间下的结构响应代入式(6.2.15)即得物理坐标下的系统响应：

$$w(x,y,t)=\sum_{m=1}^{+\infty}\sum_{n=1}^{+\infty}W_{mn}(x,y)\left(U_{mn}(t)q_{mn}(0)+V_{mn}(t)\dot{q}_{mn}(0)+\int_0^t h_{mn}(t-\tau)f_{mn}(\tau)\mathrm{d}\tau\right) \tag{6.2.21}$$

其中，模态空间的脉冲响应函数为

$$h_{mn}(t)=\frac{\mathrm{e}^{-\zeta_{mn}\omega_{mn}t}}{\omega_{mn}\sqrt{1-\zeta_{mn}^2}}\sin\omega_{mn}\sqrt{1-\zeta_{mn}^2}\,t\quad(t\geqslant 0) \tag{6.2.22}$$

$U_{mn}(t)$、$V_{mn}(t)$分别表示单位初始位移和单位初始速度引起的自由振动：

$$\begin{cases} U_{mn}(t)=\mathrm{e}^{-\zeta_{mn}\omega_{mn}t}\left(\cos\omega_{mn}\sqrt{1-\zeta_{mn}^2}\,t+\dfrac{\zeta_{mn}}{\sqrt{1-\zeta_{mn}^2}}\sin\omega_{mn}\sqrt{1-\zeta_{mn}^2}\,t\right) \\ V_{mn}(t)=\dfrac{\mathrm{e}^{-\zeta_{mn}\omega_{mn}t}}{\omega_{mn}\sqrt{1-\zeta_{mn}^2}}\sin\omega_{mn}\sqrt{1-\zeta_{mn}^2}\,t \end{cases} \tag{6.2.23}$$

从频域来看，(x_k,y_k)位置处位移响应的傅里叶变换$X(x_k,y_k,\omega)$和分布激励的傅里叶变换$F(x,y,\omega)$以及频率响应函数之间的关系式如下：

$$\int_0^b\int_0^a H(x_k,y_k,x,y,\omega)F(x,y,\omega)\mathrm{d}x\mathrm{d}y=X(x_k,y_k,\omega) \tag{6.2.24}$$

式中

$$H(x_k,y_k,x,y,\omega)=\sum_{m=1}^{+\infty}\sum_{n=1}^{+\infty}\frac{W_{mn}(x_k,y_k)W_{mn}(x,y)}{M_{mn}(\omega_{mn}^2-\omega^2+2\mathrm{i}\zeta_{mn}\omega_{mn}\omega)} \tag{6.2.25}$$

式(6.2.21)和式(6.2.24)分别是矩形薄板位移动响应时域和频域的求解公式，该公式是动载荷识别研究的基础。薄板结构动载荷识别无论是基于时域方法还是频域方法，都离不开动响应计算这一正问题的研究基础。

6.2.2　弹性薄板上集中力的动载荷识别方法

弹性薄板上作用的集中力的动载荷识别方法与多自由度系统和连续梁结构的动载荷识别方法相比，并未发生实质性的改变，只是结构模型变得更复杂些。前述章节已经介绍的相应的动载荷识别方法，针对弹性薄板上的集中力也同样适用。本节以格林核函数法为例，介绍弹性薄板上集中力的动载荷识别方法。

若矩形板上已知坐标位置为(x_a, y_b)上作用有未知时间历程的单点集中力 $f(t)\delta(x-x_a)\delta(y-y_b)$，其中，$\delta$ 函数为狄拉克函数，表示动载荷的作用位置。根据模态叠加原理建立动响应与激励载荷之间的传递关系。此时模态力的计算式为

$$f_{mn}(t)=\iint_s f(t)\delta(x-x_a)\delta(y-y_b)W_{mn}(x,y)\mathrm{d}s=f(t)W_{mn}(x_a,y_b) \tag{6.2.26}$$

式中，$W_{mn}(x_a,y_b)$表示振型函数 $W_{mn}(x,y)$在坐标位置(x_a,y_b)处的取值。

根据格林核函数，建立模态力与模态位移响应之间的时域传递关系：

$$\begin{Bmatrix} q_{mn}(1) \\ q_{mn}(2) \\ \vdots \\ q_{mn}(k) \end{Bmatrix}=\begin{bmatrix} h_{mn}(1)\Delta t & & & \\ h_{mn}(2)\Delta t & h_{mn}(1)\Delta t & & \\ \vdots & \vdots & \ddots & \\ h_{mn}(k)\Delta t & h_{mn}(k-1)\Delta t & \cdots & h_{mn}(1)\Delta t \end{bmatrix}\begin{Bmatrix} f_{mn}(0) \\ f_{mn}(1) \\ \vdots \\ f_{mn}(k-1) \end{Bmatrix} \tag{6.2.27}$$

式中，$q_{mn}(k)$，$h_{mn}(k)$，$f_{mn}(k)$分别表示第(m,n)阶的模态位移响应 $q_{mn}(k\Delta t)$、单位模态位移响应函数 $h_{mn}(k\Delta t)$以及模态力 $f_{mn}(k\Delta t)$的值。为了表示方便，将其中的 Δt 省略。式(6.2.27)可以简写成

$$\boldsymbol{q}_{mn}=\boldsymbol{h}_{mn}\boldsymbol{f}_{mn} \tag{6.2.28}$$

式中，$\boldsymbol{q}_{mn}=\begin{Bmatrix} q_{mn}(1) \\ q_{mn}(2) \\ \vdots \\ q_{mn}(k) \end{Bmatrix}$，$\boldsymbol{h}_{mn}=\begin{bmatrix} h_{mn}(1)\Delta t & & & \\ h_{mn}(2)\Delta t & h_{mn}(1)\Delta t & & \\ \vdots & \vdots & \ddots & \\ h_{mn}(k)\Delta t & h_{mn}(k-1)\Delta t & \cdots & h_{mn}(1)\Delta t \end{bmatrix}$，

$\boldsymbol{f}_{mn}=\begin{Bmatrix} f_{mn}(0) \\ f_{mn}(1) \\ \vdots \\ f_{mn}(k-1) \end{Bmatrix}$。

基于模态叠加法，零初始条件下，物理空间任意点的位移响应可以写成

$$\boldsymbol{w}(x,y)=\begin{Bmatrix} w(x,y,1) \\ w(x,y,2) \\ \vdots \\ w(x,y,k) \end{Bmatrix}=\sum_{m=1}^{+\infty}\sum_{n=1}^{+\infty}W_{mn}(x,y)\begin{Bmatrix} q_{mn}(1) \\ q_{mn}(2) \\ \vdots \\ q_{mn}(k) \end{Bmatrix}=\sum_{m=1}^{+\infty}\sum_{n=1}^{+\infty}W_{mn}(x,y)\boldsymbol{h}_{mn}\boldsymbol{f}_{mn} \tag{6.2.29}$$

假设测试点位置为(x_p,y_q)处，则物理空间的响应与外激励之间的关系为：

$$\boldsymbol{w}(x_p,y_q)=\sum_{m=1}^{+\infty}\sum_{n=1}^{+\infty}W_{mn}(x_p,y_q)\boldsymbol{h}_{mn}\boldsymbol{f}_{mn}=\sum_{m=1}^{+\infty}\sum_{n=1}^{+\infty}W_{mn}(x_p,y_q)W_{mn}(x_a,y_b)\boldsymbol{h}_{mn}\begin{Bmatrix}f(0)\\f(1)\\\vdots\\f(k-1)\end{Bmatrix}\tag{6.2.30}$$

简化为

$$\boldsymbol{w}(x_p,y_q)=\boldsymbol{h}(x_p,y_q,x_a,y_b)\boldsymbol{f}(x_a,y_b)\tag{6.2.31}$$

式中，$\boldsymbol{h}(x_p,y_q,x_a,y_b)=\sum\limits_{m=1}^{+\infty}\sum\limits_{n=1}^{+\infty}W_{mn}(x_p,y_q)W_{mn}(x_a,y_b)\boldsymbol{h}_{mn}$ 是由单位脉冲响应函数组成的传递矩阵，就是格林核函数矩阵。

$\boldsymbol{f}(x_a,y_b)=[f(0)\quad f(1)\quad\cdots\quad f(k-1)]^{\mathrm{T}}$ 表示 $f(t)\delta(x-x_a)\delta(y-y_b)$ 处的集中力的离散形式。

对式(6.2.31)求广义逆可以得到

$$\boldsymbol{f}(x_a,y_b)=\boldsymbol{h}^{+}(x_p,y_q,x_a,y_b)\boldsymbol{w}(x_p,y_q)\tag{6.2.32}$$

式(6.2.32)即为矩形薄板单点集中激励下的基于格林核函数的动载荷识别模型。

若是多输入多输出的情况，假设在系统中有 m 个点集中载荷，所处的位置分别为(x_{a_1},y_{b_1})，(x_{a_2},y_{b_2})，…，(x_{a_m},y_{b_m})，多点集中动载荷分别表示如下：

$$f_1(t)\delta(x-x_{a_1})\delta(y-y_{b_1}),f_2(t)\delta(x-x_{a_2})\delta(y-y_{b_2}),\cdots,f_m(t)\delta(x-x_{a_m})\delta(y-y_{b_m})$$

测量弹性矩形薄板(x_{p_1},y_{q_1})，(x_{p_2},y_{q_2})，…，(x_{p_n},y_{q_n})处共计 n 个点的响应($m\leqslant n$)，则各测量点响应的线性离散方程为

$$\boldsymbol{w}_i=\begin{Bmatrix}w(x_{p_i},y_{q_i},1)\\w(x_{p_i},y_{q_i},2)\\\vdots\\w(x_{p_i},y_{q_i},k)\end{Bmatrix}=\sum_{j=1}^{m}\boldsymbol{h}(x_{p_i},y_{q_i},x_{a_j},y_{b_j})\boldsymbol{f}(x_{a_j},y_{b_j})=\sum_{j=1}^{m}\boldsymbol{h}_{ij}\boldsymbol{f}_j\quad(i=1,2,\cdots,n)\tag{6.2.33}$$

写成矩阵形式即为多输入多输出系统的线性离散方程组：

$$\begin{Bmatrix}\boldsymbol{w}_1\\\boldsymbol{w}_2\\\vdots\\\boldsymbol{w}_n\end{Bmatrix}=\begin{bmatrix}\boldsymbol{h}_{11}&\boldsymbol{h}_{12}&\cdots&\boldsymbol{h}_{1m}\\\boldsymbol{h}_{21}&\boldsymbol{h}_{22}&\cdots&\boldsymbol{h}_{2m}\\\vdots&\vdots&&\vdots\\\boldsymbol{h}_{n1}&\boldsymbol{h}_{n2}&\cdots&\boldsymbol{h}_{nm}\end{bmatrix}\begin{Bmatrix}\boldsymbol{f}_1\\\boldsymbol{f}_2\\\vdots\\\boldsymbol{f}_m\end{Bmatrix}\tag{6.2.34}$$

得到多输入多输出系统的动载荷识别时域模型后，求逆后即可以得到

$$\begin{Bmatrix}\boldsymbol{f}_1\\\boldsymbol{f}_2\\\vdots\\\boldsymbol{f}_m\end{Bmatrix}=\begin{bmatrix}\boldsymbol{h}_{11}&\boldsymbol{h}_{12}&\cdots&\boldsymbol{h}_{1m}\\\boldsymbol{h}_{21}&\boldsymbol{h}_{22}&\cdots&\boldsymbol{h}_{2m}\\\vdots&\vdots&&\vdots\\\boldsymbol{h}_{n1}&\boldsymbol{h}_{n2}&\cdots&\boldsymbol{h}_{nm}\end{bmatrix}^{+}\begin{Bmatrix}\boldsymbol{w}_1\\\boldsymbol{w}_2\\\vdots\\\boldsymbol{w}_n\end{Bmatrix}\tag{6.2.35}$$

解出$\{\boldsymbol{f}_1 \quad \boldsymbol{f}_2 \quad \cdots \quad \boldsymbol{f}_m\}^{\mathrm{T}}$，则各个集中力动载荷的时域离散形式就可以得到。

如此，基于格林核函数法建立了弹性薄板结构在单点集中力或者多点集中力作用下的动载荷识别方法，针对多自由度的其他动载荷识别时域或者频域方法对弹性薄板结构同样适用。需要提醒的是，采用这些方法针对连续系统实施动载荷识别时，需要考虑模态截断。

6.2.3 弹性薄板上一维分布的动载荷识别方法

在实际工程中，动载荷形式多种多样，就弹性薄板结构而言，同样存在薄板上局部作用分布载荷的情形。最典型的情况是薄板结构上作用了一维分布动载荷，例如图 6.23 所示，长宽分别为 a 和 b 的矩形板上在已知纵坐标位置为 y_q 处作用有未知集中力 $f(x,t)\delta(y-y_q)$。该类载荷模型的识别方法也可参照一维连续梁结构的分布动载荷识别方法，为了避免重复，本节延续弹性薄板上集中动载荷识别的格林核函数方法，从时域上讨论弹性薄板结构上作用了此类一维分布动载荷的识别方法。

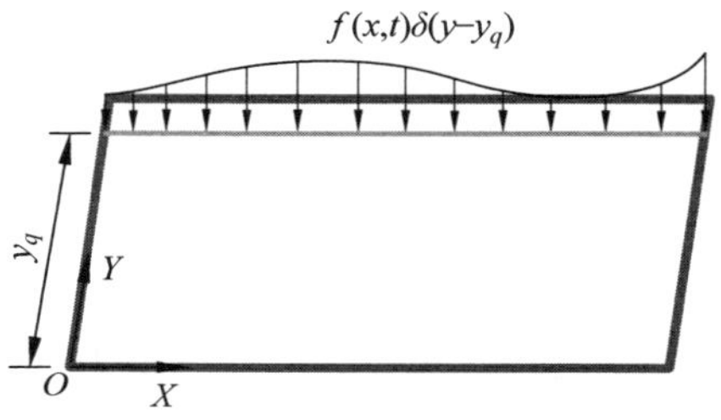

图 6.23 一维分布动载荷作用下薄板模型

根据式(6.2.18)，弹性矩形薄板第(m,n)阶模态力在 $t=t_i=i\Delta t$ 时的取值计算如下：

$$f_{mn}(i)=f_{mn}(t_i)=\iint_s f(x,t_i)\delta(y-y_q)W_{mn}(x,y)\mathrm{d}s=\int_0^a f(x,t_i)W_{mn}(x,y_q)\mathrm{d}x \tag{6.2.36}$$

式中，$W_{mn}(x,y_q)$表示振型函数 $W_{mn}(x,y)$在 $y=y_q$ 的取值。

取 J 项广义正交多项式级数逼近 t_i 时刻的分布动载荷，即：

$$f(x,t_i)=\sum_{j=1}^{J}L_j(x)\alpha_j(i) \tag{6.2.37}$$

将式(6.2.37)代入式(6.2.36)计算模态力：

$$f_{mn}(i)=\sum_{j=1}^{J}\int_0^a L_j(x)W_{mn}(x,y_q)\mathrm{d}x\cdot\alpha_j(i) \tag{6.2.38}$$

记：

$$\boldsymbol{L}_{mn}=\left\{\int_0^a L_1(x)W_{mn}(x,y_q)\mathrm{d}x \quad \int_0^a L_2(x)W_{mn}(x,y_q)\mathrm{d}x \quad \cdots \quad \int_0^a L_J(x)W_{mn}(x,y_q)\mathrm{d}x\right\} \tag{6.2.39}$$

$$\boldsymbol{\alpha}_i=\{\alpha_1(i) \quad \alpha_2(i) \quad \cdots \quad \alpha_J(i)\}^{\mathrm{T}} \tag{6.2.40}$$

则式(6.2.38)可以写为

$$\boldsymbol{f}_{mn}(i)=\boldsymbol{L}_{mn}\boldsymbol{\alpha}_i \quad (i=0,1,2,\cdots) \tag{6.2.41}$$

将式(6.2.41)代入式(6.2.29)得

$$\boldsymbol{w}(x,y)=\begin{Bmatrix} w(x,y,1) \\ w(x,y,2) \\ \vdots \\ w(x,y,k) \end{Bmatrix}=\sum_{m=1}^{+\infty}\sum_{n=1}^{+\infty}W_{mn}(x,y)\begin{Bmatrix} q_{mn}(1) \\ q_{mn}(2) \\ \vdots \\ q_{mn}(k) \end{Bmatrix}=\sum_{m=1}^{+\infty}\sum_{n=1}^{+\infty}W_{mn}(x,y)\boldsymbol{h}_{mn}\begin{Bmatrix} \boldsymbol{L}_{mn}\boldsymbol{\alpha}_0 \\ \boldsymbol{L}_{mn}\boldsymbol{\alpha}_1 \\ \vdots \\ \boldsymbol{L}_{mn}\boldsymbol{\alpha}_{k-1} \end{Bmatrix} \tag{6.2.42}$$

则对于 $\boldsymbol{w}(x_q,y_q)$进一步改写为

$$\boldsymbol{w}(x_q,y_q)=\sum_{m=1}^{+\infty}\sum_{n=1}^{+\infty}W_{mn}(x_q,y_q)\boldsymbol{h}_{mn}\begin{bmatrix} \boldsymbol{L}_{mn} & & & \boldsymbol{0} \\ & \boldsymbol{L}_{mn} & & \\ & & \ddots & \\ \boldsymbol{0} & & & \boldsymbol{L}_{mn} \end{bmatrix}\begin{Bmatrix} \boldsymbol{\alpha}_0 \\ \boldsymbol{\alpha}_1 \\ \vdots \\ \boldsymbol{\alpha}_{k-1} \end{Bmatrix} \tag{6.2.43}$$

简化为

$$\boldsymbol{w}_q=\bar{\boldsymbol{h}}(x_q,y_q)\boldsymbol{\alpha} \tag{6.2.44}$$

其中，

$$\bar{\boldsymbol{h}}(x_q,y_q)=\sum_{m=1}^{+\infty}\sum_{n=1}^{+\infty}\boldsymbol{W}_{mn}(x_q,y_q)\boldsymbol{h}_{mn}\begin{bmatrix} \boldsymbol{L}_{mn} & & & \boldsymbol{0} \\ & \boldsymbol{L}_{mn} & & \\ & & \ddots & \\ \boldsymbol{0} & & & \boldsymbol{L}_{mn} \end{bmatrix} \tag{6.2.45}$$

为格林核函数矩阵。$\boldsymbol{\alpha}=\{\boldsymbol{\alpha}_0 \quad \boldsymbol{\alpha}_1 \quad \cdots \quad \boldsymbol{\alpha}_{k-1}\}^{\mathrm{T}}$ 为待定的系数矩阵。

测量弹性矩形薄板$(x_1,y_1),(x_2,y_2),\cdots,(x_n,y_n)$处共计 n 个点的响应($J\leqslant n$)，则各测量点响应与广义傅里叶系数之间的关系式为

$$\begin{Bmatrix} \boldsymbol{w}_1 \\ \boldsymbol{w}_2 \\ \vdots \\ \boldsymbol{w}_n \end{Bmatrix}_{nk\times 1}=\begin{bmatrix} \bar{\boldsymbol{h}}(x_1,y_1) \\ \bar{\boldsymbol{h}}(x_2,y_2) \\ \vdots \\ \bar{\boldsymbol{h}}(x_n,y_n) \end{bmatrix}_{nk\times Jk}\boldsymbol{\alpha}_{Jk\times 1} \tag{6.2.46}$$

只要满足 $J\leqslant n$，对式(6.2.46)求广义逆可以得到

$$\boldsymbol{\alpha}=\begin{bmatrix} \bar{\boldsymbol{h}}(x_1,y_1) \\ \bar{\boldsymbol{h}}(x_2,y_2) \\ \vdots \\ \bar{\boldsymbol{h}}(x_n,y_n) \end{bmatrix}^{+}\begin{Bmatrix} \boldsymbol{w}_1 \\ \boldsymbol{w}_2 \\ \vdots \\ \boldsymbol{w}_n \end{Bmatrix} \tag{6.2.47}$$

将式(6.2.47)代入式(6.2.37)即可重构每一个时刻的 $f(x,t)$。本节推导了零初始条件下弹性薄板的一维分布动载荷识别情况，其中已知响应信息多为位移响应，当测量的是加

速度响应信息时,位移脉冲响应函数应修改为加速度脉冲响应函数。

6.2.4 弹性薄板上二维分布动载荷识别方法

若矩形弹性薄板结构上作用有分布动载荷 $f(x,y,t)$,在空间域内 (x,y) 两个维度都有分布力,该问题的识别思路可以类比连续梁结构的一维空间分布的动载荷识别方法。本节重点给出矩形弹性薄板结构二维分布动载荷识别的频域方法。类比连续梁结构:

$$\int_0^b\int_0^a H(x_k,y_k,x,y,\omega)F(x,y,\omega)\mathrm{d}x\mathrm{d}y = X(x_k,y_k,\omega) \tag{6.2.48}$$

式中,(x_k,y_k) 为测量响应的位置。$F(x,y,\omega)$ 为分布动载荷 $f(x,y,t)$ 的傅里叶变换,$X(x_k,y_k,\omega)$ 为位置 (x_k,y_k) 处位移响应的傅里叶变换。其中:

$$H(x_k,y_k,x,y,\omega) = \sum_{m=1}^{+\infty}\sum_{n=1}^{+\infty}\frac{W_{mn}(x_k,y_k)W_{mn}(x,y)}{M_{mn}(\omega_{mn}^2-\omega^2+\mathrm{i}2\zeta_{mn}\omega_{mn}\omega)} \tag{6.2.49}$$

记 $H_{kx}=H(x_k,y_k,x,y,\omega)$,$X_k=X(x_k,y_k,\omega)$,式(6.2.49)可以改写成

$$\int_0^b\int_0^a \begin{bmatrix} H_{kx}^{\mathrm{r}} & -H_{kx}^{\mathrm{i}} \\ H_{kx}^{\mathrm{i}} & H_{kx}^{\mathrm{r}} \end{bmatrix}\begin{Bmatrix} F^{\mathrm{r}}(x,y,\omega) \\ F^{\mathrm{i}}(x,y,\omega) \end{Bmatrix}\mathrm{d}x\mathrm{d}y = \begin{Bmatrix} X_k^{\mathrm{r}} \\ X_k^{\mathrm{i}} \end{Bmatrix} \tag{6.2.50}$$

式中,H_{kx}^{r},H_{kx}^{i} 分别为频响函数的实部与虚部。若频率 ω 确定,则分布激励 $F^{\mathrm{r}}(\omega,x,y)$,$F^{\mathrm{i}}(\omega,x,y)$ 可基于广义傅里叶级数展开为如下形式,截断阶次为 $p\times q$:

$$F^{\mathrm{r}}(x,y) = \{L_1(x)L_1(y) \quad L_1(x)L_2(y) \quad \cdots \quad L_1(x)L_q(y) \quad L_2(x)L_1(y) \quad \cdots \quad L_p(x)L_q(y)\}\begin{Bmatrix} a_{11} \\ a_{12} \\ \vdots \\ a_{1q} \\ a_{21} \\ \vdots \\ a_{pq} \end{Bmatrix} \tag{6.2.51}$$

$$F^{\mathrm{i}}(x,y) = \{L_1(x)L_1(y) \quad L_1(x)L_2(y) \quad \cdots \quad L_1(x)L_q(y) \quad L_2(x)L_1(y) \quad \cdots \quad L_p(x)L_q(y)\}\begin{Bmatrix} b_{11} \\ b_{12} \\ \vdots \\ b_{1q} \\ b_{21} \\ \vdots \\ b_{pq} \end{Bmatrix} \tag{6.2.52}$$

式中，$L_p(x)L_q(y)(p=1,2,\cdots,q=1,2,\cdots)$是归一化后的二维广义正交多项式，$a_{pq}$，$b_{pq}$ $(p=1,2,\cdots,q=1,2,\cdots)$是广义傅里叶级数展开的系数，将式(6.2.51)和式(6.2.52)代入式(6.2.50)中，即得

$$\int_0^b\int_0^a \begin{bmatrix} H_{kx}^{\mathrm{r}}L_1(x)L_1(y) & \cdots & H_{kx}^{\mathrm{r}}L_p(x)L_q(y) & -H_{kx}^{\mathrm{i}}L_1(x)L_1(y) & \cdots & -H_{kx}^{\mathrm{i}}L_p(x)L_q(y) \\ H_{kx}^{\mathrm{i}}L_1(x)L_1(y) & \cdots & H_{kx}^{\mathrm{i}}L_p(x)L_q(y) & H_{kx}^{\mathrm{r}}L_1(x)L_1(y) & \cdots & H_{kx}^{\mathrm{r}}L_p(x)L_q(y) \end{bmatrix} \mathrm{d}x\mathrm{d}y \begin{Bmatrix} a_{11} \\ \vdots \\ a_{pq} \\ b_{11} \\ \vdots \\ b_{pq} \end{Bmatrix} = \begin{Bmatrix} X_k^{\mathrm{r}} \\ X_k^{\mathrm{i}} \end{Bmatrix} \tag{6.2.53}$$

对于多点响应，取测量点数为 v，则式(6.2.53)可改写为

$$\int_0^b\int_0^a \begin{bmatrix} H_{1x}^{\mathrm{r}}L_1(x)L_1(y) & \cdots & H_{1x}^{\mathrm{r}}L_p(x)L_q(y) & -H_{1x}^{\mathrm{i}}L_1(x)L_1(y) & \cdots & -H_{1x}^{\mathrm{i}}L_p(x)L_q(y) \\ H_{1x}^{\mathrm{i}}L_1(x)L_1(y) & \cdots & H_{1x}^{\mathrm{i}}L_p(x)L_q(y) & H_{1x}^{\mathrm{r}}L_1(x)L_1(y) & \cdots & H_{1x}^{\mathrm{r}}L_p(x)L_q(y) \\ H_{2x}^{\mathrm{r}}L_1(x)L_1(y) & \cdots & H_{2x}^{\mathrm{r}}L_p(x)L_q(y) & -H_{2x}^{\mathrm{i}}L_1(x)L_1(y) & \cdots & -H_{2x}^{\mathrm{i}}L_p(x)L_q(y) \\ H_{2x}^{\mathrm{i}}L_1(x)L_1(y) & \cdots & H_{2x}^{\mathrm{i}}L_p(x)L_q(y) & H_{2x}^{\mathrm{r}}L_1(x)L_1(y) & \cdots & H_{2x}^{\mathrm{r}}L_p(x)L_q(y) \\ \vdots & & \vdots & \vdots & & \vdots \\ H_{vx}^{\mathrm{r}}L_1(x)L_1(y) & \cdots & H_{vx}^{\mathrm{r}}L_p(x)L_q(y) & -H_{vx}^{\mathrm{i}}L_1(x)L_1(y) & \cdots & -H_{vx}^{\mathrm{i}}L_p(x)L_q(y) \\ H_{vx}^{\mathrm{i}}L_1(x)L_1(y) & \cdots & H_{vx}^{\mathrm{i}}L_p(x)L_q(y) & H_{vx}^{\mathrm{r}}L_1(x)L_1(y) & \cdots & H_{vx}^{\mathrm{r}}L_p(x)L_q(y) \end{bmatrix} \mathrm{d}x\mathrm{d}y \begin{Bmatrix} a_{11} \\ a_{12} \\ \vdots \\ a_{pq} \\ b_{11} \\ \vdots \\ b_{pq} \end{Bmatrix} = \begin{Bmatrix} X_1^{\mathrm{r}} \\ X_1^{\mathrm{i}} \\ X_2^{\mathrm{r}} \\ X_2^{\mathrm{i}} \\ \vdots \\ X_v^{\mathrm{r}} \\ X_v^{\mathrm{i}} \end{Bmatrix} \tag{6.2.54}$$

令

$$Q=\int_0^b\int_0^a\begin{bmatrix}H_{1x}^{\mathrm{r}}L_1(x)L_1(y) & \cdots & H_{1x}^{\mathrm{r}}L_p(x)L_q(y) & -H_{1x}^{\mathrm{i}}L_1(x)L_1(y) & \cdots & -H_{1x}^{\mathrm{i}}L_p(x)L_q(y)\\ H_{1x}^{\mathrm{i}}L_1(x)L_1(y) & \cdots & H_{1x}^{\mathrm{i}}L_p(x)L_q(y) & H_{1x}^{\mathrm{r}}L_1(x)L_1(y) & \cdots & H_{1x}^{\mathrm{r}}L_p(x)L_q(y)\\ H_{2x}^{\mathrm{r}}L_1(x)L_1(y) & \cdots & H_{2x}^{\mathrm{r}}L_p(x)L_q(y) & -H_{2x}^{\mathrm{i}}L_1(x)L_1(y) & \cdots & -H_{2x}^{\mathrm{i}}L_p(x)L_q(y)\\ H_{2x}^{\mathrm{i}}L_1(x)L_1(y) & \cdots & H_{2x}^{\mathrm{i}}L_p(x)L_q(y) & H_{2x}^{\mathrm{r}}L_1(x)L_1(y) & \cdots & H_{2x}^{\mathrm{r}}L_p(x)L_q(y)\\ \vdots & & \vdots & \vdots & & \vdots\\ H_{vx}^{\mathrm{r}}L_1(x)L_1(y) & \cdots & H_{vx}^{\mathrm{r}}L_p(x)L_q(y) & -H_{vx}^{\mathrm{i}}L_1(x)L_1(y) & \cdots & -H_{vx}^{\mathrm{i}}L_p(x)L_q(y)\\ H_{vx}^{\mathrm{i}}L_1(x)L_1(y) & \cdots & H_{vx}^{\mathrm{i}}L_p(x)L_q(y) & H_{vx}^{\mathrm{r}}L_1(x)L_1(y) & \cdots & H_{vx}^{\mathrm{r}}L_p(x)L_q(y)\end{bmatrix}\mathrm{d}x\mathrm{d}y \tag{6.2.55}$$

$$\boldsymbol{A}=\begin{Bmatrix}a_{11}\\ a_{12}\\ \vdots\\ a_{pq}\\ b_{11}\\ \vdots\\ b_{pq}\end{Bmatrix},\quad \boldsymbol{A}_1=\begin{Bmatrix}a_{11}\\ a_{12}\\ \vdots\\ a_{pq}\end{Bmatrix},\quad \boldsymbol{B}_1=\begin{Bmatrix}b_{11}\\ b_{12}\\ \vdots\\ b_{pq}\end{Bmatrix},\quad \boldsymbol{X}=\begin{Bmatrix}X_1^{\mathrm{r}}\\ X_1^{\mathrm{i}}\\ X_2^{\mathrm{r}}\\ X_2^{\mathrm{i}}\\ \vdots\\ X_v^{\mathrm{r}}\\ X_v^{\mathrm{i}}\end{Bmatrix} \tag{6.2.56}$$

则式(6.2.54)可简写为

$$\boldsymbol{QA}=\boldsymbol{X} \tag{6.2.57}$$

式中，$\boldsymbol{Q}$ 被定义为动态标定矩阵，求解 $\boldsymbol{Q}$ 的过程即为薄板的动态标定过程。本节同样结合高斯-勒让德积分法来完成试验动标定的过程，其标定过程主要分以下几个步骤来实现：

(1) 确定薄板模型结构及相应的参数。

(2) 选取高斯点数，确定 x 方向和 y 方向的高斯点值 u_k 及相应的求积系数值 A_k。

(3) 确定各个高斯点在薄板结构上的坐标位置，同时也可以确定二维勒让德正交多项式在各个高斯点下的具体值。通过变量代换 $x=a/2\times u_s+a/2$，$y=b/2\times u_z+b/2$ 来确定，这里 u_s，u_z 为高斯点值。

(4) 根据薄板结构上具体的高斯点，通过仿真计算出每个高斯点和薄板上响应测点之间的频响函数 H，再结合二维勒让德正交多项式的具体值 $P(a/2\times u_s+a/2)P(b/2\times u_z+b/2)$，组合成动态标定矩阵 $\boldsymbol{Q}$。

通过以上步骤，可以通过试验方法完成薄板结构的有限维动标定，获得动态标定矩阵，其标定流程图如图 6.24 所示。

根据以上流程，下面将具体介绍薄板结构动态标定矩阵的求解过程。

本节同样通过高斯-勒让德积分法来计算求解。

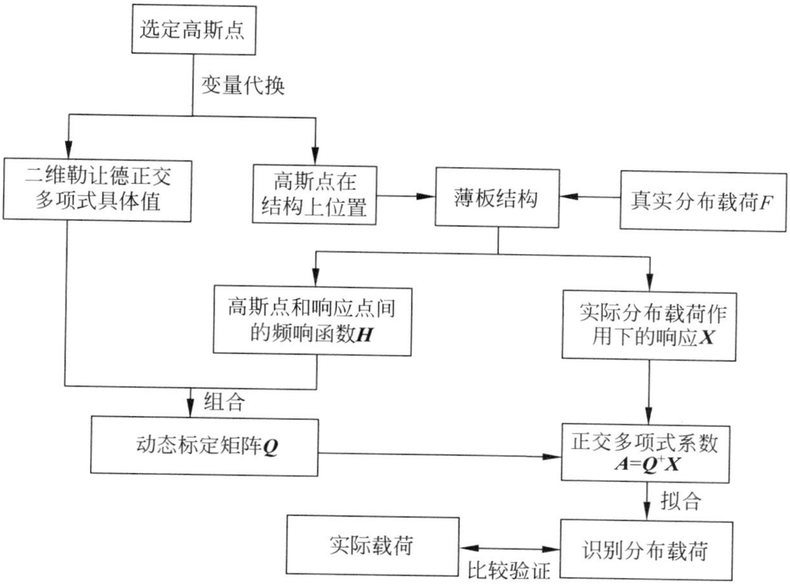

图 6.24 薄板结构动标定流程图

令 $a_1=0,b_1=a,a_2=0,b_2=b,x=\dfrac{b_1-a_1}{2}u_1+\dfrac{a_1+b_1}{2},y=\dfrac{b_2-a_2}{2}u_2+\dfrac{a_2+b_2}{2}$

则对式(6.2.55)的被积函数进行变量替换,记:

$$\boldsymbol{q}(u_1,u_2)=$$

$$\begin{bmatrix} H_{1x}^{\mathrm{r}}L_1\left(\frac{a}{2}u_1+\frac{a}{2}\right)L_1\left(\frac{b}{2}u_2+\frac{b}{2}\right) & \cdots H_{1x}^{\mathrm{r}}L_p\left(\frac{a}{2}u_1+\frac{a}{2}\right)L_q\left(\frac{b}{2}u_2+\frac{b}{2}\right) & \cdots -H_{1x}^{\mathrm{i}}L_p\left(\frac{a}{2}u_1+\frac{a}{2}\right)L_q\left(\frac{b}{2}u_2+\frac{b}{2}\right) \\ H_{1x}^{\mathrm{i}}L_1\left(\frac{a}{2}u_1+\frac{a}{2}\right)L_1\left(\frac{b}{2}u_2+\frac{b}{2}\right) & \cdots H_{1x}^{\mathrm{i}}L_p\left(\frac{a}{2}u_1+\frac{a}{2}\right)L_q\left(\frac{b}{2}u_2+\frac{b}{2}\right) & \cdots H_{1x}^{\mathrm{r}}L_p\left(\frac{a}{2}u_1+\frac{a}{2}\right)L_q\left(\frac{b}{2}u_2+\frac{b}{2}\right) \\ \vdots & \vdots & \vdots \\ H_{vx}^{\mathrm{i}}L_1\left(\frac{a}{2}u_1+\frac{a}{2}\right)L_1\left(\frac{b}{2}u_2+\frac{b}{2}\right) & \cdots H_{vx}^{\mathrm{i}}L_p\left(\frac{a}{2}u_1+\frac{a}{2}\right)L_q\left(\frac{b}{2}u_2+\frac{b}{2}\right) & \cdots H_{vx}^{\mathrm{r}}L_p\left(\frac{a}{2}u_1+\frac{a}{2}\right)L_q\left(\frac{b}{2}u_2+\frac{b}{2}\right) \end{bmatrix} \tag{6.2.58}$$

则式(6.2.55)可简写为

$$\boldsymbol{Q}=\frac{ab}{4}\int_{-1}^{1}\int_{-1}^{1}\boldsymbol{q}(u_1,u_2)\mathrm{d}u_1\mathrm{d}u_2=\frac{ab}{4}\sum_{s=0}^{N_1}\sum_{z=0}^{N_2}A_sA_z\boldsymbol{q}(u_s,u_z) \tag{6.2.59}$$

式中,N_1,N_2 为高斯点数;u_s,u_z 分别为 u_1 和 u_2 所对应的第 s 项和第 z 项高斯点;A_s,A_z 为相应的求积系数。

针对动态标定矩阵 $\boldsymbol{Q}$ 的求解,当 u_s 和 u_z 分别确定时,高斯点在薄板上的坐标位置 $(a/2\times u_s+a/2,b/2\times u_z+b/2)$ 以及二维勒让德多项式的值是确定的。因此,可通过分别求解 $\boldsymbol{Q}$ 中的 H 项和 L 项从而得到动态标定矩阵 $\boldsymbol{Q}$。

根据式(6.2.57)，若 $p\times q\leqslant v$，则二维勒让德正交多项式的系数向量 $\boldsymbol{A}$ 为

$$\begin{Bmatrix}\boldsymbol{A}_1\\ \boldsymbol{B}_1\end{Bmatrix}=\boldsymbol{Q}^{+}\boldsymbol{X} \tag{6.2.60}$$

分别将所求解的系数向量 A_1、B_1 代入广义傅里叶展开式中：

$$F^{\mathrm{r}}(x,y)=\{L_1(x)L_1(y)\quad L_1(x)L_2(y)\quad\cdots\quad L_1(x)L_q(y)\quad L_2(x)L_1(y)\quad\cdots\quad L_p(x)L_q(y)\}\boldsymbol{A}_1 \tag{6.2.61}$$

$$F^{\mathrm{i}}(x,y)=\{L_1(x)L_1(y)\quad L_1(x)L_2(y)\quad\cdots\quad L_1(x)L_q(y)\quad L_2(x)L_1(y)\quad\cdots\quad L_p(x)L_q(y)\}\boldsymbol{B}_1 \tag{6.2.62}$$

针对单频激励下的二维分布动载荷，只需计算激励频率下沿板的二维分布函数；对于周期或者宽频激励，需要遍历所有的 ω 得出每一个频率下的分布信息，再固定每一个位置利用傅里叶逆变换即可得到该位置的时域历程，遍历所有位置就得到分布力的时域历程。此即是分布动载荷识别的频域方法。本书提出的分布动载荷的试验动标定方法避免了仿真动标定存在的模型误差和截断问题，具有更高的精度。

另外弹性矩形薄板上二维分布动载荷的时域识别方法可以参照上节介绍的弹性矩形薄板上一维分布动载荷的时域识别方法。这里仅仅基于格林核函数动载荷识别进行描述。

若弹性矩形薄板上作用有分布动载荷 $f(x,y,t)$，根据式(6.2.18)，弹性矩形薄板第(m,n)阶模态力在 $t=t_i=i\Delta t$ 时的取值计算如下：

$$f_{mn}(i)=f_{mn}(t_i)=f_{mn}(i\Delta t)=\iint_s f(x,y,t_i)W_{mn}(x,y)\mathrm{d}s \tag{6.2.63}$$

分别取变量为 x、y 的二维广义正交多项式的 $K\times J$ 项用于拟合 t_i 时刻 $f(x,y,t_i)$：

$$f(x,y,t_i)=\sum_{m=1}^{K}\sum_{n=1}^{J}L_{mn}(x,y)\alpha_{mn}(i)=\sum_{m=1}^{K}\sum_{n=1}^{J}L_m(x)L_n(y)\alpha_{mn}(i)\quad(i=0,1,2,\cdots,N) \tag{6.2.64}$$

将式(6.2.64)代入式(6.2.63)

$$f_{mn}(i)=\begin{Bmatrix}\iint_s L_1(x)L_1(y)W_{mn}(x,y)\mathrm{d}s\\ \iint_s L_1(x)L_2(y)W_{mn}(x,y)\mathrm{d}s\\ \vdots\\ \iint_s L_1(x)L_J(y)W_{mn}(x,y)\mathrm{d}s\\ \iint_s L_2(x)L_1(y)W_{mn}(x,y)\mathrm{d}s\\ \vdots\\ \iint_s L_K(x)L_J(y)W_{mn}(x,y)\mathrm{d}s\end{Bmatrix}^{\mathrm{T}}\cdot\begin{Bmatrix}\alpha_{11}(i)\\ \alpha_{12}(i)\\ \vdots\\ \alpha_{1J}(i)\\ \alpha_{21}(i)\\ \vdots\\ \alpha_{KJ}(i)\end{Bmatrix} \tag{6.2.65}$$

记

$$\boldsymbol{L}_{mn}=\left\{\iint\limits_{s}L_{1}(x)L_{1}(y)W_{mn}(x,y)\mathrm{d}s\quad \iint\limits_{s}L_{1}(x)L_{2}(y)W_{mn}(x,y)\mathrm{d}s\quad \cdots \quad \iint\limits_{s}L_{K}(x)L_{J}(y)W_{mn}(x,y)\mathrm{d}s\right\} \tag{6.2.66}$$

$$\boldsymbol{\alpha}_{i}=\{\alpha_{11}(i)\quad \alpha_{12}(i)\quad \cdots \quad \alpha_{KJ}(i)\}^{\mathrm{T}} \tag{6.2.67}$$

则第(m,n)阶模态力可以写为

$$f_{mn}(i)=\boldsymbol{L}_{mn}\boldsymbol{\alpha}_{i}\quad (i=0,1,2,\cdots) \tag{6.2.68}$$

将上式代入式(6.2.29)，得

$$\boldsymbol{w}(x,y)=\begin{Bmatrix} w(x,y,1)\\ w(x,y,2)\\ \vdots \\ w(x,y,k)\end{Bmatrix}=\sum_{m=1}^{+\infty}\sum_{n=1}^{+\infty}W_{mn}(x,y)\begin{Bmatrix} q_{mn}(1)\\ q_{mn}(2)\\ \vdots \\ q_{mn}(k)\end{Bmatrix}=\sum_{m=1}^{+\infty}\sum_{n=1}^{+\infty}W_{mn}(x,y)\boldsymbol{h}_{mn}\begin{Bmatrix} \boldsymbol{L}_{mn}\boldsymbol{\alpha}_{0}\\ \boldsymbol{L}_{mn}\boldsymbol{\alpha}_{1}\\ \vdots \\ \boldsymbol{L}_{mn}\boldsymbol{\alpha}_{k-1}\end{Bmatrix} \tag{6.2.69}$$

则对于$\boldsymbol{w}(x_{q},y_{q})$进一步改写为

$$\boldsymbol{w}(x_{q},y_{q})=\sum_{m=1}^{+\infty}\sum_{n=1}^{+\infty}W_{mn}(x_{q},y_{q})\boldsymbol{h}_{mn}\begin{bmatrix} \boldsymbol{L}_{mn} & & & \boldsymbol{0}\\ & \boldsymbol{L}_{mn} & & \\ & & \ddots & \\ \boldsymbol{0} & & & \boldsymbol{L}_{mn}\end{bmatrix}\begin{Bmatrix} \boldsymbol{\alpha}_{0}\\ \boldsymbol{\alpha}_{1}\\ \vdots \\ \boldsymbol{\alpha}_{k-1}\end{Bmatrix} \tag{6.2.70}$$

简化为

$$\boldsymbol{w}_{q}=\bar{\boldsymbol{h}}(x_{q},y_{q})\boldsymbol{\alpha} \tag{6.2.71}$$

其中

$$\bar{\boldsymbol{h}}(x_{q},y_{q})=\sum_{m=1}^{+\infty}\sum_{n=1}^{+\infty}W_{mn}(x_{q},y_{q})\boldsymbol{h}_{mn}\begin{bmatrix} \boldsymbol{L}_{mn} & & & \boldsymbol{0}\\ & \boldsymbol{L}_{mn} & & \\ & & \ddots & \\ \boldsymbol{0} & & & \boldsymbol{L}_{mn}\end{bmatrix} \tag{6.2.72}$$

为格林核函数矩阵。$\boldsymbol{w}_{q}=\boldsymbol{w}(x_{q},y_{q})$为测量点响应向量，$\boldsymbol{\alpha}=\{\boldsymbol{\alpha}_{0}\quad \boldsymbol{\alpha}_{1}\quad \cdots \quad \boldsymbol{\alpha}_{k-1}\}^{\mathrm{T}}$为待定的系数矩阵。

测量弹性矩形薄板$(x_{1},y_{1}),(x_{2},y_{2}),\cdots,(x_{n},y_{n})$处共计$n$个点的响应$(KJ\leqslant n)$，则各测量点响应与广义傅里叶系数之间的关系式为

$$\begin{Bmatrix} \boldsymbol{w}_{1}\\ \boldsymbol{w}_{2}\\ \vdots \\ \boldsymbol{w}_{n}\end{Bmatrix}_{nk\times 1}=\begin{bmatrix} \bar{\boldsymbol{h}}(x_{1},y_{1})\\ \bar{\boldsymbol{h}}(x_{2},y_{2})\\ \vdots \\ \bar{\boldsymbol{h}}(x_{n},y_{n})\end{bmatrix}_{nk\times KJk}\boldsymbol{\alpha}_{KJk\times 1} \tag{6.2.73}$$

只要满足 $KJ \leqslant n$，对式(6.2.73)求广义逆可以得到

$$\boldsymbol{\alpha}=\begin{bmatrix}\bar{\boldsymbol{h}}(x_1,y_1)\\ \bar{\boldsymbol{h}}(x_2,y_2)\\ \vdots \\ \bar{\boldsymbol{h}}(x_n,y_n)\end{bmatrix}^{+}\begin{Bmatrix}\boldsymbol{w}_1\\ \boldsymbol{w}_2\\ \vdots\\ \boldsymbol{w}_n\end{Bmatrix} \tag{6.2.74}$$

求解出广义傅里叶级数的系数值$\boldsymbol{\alpha}$ 后，代入式(6.2.64)就可以拟合出分布动载荷的时域历程。与一维分布动载荷的模态力计算相比较，上式中正交多项式与振型函数的积分项由一重积分变成了二重积分，同时增加了拟合动载荷的级数系数量，但二者在本质上没有区别。

需要说明的是，本节中的二维连续系统均是针对矩形结构，可以通过广义正交多项式进行广义傅里叶展开，对于其他不规则图形的动载荷识别问题，则无法利用广义正交多项式进行广义傅里叶展开，需要借助其他类型的基函数或者通过连续结构的几何变换使之变换成规则图形。

6.3 小结

本章介绍了连续系统的动载荷识别方法，分别针对两类典型连续系统——伯努利-欧拉梁及弹性薄板，讨论了其上作用的集中动载荷及分布动载荷的识别方法。围绕动载荷频域法和格林核函数时域法开展介绍。特别是针对分布动载荷识别的未知参数多、识别规模大等问题，建立了基于广义正交多项式动载荷识别方法，通过结构上有限信息的测量，实现了分布动载荷的重构。该识别思路的实质是数学上求解非线性方程的矩量法，通过离散、取样、求逆三部曲来实现未知函数的重构。分布动载荷识别是动载荷识别中的一项十分复杂的模型，信息量的不足、求逆过程中的病态性十分严重、模型误差的影响等因素导致识别精度差。本章提出的试验动标定方案可以通过有限点的传递函数的测量完成分布动态载荷传递矩阵的标定，在一定程度上缓解了结构模型误差的影响。但是，对于病态问题，仍需要更多的学者投入更大的精力去攻克。

第 7 章

随机动载荷识别方法

振动现象可分为两大类：一类称为确定性振动；另一类称为随机振动。所谓确定性振动是指那些运动时间历程可以用确定性函数来描述的振动。随机振动与之不同，它需要借助概率统计方法来描述和分析，用数学术语来说，无论是随机激励还是随机响应都必须描述为随机过程。人们对随机振动的探讨开始得比较晚，特别是机械系统随机振动的研究基本是从 20 世纪 50 年代才开始。从早期航空工业发展的需要，促使随机振动这一新的研究领域的形成，到目前随机振动的研究广泛涉及车辆工程、船舶与海洋工程、桥梁与建筑工程、核反应堆工程的领域，随机振动的研究取得了长足的发展。

随机振动的正问题在线性领域的理论与试验测试方法已比较成熟，现在主要的问题在于如何解决计算的复杂性，将现有的成果应用于工程实际。至于随机振动的第二类逆问题载荷识别的研究，目前国内外已经公开发表的研究文献还不多。现代工程越来越重视随机振动的分析，对于外界随机振动环境的定量描述也日显重要。这个问题的解决在很大程度上依赖于随机载荷识别技术的发展。

随机动载荷有别于确定性动载荷，其特殊性在于时间历程的不确定性、载荷之间的相关性。不能直接把确定性动载荷的识别方法移植到随机动载荷的识别，而是在已知外激励作用位置的条件下，通过响应信息和结构的传递特性识别外载荷的功率谱。本章研究的随机动载荷识别反问题基于以下假设条件：

（1）研究范围局限于线性时不变系统、平稳随机载荷的识别；

（2）随机载荷的激励作用位置已知且不能改动；

（3）系统的响应完全由待识别的随机载荷产生。

7.1 单点随机动载荷识别方法

从前几章的介绍可以知道，对于确定性信号而言，若满足绝对可积条件时可进行傅里叶变换，将时域信号转换为频域信号。而随机信号与确定性信号不同，随机信号既不具有周期性，也不满足绝对可积条件，无法直接使用傅里叶变换进行分析。这里考虑使用相关函数和功率谱的概念来描述随机信号。自相关函数也是非周期的，但随着时间差的增大，逐渐趋向于随机信号的均值，如果当均值为 0 时，根据维纳-辛钦(Wiener-Khinchin)定理，平稳随机信号 $x(t)$的自功率谱与自相关函数构成傅里叶变换对，即

$$S_x(\omega)=\int_{-\infty}^{+\infty}R_x(\tau)\mathrm{e}^{-\mathrm{j}\omega\tau}\mathrm{d}\tau \tag{7.1.1}$$

其反变换公式为

$$R_x(\tau)=\frac{1}{2\pi}\int_{-\infty}^{+\infty}S_x(\omega)\mathrm{e}^{\mathrm{j}\omega\tau}\mathrm{d}\omega \tag{7.1.2}$$

功率谱具有如下性质：

(1) 对称性。$S_x(\omega)$为非负函数，且 $S_x(\omega)$是实偶函数。

(2) 极限值。由反变换公式(7.1.2)，令 $\tau=0$，可以得到

$$R_x(0)=\frac{1}{2\pi}\int_{-\infty}^{+\infty}S_x(\omega)\mathrm{d}\omega \tag{7.1.3}$$

可见功率谱函数 $S_x(\omega)$在频域上的积分就是信号 $x(t)$的均方值，它反映了信号的功率。

同理，互相关函数与互功率谱密度也构成了傅里叶变换对：

$$S_{xy}(\omega)=\int_{-\infty}^{+\infty}R_{xy}(\tau)\mathrm{e}^{-\mathrm{j}\omega\tau}\mathrm{d}\tau \tag{7.1.4}$$

$$R_{xy}(\tau)=\frac{1}{2\pi}\int_{-\infty}^{+\infty}S_{xy}(\omega)\mathrm{e}^{\mathrm{j}\omega\tau}\mathrm{d}\omega \tag{7.1.5}$$

互功率谱的性质如下：

(1) 对称性。对于实信号而言，其互相关函数也是实函数，因此两个实信号的互功率谱密度也是共轭对称的，即

$$S_{xy}(\omega)=S_{xy}^{*}(-\omega) \tag{7.1.6}$$

(2) 不等性。对每一个频率都有

$$|S_{xy}(\omega)|^2\leqslant S_x(\omega)S_y(\omega) \tag{7.1.7}$$

给定线性系统和输入，求系统的输出是线性系统分析的中心问题。当输入是平稳随机信号时，输出也是平稳随机信号。这时系统的随机输入、输出信号是无法用确定函数表达式来表示的，必须分析输入、输出的一、二阶统计量之间的关系。对于线弹性系统，输入与输出之间的关系如图 7.1 所示。

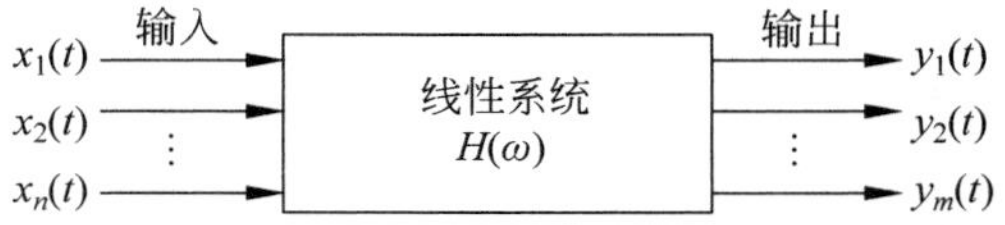

图 7.1 随机输入输出关系模型

单点平稳随机激励的情况下，即 $n=1$ 时，而当 $m=1$ 时，就是一种单输入单输出模型。

在时域内，响应 $y(t)$ 与载荷 $x(t)$ 之间的关系为

$$y(t)=\int_{-\infty}^{+\infty} h(\tau)x(t-\tau)\mathrm{d}\tau \tag{7.1.8}$$

将式(7.1.8)两边进行傅里叶变换，由卷积定理可以得到

$$Y(f)=H(f)X(f) \tag{7.1.9}$$

式(7.1.8)和式(7.1.9)是线性系统在时域内和频域内计算响应的两个基本公式，反映了系统载荷(输入)、系统响应函数(动力特性)和系统响应(输出)三者之间在时域内和频域内的关系。

通过傅里叶变换，可得系统频响特性函数 $H(f)$ 与系统脉冲响应函数 $h(t)$ 之间的关系：

$$H(f)=\int_{-\infty}^{+\infty} h(t)\mathrm{e}^{-\mathrm{i}2\pi ft}\mathrm{d}t \tag{7.1.10}$$

根据系统响应，自相关函数可以表示为

$$\begin{aligned} R_y(\tau)&=E[y(t)y(t+\tau)]=E\left[\int_{-\infty}^{+\infty} h(\tau_1)x(t-\tau_1)\mathrm{d}\tau_1\int_{-\infty}^{+\infty} h(\tau_2)x(t+\tau-\tau_2)\mathrm{d}\tau_2\right] \\ &=\int_{-\infty}^{+\infty}\int_{-\infty}^{+\infty} h(\tau_1)h(\tau_2)R_x(\tau+\tau_1-\tau_2)\mathrm{d}\tau_1\mathrm{d}\tau_2 \end{aligned} \tag{7.1.11}$$

式中，$R_x(\tau+\tau_1-\tau_2)$ 为载荷的自相关函数。

将式(7.1.11)等号两边进行傅里叶变换，则等号两边变为载荷的功率谱与响应功率谱的关系：

$$\begin{aligned} S_y(f)&=\int_{-\infty}^{+\infty} R_y(\tau)\mathrm{e}^{-\mathrm{i}2\pi f\tau}\mathrm{d}\tau=\int_{-\infty}^{+\infty} h(\tau_1)\mathrm{d}\tau_1\int_{-\infty}^{+\infty} h(\tau_2)\mathrm{d}\tau_2\int_{-\infty}^{+\infty} R_x(\tau+\tau_1-\tau_2)\mathrm{e}^{-\mathrm{i}2\pi f\tau}\mathrm{d}\tau \\ &=H(-f)H(f)S_x(f)=|H(f)|^2S_x(f) \end{aligned} \tag{7.1.12}$$

响应的自功率谱 $S_y(f)$ 等于系统频响函数模的平方 $|H(f)|^2$ 与载荷自功率谱 $S_x(f)$ 的乘积，$H(f)$ 为复数，包含着系统的幅频特性和相频特性，而 $|H(f)|^2$ 为实数，只保留了系统幅频特性，不再含有相频特性。

总之，随机激励下，系统响应及激励之间存在如下关系：

(1) 系统输入、输出均值之间的关系为

$$E[y(t)]=\mu_y=\mu_x H(0)=E[x(t)]H(0) \tag{7.1.13}$$

(2) 系统输入的自相关函数与输出的自相关函数之间有如下关系：

$$R_y(\tau)=h(\tau)*h(-\tau)*R_x(\tau) \tag{7.1.14}$$

式中，“ * ”表示卷积，下同。

(3) 系统输入的功率谱与输出的功率谱之间有如下关系：

$$S_y(\omega)=S_x(\omega)|H(\omega)|^2 \tag{7.1.15}$$

(4) 互相关函数之间的关系：

$$R_{xy}(\tau)=h(\tau)*R_x(\tau) \tag{7.1.16}$$

(5) 互功率谱之间的关系：

$$S_{xy}(\omega)=H(\omega)S_x(\omega) \tag{7.1.17}$$

所以，在已知响应功率谱，反向求解激励功率谱时，

$$S_x(f)=\frac{S_y(f)}{|H(f)|^2} \tag{7.1.18}$$

重构精度可以通过正向检验：首先对系统施加反求的载荷功率谱，然后计算系统在识别的载荷功率谱的作用下观测点的响应功率谱 $\hat{S}_y(f)$，并与实测的响应功率谱 $S_y(f)$ 进行比较，则识别效果用式(7.1.19)来表示：

$$\text{error}=\frac{|S_y(f)-\hat{S}_y(f)|}{S_y(f)}\times 100\% \tag{7.1.19}$$

7.2 多点随机动载荷识别方法

多点随机动载荷识别也是工程中经常遇到的技术难题，正如上文所述的汽车路面谱激励识别问题即是典型的多点随机动载荷识别问题。与确定性动载荷不同，多点随机动载荷还存在相关性(相干性)，动载荷识别也应包括载荷相干性之间的识别。随机动载荷有别于确定性动载荷，其特殊性在于时间历程的不确定性、载荷之间的相关性，不能直接把确定性动载荷的识别方法移植到随机动载荷的识别。本节重点关注在已知外激励作用位置的条件下，线性结构系统平稳随机动载荷识别方法的研究，从随机振动的正问题着手，在频域内建立随机动载荷与随机响应之间的频域特性传递关系，通过已知的响应信息和线性结构参数信息，完成随机动载荷载荷谱的识别。考虑到随机载荷之间的相关特性，通过随机载荷识别，确定随机载荷之间的谱相干特性。考虑到多自由度系统单点动载荷识别方法与单自由度系统随机动载荷识别方法只是结构模型发生了改变，识别方法并无本质的改变，本章不再重复叙述。

研究随机载荷，不只要关注单个载荷本身的特性，更要关注随机载荷之间的关系。随机载荷的相关性反映了两个载荷之间的线性关系。从时域来说，两个随机载荷之间的关系可以归结为三类：不相关、部分相关和完全相关。从频域来说，随机载荷之间的相干性可以表述为完全相干、部分相干、完全不相干，其意义与时域中的描述一致。

功率谱密度函数描述随机信号的频率特性，互功率谱密度函数为互相关函数的傅里叶变换，研究随机信号之间的相关性，有必要从频域的角度加以描述。对于不同相干特性的多点随机载荷，其功率谱密度矩阵特性也不相同，应分类讨论。这里假设 n 点随机激励功率谱密度矩阵为

$$\boldsymbol{S}_{xx}=\begin{bmatrix} S_{x_1x_1} & S_{x_1x_2} & \cdots & S_{x_1x_n} \\ S_{x_2x_1} & S_{x_2x_2} & \cdots & S_{x_2x_n} \\ \vdots & \vdots & & \vdots \\ S_{x_nx_1} & S_{x_nx_2} & \cdots & S_{x_nx_n} \end{bmatrix} \tag{7.2.1}$$

从功率谱密度矩阵的结构可以看出，该矩阵为 Hermite 矩阵，对角线上的值为非负值，针对每一个频率点，功率谱矩阵的特征值为实数。可以证明：功率谱矩阵为非负定矩阵。

假设结构上有 n 点平稳随机激励，m 点平稳随机响应，动力学模型如图 7.2 所示。

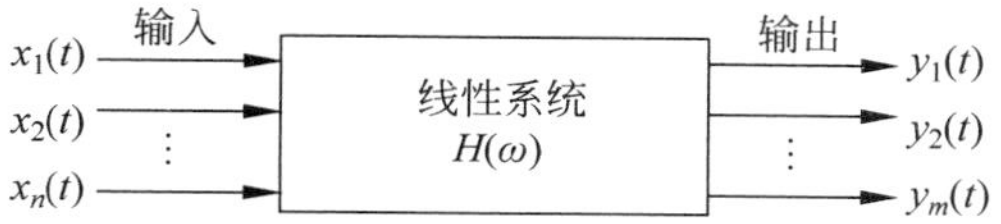

图 7.2　n 点输入、m 点输出的动力学模型

输入与输出之间的关系可以写为

$$\boldsymbol{S}_{yy}(\omega)=\boldsymbol{H}^{*}(\omega)\boldsymbol{S}_{xx}(\omega)\boldsymbol{H}^{\mathrm{T}}(\omega) \tag{7.2.2}$$

式中，$H(\omega)\in\mathbf{C}^{m\times n}$ 为输入输出之间的频率响应函数矩阵。

1）对于激励功率谱矩阵完全相干的情况

多点随机载荷为同源载荷时，即 n 点随机激励可以表示为以下形式：

$$\boldsymbol{x}(t)=\{x_1(t)\quad x_2(t)\quad \cdots\quad x_n(t)\}^{\mathrm{T}}=\{a_1x(t-t_1)\quad a_2x(t-t_2)\quad \cdots\quad a_nx(t-t_n)\}^{\mathrm{T}} \tag{7.2.3}$$

各个随机激励分量有相同的形式，但存在时间滞后，作用时间上相差一个常因子。假设上式中 a_i、$t_i(i=1,2,\cdots,n)$ 均为已知量，$x_k(t)$ 与 $x_l(t)(k,l=1,2,\cdots,n)$ 的互功率谱密度表示为

$$S_{x_kx_l}=a_ka_l\mathrm{e}^{\mathrm{i}\omega(t_k-t_l)}S_x \tag{7.2.4}$$

式中，S_x 为 $x(t)$ 的自功率谱密度；i 为虚数单位。则随机激励 $\boldsymbol{x}(t)$ 的功率谱密度矩阵为

$$\boldsymbol{S}_{xx}=\begin{bmatrix} a_1^2 & a_1a_2\mathrm{e}^{\mathrm{i}\omega(t_1-t_2)} & \cdots & a_1a_n\mathrm{e}^{\mathrm{i}\omega(t_1-t_n)} \\ a_2a_1\mathrm{e}^{\mathrm{i}\omega(t_2-t_1)} & a_2^2 & \cdots & a_2a_n\mathrm{e}^{\mathrm{i}\omega(t_2-t_n)} \\ \vdots & \vdots & & \vdots \\ a_na_1\mathrm{e}^{\mathrm{i}\omega(t_n-t_1)} & a_na_2\mathrm{e}^{\mathrm{i}\omega(t_n-t_2)} & \cdots & a_n^2 \end{bmatrix}S_x$$

$$=\{a_1\mathrm{e}^{-\mathrm{i}\omega t_1}\quad \cdots\quad a_n\mathrm{e}^{-\mathrm{i}\omega t_n}\}^{\mathrm{H}}\{a_1\mathrm{e}^{-\mathrm{i}\omega t_1}\quad \cdots\quad a_n\mathrm{e}^{-\mathrm{i}\omega t_n}\}S_x \tag{7.2.5}$$

由于 S_x 为正实数，则

$$\boldsymbol{S}_{xx}=\{a_1\sqrt{S_x}\mathrm{e}^{-\mathrm{i}\omega t_1}\quad \cdots\quad a_n\sqrt{S_x}\mathrm{e}^{-\mathrm{i}\omega t_n}\}^{\mathrm{H}}\{a_1\sqrt{S_x}\mathrm{e}^{-\mathrm{i}\omega t_1}\quad \cdots\quad a_n\sqrt{S_x}\mathrm{e}^{-\mathrm{i}\omega t_n}\} \tag{7.2.6}$$

$\boldsymbol{S}_{xx}$ 为两个向量的乘积，其秩显然为 1。因此得到这样的结论：当多点随机载荷完全相干时，对于每一个频率，其功率谱密度可以写成两个向量的乘积，矩阵的秩为 1。因此，

$$\boldsymbol{S}_{xx}(\omega)=\boldsymbol{l}(\omega)\boldsymbol{l}(\omega)^{\mathrm{H}} \tag{7.2.7}$$

式中，$\boldsymbol{l}(\omega)\in\mathbf{C}^{n\times 1}$，由式(7.2.2)和式(7.2.7)可得

$$\begin{aligned}\boldsymbol{S}_{yy}(\omega)&=\boldsymbol{H}^{*}(\omega)\boldsymbol{l}(\omega)\boldsymbol{l}(\omega)^{\mathrm{H}}\boldsymbol{H}^{\mathrm{T}}(\omega)\\&=\{\boldsymbol{H}^{*}(\omega)\boldsymbol{l}(\omega)\}\{\boldsymbol{H}^{*}(\omega)\boldsymbol{l}(\omega)\}^{\mathrm{H}}\end{aligned} \tag{7.2.8}$$

定义：$\boldsymbol{r}(\omega)=\boldsymbol{H}^{*}(\omega)\boldsymbol{l}(\omega)\in\mathbf{C}^{m\times 1}$

则

$$\boldsymbol{S}_{yy}(\omega)=\{\boldsymbol{H}^{*}(\omega)\boldsymbol{l}(\omega)\}\{\boldsymbol{H}^{*}(\omega)\boldsymbol{l}(\omega)\}^{\mathrm{H}}=\boldsymbol{r}(\omega)\boldsymbol{r}(\omega)^{\mathrm{H}} \tag{7.2.9}$$

上式表明，当激励完全相关时，响应也完全相关，并且激励和响应功率谱矩阵的秩均为 1。

2）对于激励完全不相干的情况

对于完全不相干的多点随机载荷，任意两点之间的互功率谱密度函数为零，即

$$S_{x_k x_l}=\begin{cases}0 & (k\neq l)\\ S_{x_k} & (k=l)\end{cases} \tag{7.2.10}$$

因此，功率谱密度矩阵可以写成

$$\boldsymbol{S}_{xx}=\mathrm{diag}(S_{x_1}\quad S_{x_2}\quad \cdots\quad S_{x_n}) \tag{7.2.11}$$

由于 $S_{x_k}(k=1,2,\cdots,n)$ 非零，则 $\boldsymbol{S}_{xx}$ 的秩为 n，同理得出以下结论：多点随机载荷完全不相干时，其功率谱密度矩阵的秩为满秩。

功率谱矩阵为 Hermite 矩阵，满足矩阵的谱分解定理：功率谱矩阵酉相似于一对角矩阵，即

$$\boldsymbol{S}_{xx}=\boldsymbol{U}^{\mathrm{H}}\mathrm{diag}(\lambda_1,\lambda_2,\cdots,\lambda_n)\boldsymbol{U} \tag{7.2.12}$$

式中，$\boldsymbol{U}=[\boldsymbol{\varphi}_1\quad\cdots\quad\boldsymbol{\varphi}_j\quad\cdots\quad\boldsymbol{\varphi}_n]$，$\lambda_j$ 和 $\boldsymbol{\varphi}_j\in\mathbf{C}^{n\times 1}$ 是该 Hermite 矩阵的特征值和对应的特征向量。由功率谱的非负定性可知 $\lambda_j\geqslant 0$，并且满足：

$$\boldsymbol{S}_{xx}\boldsymbol{\varphi}_j=\lambda_j\boldsymbol{\varphi}_j,\quad \boldsymbol{\varphi}_i^{\mathrm{H}}\boldsymbol{\varphi}_j=\begin{cases}1 & (i=j)\\ 0 & (i\neq j)\end{cases} \tag{7.2.13}$$

化简得到

$$\boldsymbol{S}_{xx}=\boldsymbol{U}^{\mathrm{H}}\mathrm{diag}(\lambda_1,\lambda_2,\cdots,\lambda_n)\boldsymbol{U}=\sum_{j=1}^{r}\lambda_j\boldsymbol{\varphi}_j\boldsymbol{\varphi}_j^{\mathrm{H}}=\sum_{j=1}^{r}\boldsymbol{l}_j\boldsymbol{l}_j^{\mathrm{H}} \tag{7.2.14}$$

激励功率谱矩阵的谱分解式如下：

$$\boldsymbol{S}_{xx}(\omega)=\sum_{i=1}^{r}\boldsymbol{l}_i(\omega)\boldsymbol{l}_i(\omega)^{\mathrm{H}} \tag{7.2.15}$$

式中，$\boldsymbol{l}(\omega)\in\mathbf{C}^{n\times 1}$，$r=\mathrm{rank}(\boldsymbol{S}_{xx})=n$，则

$$\boldsymbol{S}_{yy}(\omega)=\sum_{i=1}^{r}\{\boldsymbol{H}^{*}(\omega)\boldsymbol{l}_{i}(\omega)\}\{\boldsymbol{H}^{*}(\omega)\boldsymbol{l}_{i}(\omega)\}^{\mathrm{H}} \tag{7.2.16}$$

令

$$\boldsymbol{r}_{i}(\omega)=\boldsymbol{H}^{*}(\omega)\boldsymbol{l}_{i}(\omega)\in\mathbf{C}^{m\times 1} \tag{7.2.17}$$

$$\boldsymbol{S}_{yy}(\omega)=\sum_{i=1}^{r}\{\boldsymbol{H}^{*}(\omega)\boldsymbol{l}_{i}(\omega)\}\{\boldsymbol{H}^{*}(\omega)\boldsymbol{l}_{i}(\omega)\}^{\mathrm{H}}=\sum_{i=1}^{r}\boldsymbol{r}_{i}(\omega)\boldsymbol{r}_{i}(\omega)^{\mathrm{H}} \tag{7.2.18}$$

此时，$\boldsymbol{S}_{yy}(\omega)$的秩取决于 $\boldsymbol{H}(\omega)$。

3）对于激励部分相关的情况

当多点随机载荷之间并非完全相干或完全不相干时，此时称多点随机载荷之间部分相干，比照完全相干或者完全不相干，可以得出部分相干时，功率谱密度矩阵的秩满足 $1<r<n$。仿照完全相干的分析方法，将部分相干的功率谱矩阵进行矩阵谱分解：

$$\boldsymbol{S}_{xx}=\boldsymbol{U}^{H}\operatorname{diag}(\lambda_{1},\lambda_{2},\cdots,\lambda_{n})\boldsymbol{U}=\sum_{j=1}^{r}\lambda_{j}\boldsymbol{\varphi}_{j}\boldsymbol{\varphi}_{j}^{\mathrm{H}}=\sum_{j=1}^{r}\boldsymbol{l}_{j}\boldsymbol{l}_{j}^{\mathrm{H}} \tag{7.2.19}$$

功率谱矩阵 $\boldsymbol{S}_{xx}$ 的秩满足 $1<r<n$，其形式如同完全相干的功率谱矩阵。$r=\operatorname{rank}(\boldsymbol{S}_{xx})<n$，仿照上面的思路，响应功率谱矩阵同样可以写为：

$$\boldsymbol{S}_{yy}(\omega)=\sum_{i=1}^{r}\{\boldsymbol{H}^{*}(\omega)\boldsymbol{l}_{i}(\omega)\}\{\boldsymbol{H}^{*}(\omega)\boldsymbol{l}_{i}(\omega)\}^{\mathrm{H}}=\sum_{i=1}^{r}\boldsymbol{r}_{i}(\omega)\boldsymbol{r}_{i}(\omega)^{\mathrm{H}} \tag{7.2.20}$$

此时，$\boldsymbol{S}_{yy}(\omega)$的秩同样取决于 $\boldsymbol{H}(\omega)$。

综合上述三种情况，由激励功率谱矩阵求响应功率谱矩阵的方法如图 7.3 所示。

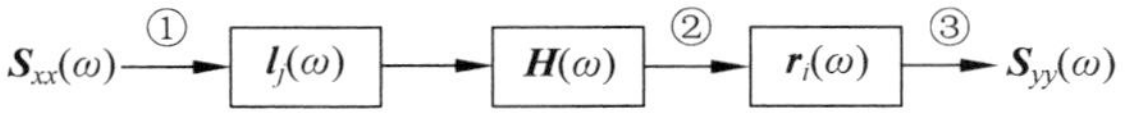

图 7.3 响应功率谱矩阵计算过程

图 7.3 中的①～③分别按照下式进行计算：

第①步：

$$\boldsymbol{S}_{xx}(\omega)=\sum_{j=1}^{r}\boldsymbol{l}_{j}(\omega)\boldsymbol{l}_{j}(\omega)^{\mathrm{H}} \tag{7.2.21}$$

第②步：

$$\boldsymbol{r}_{i}(\omega)=\boldsymbol{H}^{*}(\omega)\boldsymbol{l}_{i}(\omega)\in\mathbf{C}^{m\times 1} \tag{7.2.22}$$

第③步：

$$\boldsymbol{S}_{yy}(\omega)=\sum_{i=1}^{r}\boldsymbol{r}_{i}(\omega)\boldsymbol{r}_{i}(\omega)^{\mathrm{H}} \tag{7.2.23}$$

解决了多点随机动载荷激励下的结构响应分析问题，基于谱分解的多点随机动载荷的识别也就一目了然了。

之前我们得到了如下关系式：

$$\boldsymbol{S}_{yy}(\omega)=\sum_{i=1}^{r}\boldsymbol{r}_i(\omega)\boldsymbol{r}_i(\omega)^{\mathrm{H}} \tag{7.2.24}$$

当 $r=1$ 时，平稳随机响应之间完全相干，此时，多点平稳随机激励之间也完全相干；两者之间具有相同的秩。

当 $1<r<m$ 时，平稳随机响应之间部分相干。如果 $\boldsymbol{H}(\omega)$列满秩，此时，多点平稳随机响应与激励功率谱矩阵具有相同的秩。

当 $r=m$ 时，平稳随机响应之间完全不相干。如果 $\boldsymbol{H}(\omega)$列满秩，此时，随机激励功率谱矩阵与响应功率谱矩阵具有相同的秩。

因此，在任意相干的情况，对于每一个频率点，只要 $\boldsymbol{H}(\omega)$列满秩，激励功率谱矩阵与响应功率谱矩阵的秩相同。考虑将求响应的过程逆过来，即已知多点响应功率谱和传递特性来识别激励功率谱。基于以上分析，多点平稳随机动载荷识别的过程如图 7.4 所示。

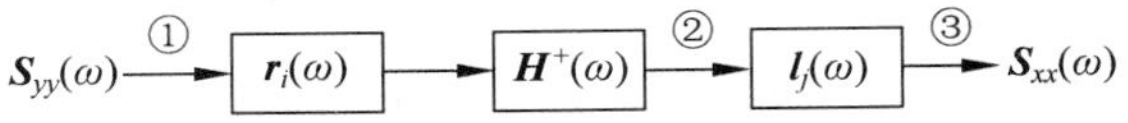

图 7.4 多点随机动载荷识别过程

图 7.4 中，第①步：基于谱分解将响应功率谱密度矩阵分解为如下形式：

$$\boldsymbol{S}_{yy}(\omega)=\sum_{i=1}^{r}\boldsymbol{r}_i(\omega)\boldsymbol{r}_i(\omega)^{\mathrm{H}} \tag{7.2.25}$$

由此可以构造虚拟响应：

$$\tilde{\boldsymbol{y}}_i(\omega)=\boldsymbol{r}_i(\omega)\mathrm{e}^{\mathrm{j}\omega t}$$

第②步：由构造的虚拟响应，反演得到虚拟激励

$$\tilde{\boldsymbol{f}}_i=\boldsymbol{l}_i(\omega)\mathrm{e}^{\mathrm{j}\omega t}=(\boldsymbol{H}^*)^+\tilde{\boldsymbol{y}}_i(\omega)=(\boldsymbol{H}^*)^+\boldsymbol{r}_i(\omega)\mathrm{e}^{\mathrm{j}\omega t} \tag{7.2.26}$$

其中：

$$(\boldsymbol{H}^*)^+=[(\boldsymbol{H}^*)^{\mathrm{H}}(\boldsymbol{H}^*)]^{-1}[\boldsymbol{H}^*]^{\mathrm{H}} \tag{7.2.27}$$

上标 H 表示共轭转置。

第③步：由虚拟激励可以得到激励的功率谱密度矩阵

$$\boldsymbol{S}_{xx}(\omega)=\sum_{j=1}^{r}\boldsymbol{l}_j(\omega)\boldsymbol{l}_j(\omega)^{\mathrm{H}} \tag{7.2.28}$$

将动载荷识别的过程归纳如下：

(1) 求响应点与激励点之间的频率传递函数及响应点的功率谱矩阵；

(2) 根据式(7.2.25)对响应功率谱矩阵按如下形式进行分解：

$$\boldsymbol{S}_{yy}=\boldsymbol{U}^{\mathrm{H}}\mathrm{diag}(\lambda_1,\lambda_2,\cdots,\lambda_n)\boldsymbol{U}=\sum_{j=1}^{r}\lambda_j\boldsymbol{\varphi}_j\boldsymbol{\varphi}_j^{\mathrm{H}}=\sum_{j=1}^{r}\boldsymbol{r}_j\boldsymbol{r}_j^{\mathrm{H}} \tag{7.2.29}$$

求出 $\boldsymbol{r}_i(\omega)$。

(3) 根据式(7.2.26),求出对应的 $\boldsymbol{l}_i(\omega)$;

(4) 由式(7.2.28)求出激励谱矩阵,完成功率谱的动载荷识别。

对于完全相干多点随机动载荷,识别公式可以简化如下:

响应功率谱矩阵的分解形式为

$$\boldsymbol{S}_{yy}(\omega)=\boldsymbol{r}(\omega)\boldsymbol{r}(\omega)^{\mathrm{H}} \tag{7.2.30}$$

反演得到虚拟激励

$$\tilde{\boldsymbol{f}}(\omega)=\boldsymbol{l}(\omega)\mathrm{e}^{\mathrm{j}\omega t}=(\boldsymbol{H}^{*})^{+}(\omega)\boldsymbol{r}(\omega)\mathrm{e}^{\mathrm{j}\omega t}\in\mathbf{C}^{m\times 1} \tag{7.2.31}$$

由虚拟激励可以得到激励的功率谱密度

$$\boldsymbol{S}_{xx}(\omega)=\boldsymbol{l}(\omega)\boldsymbol{l}(\omega)^{\mathrm{H}} \tag{7.2.32}$$

事实上,对于任何相干的多点平稳随机载荷,都可以根据式(7.2.25)对响应谱矩阵进行谱分解,然后按照上述步骤进行识别。

与计算多点平稳随机激励下结构的动响应这一正问题相比,逆问题具有几个不同点:

(1) 输入不同:正问题的输入为已知确定的激励,而反问题的输入(即响应信息)不确定,响应点可以自行选择,如果响应点选择不佳,识别结果可能不甚理想。反问题的输入信息直接影响动载荷识别的效果。

(2) 核心计算不同:正问题的核心计算涉及矩阵乘法运算,不可能出现病态问题;而反问题的计算核心涉及矩阵的求逆运算,可能会出现病态问题。

因此,逆问题与正问题的两个不同之处正是涉及载荷识别的两个重要问题:测点选择(响应信息的选择)和病态问题。如何选择测点,目前并没有明确的通用方案,更多的是基于经验和仿真手段,使选择的测点尽可能多地反映结构上的响应信息。因此,在选择响应点时避免选择对称点、节线上的点、距离过近的点以及信噪比较差的点。

根据随机响应的功率谱而直接反演出随机激励的功率谱,将使问题大大简化。将响应功率谱矩阵进行谱分解后,虚构出一个简谐激励下的响应,通过反演计算出该虚拟激励,再由谱分解进而合成激励的功率谱矩阵,借助虚构的简谐激励下动载荷识别问题完成随机动载荷频域识别,此种方法又称为逆虚拟激励法。

7.3 连续分布的随机动载荷识别方法

随机动载荷的作用形式十分复杂,作用规模有大有小,从最简单的单点力作用,到多点力作用,再到分布力作用(如阵风、波浪等作用在结构上),动载荷识别的难度也在递增,对不同作用形式的随机动载荷识别的方法也不尽相同。本节主要研究内容是连续梁结构的一维分布的随机动载荷识别问题。研究思路是从正问题着手,推导出一维分布的随机动载荷与结构动响应的关系。

对于空间分布的随机动载荷,不仅随着时间随机变化,而且也随着空间随机变化。分布随机激励既是时间参数 t 的随机过程,又是空间参数 X 的随机过程,它同时包含了时间和空间参数的随机过程，称此类分布随机动载荷为随机激励场。分布是指在空间连续变化，随机性是从时间或空间上表述的。假设分布随机载荷在时间上是平稳的，在空间上是齐次的（即在空间上的统计特性只与空间度量有关，与起点无关）。

假设分布随机载荷为 $X(s,t)$，分别从时间和空间上研究其相关特性。

从时间上分，对于空间某点 s_0 的随机过程 $X(s_0,t)=X(t)$：

(1) 时间上直接相关：$X(t)=f(t)X_0$，由平稳性可知：$f(t)=1$，则 $X(t_i)=X_0$，$X(t_i)$ 为时间点 t_i 处的随机变量，X_0 为一随机变量，并且有 $R_{XX}(t)=E[X_0^2]=\mathrm{var}(X_0)=C$，自相关函数为常数。功率谱密度为 $C\delta(\omega)$。

(2) 时间上不相关：理想白噪声，$R_{XX}(t)=2\pi S_0\delta(t)$，白噪声意味着无穷大的方差，因此在物理上是不能实现的，功率谱为一常数 S_0。反之，对于功率谱为常数的平稳随机过程时间上不相关。

(3) 一般情形：相关函数为时间差的函数。常见的包括指数型、指数加余弦等。

从空间上分，对于空间两点 s_1 和 s_2：

(1) 空间满足齐次性并且各点不相关：由齐次性可知，各空间点随机过程的均值和自相关函数均相同。由相关性可知：空间各点均不相关，相关函数表示为 $R(s_1,s_2,t_1,t_2)=0$。

(2) 空间满足齐次性并且各点直接相关：由齐次性可知，各空间点随机过程的均值和自相关函数均相同。空间各点作用同一随机过程的不同时滞（相同距离相同时滞）。相关函数表示为 $R(s_1,s_2,t_1,t_2)=R(t_2-t_1-\tau)$，其中，$\tau$ 为 s_1 点、s_2 点之间的时滞。

(3) 空间上满足齐次：空间上相关函数为一般情形，例如指数型等。

(4) 随机性与空间位置无关的分布随机动载荷。这样的随机激励可以表示为 $f(x,t)=p(x)\phi(t)$。其中，$p(x)$ 为空间坐标的确定性函数，$\phi(t)$ 为时间 t 的随机过程，相关函数表示为 $R(s_1,s_2,t_1,t_2)=p(s_1)p(s_2)R(t_1-t_2)$。

总之，不论从时间上还是从空间上，分布随机动载荷之间的相关性十分复杂，不仅有时间上的相关性，而且要考虑空间上的相关性。因此，计算结构在分布随机动载荷作用下的响应问题时，不仅要考虑自功率谱特性随着空间变化的关系，而且要计入分布随机动载荷互功率谱函数随空间变化的关系。

7.3.1 伯努利-欧拉连续梁结构的分布随机载荷时域、频域关系

对于连续均匀材料的等截面细长梁结构，忽略梁的剪切变形以及截面绕中性轴转动惯量的影响。梁长度为 l，横截面积为 A，材料的弹性模量为 E，密度为 ρ，截面关于中性轴的惯性矩为 I。考虑内弹性阻尼系数 c_1 和外部的介质阻尼系数 c_0，梁上作用分布载荷为 $f(x,t)$，令 $w(x,t)$ 表示连续梁结构的横向位移。描述这一动力系统的运动微分方程表示为

$$\rho A\frac{\partial^2 w(x,t)}{\partial t^2}+EI\frac{\partial^4 w(x,t)}{\partial x^4}+c_1 EI\frac{\partial^5 w(x,t)}{\partial t\partial x^4}+c_0 EI\frac{\partial w(x,t)}{\partial t}=f(x,t) \tag{7.3.1}$$

按照模态叠加法求解，引入模态坐标转化

$$w(x,t)=\sum_{r=1}^{+\infty}W_r(x)q_r(t) \tag{7.3.2}$$

式中，$W_r(x)$为梁的固有振型；$q_r(t)$为梁在模态空间中的运动规律的时间函数。

将式(7.3.2)代入方程(7.3.1)可得

$$\rho A\sum_{r=1}^{+\infty}W_r(x)\ddot{q}_r(t)+EI\sum_{r=1}^{+\infty}W_r^{(4)}(x)q_r(t)+c_1EI\sum_{r=1}^{+\infty}W_r^{(4)}(x)\dot{q}_r(t)+c_0EI\sum_{r=1}^{+\infty}W_r(x)\dot{q}_r(t)$$
$$=f(x,t) \tag{7.3.3}$$

根据固有振型函数的正交性，可得解耦的单一自由度的模态坐标微分方程

$$\ddot{q}_r(t)+2\zeta_r\omega_r\dot{q}_r(t)+\omega_r^2q_r(t)=f_r(t) \tag{7.3.4}$$

其中，模态力为$f_r(t)=\dfrac{\int_0^l f(x,t)W_r(x)\mathrm{d}x}{\rho A\int_0^l W_r^2(x)\mathrm{d}x}=\dfrac{1}{M_r}\int_0^l f(x,t)W_r(x)\mathrm{d}x\,(r=1,2,\cdots)$；模态阻尼$2\zeta_r\omega_r=c_0\dfrac{EI}{\rho A}+c_1\omega_r^2$。

1）伯努利-欧拉梁结构运动微分方程的时域解

假设初始条件为

$$\begin{cases} q_r(0)=\int_0^l \rho Aw_0(x)W_r(x)\mathrm{d}x=0 \\ \dot{q}_r(0)=\int_0^l \rho Av_0(x)W_r(x)\mathrm{d}x=0 \end{cases} \tag{7.3.5}$$

所以方程(7.3.4)的齐次解为零，特解（稳态解）为

$$q_r(t)=\int_0^t h_r(t-\tau)f_r(\tau)\mathrm{d}\tau \tag{7.3.6}$$

式中，$h_r(t)$为模态脉冲响应函数：

$$h_r(t)=(\eta_r\omega_r)^{-1}\mathrm{e}^{-\zeta_r\omega_rt}\cdot\sin\eta_r\omega_rt,\quad \eta_r=\sqrt{1-\zeta_r^2} \tag{7.3.7}$$

将模态力的表达式代入特解式(7.3.6)，当$M_r=1$时得到

$$q_r(t)=\int_0^t\int_0^l h_r(t-\tau)f(x,\tau)W_r(x)\mathrm{d}x\,\mathrm{d}\tau \tag{7.3.8}$$

则梁的横截面位移为

$$w(x,t)=\sum_{r=1}^{+\infty}W_r(x)\int_0^t\int_0^l h_r(t-\tau)f(x,\tau)W_r(x)\mathrm{d}x\,\mathrm{d}\tau \tag{7.3.9}$$

于是，平稳的随机位移响应$w(x,t)$的自相关函数可表示为

$$R_y(x,\tau)=\mathrm{E}[w(x,t)w(x,t+\tau)]$$

$$=\mathrm{E}\Big[\sum_{r=1}^{+\infty}W_r(x)\int_0^t\int_0^l h_r(t-\tau_1)f(x_1,\tau_1)W_r(x_1)\mathrm{d}x_1\mathrm{d}\tau_1\cdot$$

$$\sum_{s=1}^{+\infty}W_s(x)\int_0^{t+\tau}\int_0^l h_s(t+\tau-\tau_2)f(x_2,\tau_2)W_s(x_2)\mathrm{d}x_2\mathrm{d}\tau_2\Big]$$

$$=\mathrm{E}\Big[\sum_{r=1}^{+\infty}\sum_{s=1}^{+\infty}W_r(x)W_s(x)\int_0^l\int_0^l\int_0^t\int_0^{t+\tau}h_r(t-\tau_1)h_s(t+\tau-\tau_2)$$

$$f(x_1,\tau_1)f(x_2,\tau_2)W_r(x_1)W_s(x_2)\mathrm{d}\tau_2\mathrm{d}\tau_1\mathrm{d}x_2\mathrm{d}x_1\Big]$$

$$=\sum_{r=1}^{+\infty}\sum_{s=1}^{+\infty}W_r(x)W_s(x)\int_0^l\int_0^l\int_0^t\int_0^{t+\tau}h_r(t-\tau_1)h_s(t+\tau-\tau_2)\cdot$$

$$\mathrm{E}[f(x_1,\tau_1)f(x_2,\tau_2)]W_r(x_1)W_s(x_2)\mathrm{d}\tau_2\mathrm{d}\tau_1\mathrm{d}x_2\mathrm{d}x_1 \tag{7.3.10}$$

假设分布载荷在时间上满足平稳性，则空间坐标点(x_1,x_2)处的时间互相关函数表达为

$$\mathrm{E}[f(x_1,\tau_1)f(x_2,\tau_2)]=R_\mathrm{f}(x_1,x_2,\tau_2-\tau_1) \tag{7.3.11}$$

则

$$R_y(x,\tau)=\sum_{r=1}^{+\infty}\sum_{s=1}^{+\infty}W_r(x)W_s(x)\int_0^l\int_0^l\int_0^t\int_0^{t+\tau}h_r(t-\tau_1)h_s(t+\tau-\tau_2)R_\mathrm{f}(x_1,x_2,\tau_2-\tau_1)\cdot$$

$$W_r(x_1)W_s(x_2)\mathrm{d}\tau_2\mathrm{d}\tau_1\mathrm{d}x_2\mathrm{d}x_1 \tag{7.3.12}$$

则平稳的随机位移响应在空间坐标点(x_m,x_n)之间的互相关函数为

$$R_y(x_m,x_n,\tau)=\sum_{r=1}^{+\infty}\sum_{s=1}^{+\infty}W_r(x_m)W_s(x_n)\int_0^l\int_0^l\int_0^t\int_0^{t+\tau}h_r(t-\tau_1)h_s(t+\tau-\tau_2)\cdot$$

$$R_\mathrm{f}(x_1,x_2,\tau_2-\tau_1)W_r(x_1)W_s(x_2)\mathrm{d}\tau_2\mathrm{d}\tau_1\mathrm{d}x_2\mathrm{d}x_1 \tag{7.3.13}$$

2）梁结构运动微分方程的频域解

对方程(7.3.12)两边进行傅里叶变换，可得

$$S_y(x,\omega)=\sum_{r=1}^{+\infty}\sum_{s=1}^{+\infty}W_r(x)W_s(x)H_r(-\omega)H_s(\omega)\cdot\int_0^l\int_0^l S_\mathrm{f}(x_1,x_2,\omega)W_r(x_1)W_s(x_2)\mathrm{d}x_1\mathrm{d}x_2 \tag{7.3.14}$$

其中，$S_\mathrm{f}(x_1,x_2,\omega)=\int_{-\infty}^{+\infty}R_\mathrm{f}(x_1,x_2,\tau)\mathrm{e}^{-\mathrm{j}\omega\tau}\mathrm{d}\tau$，$S_y(x,\omega)=\int_{-\infty}^{+\infty}R_y(x,\tau)\mathrm{e}^{-\mathrm{j}\omega\tau}\mathrm{d}\tau$。$H_r(\omega)=\int_{-\infty}^{+\infty}h_r(\tau)\mathrm{e}^{-\mathrm{j}\omega\tau}\mathrm{d}\tau=(-\omega^2+\mathrm{j}2\zeta_r\omega_r\omega+\omega_r^2)^{-1}$为模态频率响应函数。

同样，坐标点(x_m,x_n)响应的互功率谱满足

$$S_y(x_m,x_n,\omega)=\sum_{r=1}^{+\infty}\sum_{s=1}^{+\infty}W_r(x_m)W_s(x_n)H_r(-\omega)H_s(\omega)\cdot$$

$$\int_0^l\int_0^l S_f(x_1,x_2,\omega)W_r(x_1)W_s(x_2)\mathrm{d}x_1\mathrm{d}x_2 \tag{7.3.15}$$

7.3.2　一维分布的随机激励下结构频域响应的简化精确算法

在连续梁结构的分布随机动载荷作用下，功率谱响应常规的精确算法(CQC 法)记为

$$S_y(x_m,x_n,\omega)=\sum_{r=1}^{+\infty}\sum_{s=1}^{+\infty}W_r(x_m)W_s(x_n)H_r(-\omega)H_s(\omega)\cdot \int_0^l\int_0^l S_f(x_1,x_2,\omega)W_r(x_1)W_s(x_2)\mathrm{d}x_1\mathrm{d}x_2 \tag{7.3.16}$$

CQC 法的计算量十分庞大，为了节省计算量，在工程中(也几乎在所有的有关参考书中)都推荐使用一个简化的近似方法，即将上述公式中所有的交叉项全部忽略，采用简化的 SRSS 法：

$$S_y(x_m,x_n,\omega)=\sum_{r=1}^{+\infty}W_r(x_m)W_r(x_n)|H_r(\omega)|^2\cdot\int_0^l\int_0^l S_f(x_1,x_2,\omega)W_r(x_1)W_r(x_2)\mathrm{d}x_1\mathrm{d}x_2 \tag{7.3.17}$$

这种将振型耦合项忽略掉的方法仅仅对于参振频率全部为稀疏分布，且各阶阻尼比都很小的均质材料结构才有用。而对于大部分结构(尤其是三维结构)模型来说，参振频率很难稀疏分布，因此忽略交叉项的算法将会引起很大误差。本节针对一维分布随机动载荷作用下动响应计算提出了一种高效的精确解法，此解法在保证计算精度的同时，大幅提升了计算效率。

对于满足时间平稳的分布随机激励，不论空间各点的相关性如何，它们之间的互功率谱写作

$$S_f(x_1,x_2,\omega)=\rho(x_1,x_2,\omega)\sqrt{S_f(x_1,\omega)S_f(x_2,\omega)} \tag{7.3.18}$$

式中，

$$\rho(x_1,x_2,\omega)=|\rho(x_1,x_2,\omega)|\,\mathrm{e}^{\mathrm{i}\theta(x_1,x_2,\omega)} \tag{7.3.19}$$

$\rho(x_1,x_2,\omega)$为相干函数，且满足

$$|\rho(x_1,x_2,\omega)|\leqslant 1 \tag{7.3.20}$$

而辐角为

$$\theta(x_1,x_2,\omega)=\arctan[\mathrm{Im}\rho(x_1,x_2,\omega)/\mathrm{Re}\rho(x_1,x_2,\omega)] \tag{7.3.21}$$

如果给定各点的自功率谱函数以及任意两点之间的相干函数，则该分布随机激励的互功率谱密度函数唯一确定。根据相干函数可知：

当$|\rho(x_1,x_2,\omega)|=1$时，分布随机激励各点之间完全相干；

当$|\rho(x_1,x_2,\omega)|=0$且$x_1\neq x_2$时，分布随机激励各点之间完全独立；

当$0<|\rho(x_1,x_2,\omega)|<1$时，分布随机激励各点之间部分相干，这是最一般的情形。

当分布随机激励与空间位置无关时，定义的分布随机激励为

$$\theta(x_1,x_2,\omega)=0\ 或\ \pi,\quad \rho(x_1,x_2,\omega)=\pm 1,$$

$$S_f(x_1,\omega)=p^2(x_1)S_f(\omega)\ S_f(x_2,\omega)=p^2(x_2)S_f(\omega),$$

$$S_f(x_1,x_2,\omega)=p(x_1)p(x_2)S_f(\omega)$$

例如，分布随机激励的相干函数为 $\rho(x_1,x_2,\omega)=\mathrm{e}^{-(x_1-x_2)^2}\mathrm{e}^{\mathrm{j}\omega(x_1-x_2)}$ 时，$S_f(x_1,\omega)$ 为梯形谱，$S_f(x_1,x_2,\omega)=\mathrm{e}^{-(x_1-x_2)^2}\mathrm{e}^{\mathrm{j}\omega(x_1-x_2)}\sqrt{S_f(x_1,\omega)S_f(x_2,\omega)}$。

该分布随机激励的统计特性只与空间的位置差有关，与空间位置的起点无关，该分布随机激励满足齐次性，且满足：$S_f(x_1,x_2,\omega)=S_f^*(x_2,x_1,\omega)$，当 $x_1=x_2=x$ 时，满足 $S_f(x,\omega)>0$。

再如，$S_f(x_1,x_2,\omega)=\mathrm{e}^{-(x_1-x_2)^2/x_2}\mathrm{e}^{\mathrm{j}\omega(x_1-x_2)}\sqrt{S_f(x_1,\omega)S_f(x_2,\omega)}$，该分布随机激励的统计特性与空间位置有关，不满足齐次性。

连续梁结构上作用的分布随机激励 $S_f(x_1,x_2,\omega)$，对确定的 ω，假设 x 在某一范围之内，自功率谱 $S_f(x,\omega)$ 为 x 连续函数，$\rho(x_1,x_2,\omega)$ 的实部与虚部均为连续函数，则 $S_f(x_1,x_2,\omega)$ 的实部与虚部均为连续函数，将连续函数在正交基函数上进行投影。

$$S_f(x_1,x_2,\omega)=S_f^{\mathrm{r}}(x_1,x_2,\omega)+\mathrm{i}S_f^{\mathrm{i}}(x_1,x_2,\omega) \tag{7.3.22}$$

$$S_f^{\mathrm{r}}(x_1,x_2,\omega)=\sum_{j=1}^{+\infty}\sum_{k=1}^{+\infty}L_j(x_1)L_k(x_2)a_{jk}(\omega),$$

$$S_f^{\mathrm{i}}(x_1,x_2,\omega)=\sum_{j=1}^{+\infty}\sum_{k=1}^{+\infty}L_j(x_1)L_k(x_2)b_{jk}(\omega) \tag{7.3.23}$$

其中，$L_n(x)$ 为正交基函数，这里选用勒让德广义正交多项式。

因此，

$$S_f(x_1,x_2,\omega)=\sum_{j=1}^{+\infty}\sum_{k=1}^{+\infty}L_j(x_1)L_k(x_2)\left[a_{jk}(\omega)+\mathrm{i}b_{jk}(\omega)\right]=\sum_{j=1}^{+\infty}\sum_{k=1}^{+\infty}L_j(x_1)L_k(x_2)c_{jk}(\omega) \tag{7.3.24}$$

空间点 (x_m,x_n)，响应的互功率谱为

$$\begin{aligned}S_y(x_m,x_n,\omega)=&\sum_{r=1}^{+\infty}\sum_{s=1}^{+\infty}W_r(x_m)W_s(x_n)H_r(-\omega)H_s(\omega)\int_0^l\int_0^l S_f(x_1,x_2,\omega)W_r(x_1)W_s(x_2)\mathrm{d}x_1\mathrm{d}x_2\\=&\sum_{r=1}^{+\infty}\sum_{s=1}^{+\infty}W_r(x_m)W_s(x_n)H_r(-\omega)H_s(\omega)\cdot\\&\int_0^l\int_0^l\sum_{j=1}^{+\infty}\sum_{k=1}^{+\infty}c_{jk}(\omega)L_j(x_1)L_k(x_2)W_r(x_1)W_s(x_2)\mathrm{d}x_1\mathrm{d}x_2\\=&\sum_{j=1}^{+\infty}\sum_{k=1}^{+\infty}c_{jk}(\omega)\sum_{r=1}^{+\infty}W_r(x_m)H_r(-\omega)\int_0^l L_j(x_1)W_r(x_1)\mathrm{d}x_1\cdot\end{aligned}$$

$$\sum_{s=1}^{+\infty} W_s(x_n) H_s(\omega) \int_0^l L_k(x_2) W_s(x_2) \mathrm{d}x_2 \tag{7.3.25}$$

由此得到

$$S_y(x_m, x_n, \omega) = \sum_{j=1}^{+\infty} \sum_{k=1}^{+\infty} c_{jk}(\omega) \sum_{r=1}^{+\infty} W_r(x_m) H_r(-\omega) \int_0^l L_j(x_1) W_r(x_1) \mathrm{d}x_1 \cdot \sum_{s=1}^{+\infty} W_s(x_n) H_s(\omega) \int_0^l L_k(x_2) W_s(x_2) \mathrm{d}x_2 \tag{7.3.26}$$

令
$$R_j(x_m, \omega) = \sum_{r=1}^{+\infty} W_r(x_m) H_r(\omega) \int_0^l L_j(x_1) W_r(x_1) \mathrm{d}x_1 \tag{7.3.27}$$

因此得到

$$S_y(x_m, x_n, \omega) = \sum_{j=1}^{+\infty} \sum_{k=1}^{+\infty} c_{jk}(\omega) R_j^*(x_m, \omega) R_k(x_n, \omega) \tag{7.3.28}$$

假设满足一定精度，拟合 $S_y(x_m, x_n, \omega)$ 所需的阶数为 $J \times K$，写作矩阵的形式

$$S_y(x_m, x_n, \omega) = \{R_1^*(x_m) R_1(x_n) \quad \cdots \quad R_1^*(x_m) R_K(x_n) \quad \cdots \quad R_J^*(x_m) R_K(x_n)\} \cdot \{c_{11} \quad \cdots \quad c_{1K} \quad \cdots \quad c_{JK}\}^{\mathrm{T}} \tag{7.3.29}$$

或者写成

$$S_y(x_m, x_n, \omega) = \{R_1^*(x_m) \quad \cdots \quad R_J^*(x_m)\} \begin{bmatrix} c_{11} & c_{12} & \cdots & c_{1K} \\ c_{21} & c_{22} & \cdots & c_{2K} \\ \vdots & \vdots & & \vdots \\ c_{J1} & c_{J2} & \cdots & c_{JK} \end{bmatrix} \{R_1(x_n) \quad \cdots \quad R_K(x_n)\}^{\mathrm{T}} \tag{7.3.30}$$

令 $x_m = x_n$，即可得到响应自功率谱。

由式(7.3.27)可知，$R_j(x_m, \omega)$ 可以看作在分布简谐激励 $L_j(x_m)\mathrm{e}^{\mathrm{j}\omega t}$ 下结构的频域响应。针对每一个离散后的 ω_i，计算拟合 $S_y(x_1, x_2, \omega)$ 的正交多项式系数和由基函数构成分布简谐激励下结构的响应，根据线性结构的叠加性，将分布简谐激励下结构的响应进行线性叠加，从而计算出结构响应的功率谱。这样，在梁结构上的分布随机激励下结构响应可以通过该结构上确定分布简谐激励下结构的频域响应线性表示。从上面的推导过程可以看出，该方法计入所有的参振振型的耦合项，是一种精确算法，这里称之为“一维分布随机动载荷虚拟激励法”。

为了考察该精确算法的运算效率，将其与 CQC 法、SRSS 法进行比较。连续梁结构上分布随机激励下结构的频域响应计算分别采用 CQC 法、SRSS 法以及本节的快速算法。假设 $W_r(x)$、$H_r(\omega)$ 均为已知，采用模态叠加法，取前 q 阶模态参与运算，并且三种方法频率离散点数都一样。积分方法采用高斯求积公式，即

$$\int_a^b f(x)\mathrm{d}x = \sum_{i=1}^{n} A_i f(t_i) \tag{7.3.31}$$

式中，t_i 为$[a,b]$区间上对应的高斯点；A_i 为高斯积分点 t_i 对应的高斯系数。二重积分为

$$\int_a^b \int_c^d f(x,y)\mathrm{d}x\mathrm{d}y = \sum_{i=1}^{m}\sum_{j=1}^{n} A_i B_j f(t_i, k_j) \tag{7.3.32}$$

式中，t_i、k_j 分别为$[a,b]$、$[c,d]$区间上对应的高斯点；A_i、B_j 分别为高斯积分点 t_i、k_j 对应的高斯系数。每个区间上的高斯点数取相同为 n。

采用 CQC 法，针对每一个频率离散点共需进行的乘法运算的次数是 $q^2(4n^2+8)$；采用简化 SRSS 法，针对每一个频率离散点共需要进行的乘法运算的次数为 $q(4n^2+8)$；采用本节的算法，针对每一个频率离散点共需进行的乘法运算的次数为 $r[q(n+4)+8]$，其中，r 为拟合 $S_\mathrm{f}(x_1,x_2,\omega)$所需正交多项式的阶数。三种方法计算效率比较见表 7.1。

表 7.1　三种方法计算效率比较　　乘法次数

算　法	CQC 法	SRSS 法	本节方法
$q=5,n=5,r=5$	2700	540	265
$q=5,n=10,r=10$	10200	2040	780
$q=10,n=10,r=10$	40800	4080	1480
$q=10,n=20,r=20$	160800	16080	4960

表 7.1 表明，本节使用的快速算法的运算次数远远小于 CQC 法，并且当 r 越小时，该方法的效率优势越明显；同时，经验表明，当 r 增大时，计算所需的高斯点数也会随之增多，因此本节所使用的方法效率总是大大高于 CQC 法与 SRSS 法。

本节的方法计算过程如下：

(1) 计算 $W_r(x)$、$H_r(\omega)$，对于典型结构，可以使用其解析解；对于复杂结构通过有限元构建 $H_r(\omega)$；

(2) 将 $S_\mathrm{f}(x_1,x_2,\omega)$在二维正交域内进行分解，求出正交多项式系数 $c_{jk}(\omega)$；

(3) 对每一个离散的频率点，计算 $R_j(x,\omega)$；

(4) 根据式(7.3.30)，计算最终结果。

7.3.3　一维分布的随机动载荷识别方法

分布载荷识别的研究思路为：①建立输入输出的数学建模，即建立分布激励与响应之间的线性关系；②模型的动态标定方法，利用现有的工具，对模型进行试验动标定或者仿真动标定；③逆模型的创建，确定激励载荷。

1) 建立输入输出的数学建模

由随机动响应分析可以得知

$$S_y(x_m,x_n,\omega)=\{R_1^*(x_m)R_1(x_n)\ \cdots\ R_1^*(x_m)R_K(x_n)\ \cdots\ R_J^*(x_m)R_K(x_n)\}\cdot\{c_{11}\ \cdots\ c_{1K}\ \cdots\ c_{JK}\}^{\mathrm{T}} \tag{7.3.33}$$

因此,对于不同的测点 x_k,如果响应信息为各点的自功率谱密度,存在下列矩阵关系:

$$\begin{Bmatrix} S_y(x_1,\omega_i) \\ \vdots \\ S_y(x_k,\omega_i) \end{Bmatrix}_{k\times 1} = \begin{bmatrix} R_1^*(x_1)R_1(x_1) & \cdots & R_1^*(x_1)R_K(x_1) & \cdots & R_J^*(x_1)R_K(x_1) \\ R_1^*(x_2)R_1(x_2) & \cdots & R_1^*(x_2)R_K(x_2) & \cdots & R_J^*(x_2)R_K(x_2) \\ \vdots & & \vdots & & \vdots \\ R_1^*(x_k)R_1(x_k) & \cdots & R_1^*(x_k)R_K(x_k) & \cdots & R_J^*(x_k)R_K(x_k) \end{bmatrix}_{k\times JK} \begin{Bmatrix} c_{11} \\ \vdots \\ c_{1K} \\ \vdots \\ c_{JK} \end{Bmatrix}_{JK\times 1} \tag{7.3.34}$$

如果响应信息中包括互功率谱密度,同理有

$$\begin{Bmatrix} S_y(x_1,\omega_i) \\ S_y(x_1,x_2,\omega_i) \\ S_y(x_1,x_3,\omega_i) \\ \vdots \\ S_y(x_k,\omega_i) \end{Bmatrix}_{\frac{k(k+1)}{2}\times 1} = \begin{bmatrix} R_1^*(x_1)R_1(x_1) & \cdots & R_1^*(x_1)R_K(x_1) & \cdots & R_J^*(x_1)R_K(x_1) \\ R_1^*(x_1)R_1(x_2) & \cdots & R_1^*(x_1)R_K(x_2) & \cdots & R_J^*(x_1)R_K(x_2) \\ R_1^*(x_1)R_1(x_3) & \cdots & R_1^*(x_1)R_K(x_3) & \cdots & R_J^*(x_1)R_K(x_3) \\ \vdots & & \vdots & & \vdots \\ R_1^*(x_k)R_1(x_k) & \cdots & R_1^*(x_k)R_K(x_k) & \cdots & R_J^*(x_k)R_K(x_k) \end{bmatrix}_{\frac{k(k+1)}{2}\times JK} \begin{Bmatrix} c_{11} \\ \vdots \\ c_{1K} \\ \vdots \\ c_{JK} \end{Bmatrix}_{JK\times 1} \tag{7.3.35}$$

式(7.3.34)和式(7.3.35)建立了响应空间与激励参数空间的线性关系。

令

$$\boldsymbol{R}=\begin{bmatrix} R_1^*(x_1)R_1(x_1) & \cdots & R_1^*(x_1)R_K(x_1) & \cdots & R_J^*(x_1)R_K(x_1) \\ R_1^*(x_2)R_1(x_2) & \cdots & R_1^*(x_2)R_K(x_2) & \cdots & R_J^*(x_2)R_K(x_2) \\ \vdots & & \vdots & & \vdots \\ R_1^*(x_k)R_1(x_k) & \cdots & R_1^*(x_k)R_K(x_k) & \cdots & R_J^*(x_k)R_K(x_k) \end{bmatrix}_{k\times JK} \tag{7.3.36}$$

或者

$$\boldsymbol{R}=\begin{bmatrix} R_1^*(x_1)R_1(x_1) & \cdots & R_1^*(x_1)R_K(x_1) & \cdots & R_J^*(x_1)R_K(x_1) \\ R_1^*(x_1)R_1(x_2) & \cdots & R_1^*(x_1)R_K(x_2) & \cdots & R_J^*(x_1)R_K(x_2) \\ R_1^*(x_1)R_1(x_3) & \cdots & R_1^*(x_1)R_K(x_3) & \cdots & R_J^*(x_1)R_K(x_3) \\ \vdots & & \vdots & & \vdots \\ R_1^*(x_k)R_1(x_k) & \cdots & R_1^*(x_k)R_K(x_k) & \cdots & R_J^*(x_k)R_K(x_k) \end{bmatrix}_{\frac{k(k+1)}{2}\times JK} \tag{7.3.37}$$

则有

$$\boldsymbol{S}_y=\boldsymbol{R}\cdot\boldsymbol{C} \tag{7.3.38}$$

其中，$\boldsymbol{S}_y=\begin{Bmatrix} S_y(x_1,\omega_i) \\ \vdots \\ S_y(x_k,\omega_i) \end{Bmatrix}_{k\times 1}$，或者 $\boldsymbol{S}_y=\begin{Bmatrix} S_y(x_1,\omega_i) \\ S_y(x_1,x_2,\omega_i) \\ S_y(x_1,x_3,\omega_i) \\ \vdots \\ S_y(x_k,\omega_i) \end{Bmatrix}_{\frac{k(k+1)}{2}\times 1}$。

以下的推导过程假设响应信息中只包含自功率谱密度，如果响应信息中包含互功率谱密度，计算过程类似。

2）模型的动态标定方法

从激励的参数域空间到结构的响应空间，需要对式(7.3.34)的传递矩阵进行标定：

$$\boldsymbol{R}=\begin{bmatrix} R_1^*(x_1)R_1(x_1) & \cdots & R_1^*(x_1)R_K(x_1) & \cdots & R_J^*(x_1)R_K(x_1) \\ R_1^*(x_2)R_1(x_2) & \cdots & R_1^*(x_2)R_K(x_2) & \cdots & R_J^*(x_2)R_K(x_2) \\ \vdots & & \vdots & & \vdots \\ R_1^*(x_k)R_1(x_k) & \cdots & R_1^*(x_k)R_K(x_k) & \cdots & R_J^*(x_k)R_K(x_k) \end{bmatrix}_{k\times JK}$$

已知结构的模态参数及正交基，借助仿真的手段计算，$R_j(x_m,\omega)$可以看作在分布简谐激励 $L_j(x_m)\mathrm{e}^{\mathrm{j}\omega t}$ 作用下结构的频域响应。

3）逆模型的创建

逆模型的创建方法如下：

$$\begin{Bmatrix} c_{11} \\ \vdots \\ c_{1K} \\ \vdots \\ c_{JK} \end{Bmatrix}_{JK\times 1}=\boldsymbol{Q}_{JK\times k}\begin{Bmatrix} S(x_1,\omega_i) \\ S(x_2,\omega_i) \\ \vdots \\ S(x_k,\omega_i) \end{Bmatrix}_{k\times 1} \tag{7.3.39}$$

其中

$$\boldsymbol{Q}_{mn\times k}=\begin{cases} \boldsymbol{R}^+, & k>JK \\ \boldsymbol{R}^-, & k=JK \\ \text{不存在} & k<JK \end{cases} \tag{7.3.40}$$

求出参数 $\boldsymbol{C}$，代入式(7.3.24)，得到分布随机动载荷随空间位置变化的自功率谱密度和互功率谱密度。

讨论：

(1) 由 $c_{jk}(\omega_i)=a_{jk}(\omega_i)+\mathrm{i}b_{jk}(\omega_i)$，根据式(7.3.23)可知：

$$a_{jk}(\omega_i)=a_{kj}(\omega_i),\quad b_{jk}(\omega_i)=-b_{kj}(\omega_i) \tag{7.3.41}$$

因此

$$c_{jk}(\omega_i)=c_{kj}^*(\omega_i) \tag{7.3.42}$$

根据参数之间的关系，可以将未知的参数减少将近一半，相应的响应信息也可随之减少将近一半，计算量大大减少，计算效率得到提高。

(2) 简化后，分布随机载荷的识别，关键在于标定矩阵 $\boldsymbol{R}$，即 $R_m(x_1)$ 的获取。$R_m(x_1)$ 看作在分布简谐激励 $L_m(x)\mathrm{e}^{\mathrm{j}\omega_i t}$ 作用下，结构上 x_1 点的频域响应。标定矩阵 $\boldsymbol{R}$ 通过分布简谐激励求响应的方式获取，大大简化了标定的工作量。

(3) 当 $m=1, n=1$ 时，式(7.3.24)表明，分布随机激励空间直接相关。

7.4 小结

本章讨论了随机动载荷的识别方法，遵循从简单到复杂，从小规模到大规模的思路。本章涉及的动载荷识别模型包括集中随机动载荷和分布随机动载荷。通过对多点平稳随机载荷相关性及功率谱矩阵的研究，建立了多点随机载荷的识别理论。分布随机动载荷的识别有几个特点：分布动载荷无限维特性、分布动载荷相关特性。首先，将无限维的分布随机动载荷的互功率谱密度函数在有限维空间内进行投影，将不可数问题转化成可数问题；进一步，建立结构在分布随机动载荷作用下动态响应的快速算法，为分布随机动载荷的识别奠定基础。另一方面，建立分布随机动载荷的通用模型，以描述分布随机动载荷之间的相干特性，并将其作为识别目标。

将分布随机动载荷从空间上只有一个变量，延伸到空间内有两个变量，例如典型的弹性薄板，作用在其上的分布随机动载荷的识别技术也可参照本章的思路方法。定义空间域内包含两个空间变量的分布随机动载荷为二维分布随机动载荷，相对于多点分布的随机动载荷识别以及连续梁结构的分布随机动载荷识别，平面弹性薄板模型的分布随机动载荷识别问题在建模上更为复杂，求解规模更加庞大，可以依照投影法建立二维分布随机动载荷的受迫振动的快速算法，并在此基础之上建立二维分布随机动载荷的识别技术，读者可以参考相关文献。

第 8 章

动载荷的位置识别

动载荷识别技术的研究内容主要分为两个方面：一方面是动载荷历程的重建(或者称为动载荷幅值识别问题)；另一方面是动载荷作用位置的识别。对于载荷加载部位已知的情况，如何准确地识别动载荷量值是动载荷识别的一个重要内容；而对于绝大多数载荷加载部位未知的情况，首先需要解决的就是载荷定位问题，然后才是准确地重建动载荷历程。因此精准地获取系统载荷作用位置在动载荷识别过程中有着重要的地位，也是动力学分析问题中不可缺少的环节。在工程实际中，能否精准地确定载荷作用位置，将会影响工程师对结构动力学特性的认识和判断以及对外部载荷环境的获取。同时这也是确保工程结构设计正确性、有效性、安全性的基本工作。

动载荷位置的确定是重构载荷历程的前提条件，只有先对作用于结构上的外载荷进行定位，之后才能准确地识别出真实载荷曲线。现阶段针对动载荷识别的研究主要集中在载荷历程的重建计算，而关于动载荷定位计算的相关研究比较少。本章以连续梁为例介绍几个动载荷位置识别的方法。

8.1 动载荷位置识别的频域方法

建立两端简支条件下的伯努利-欧拉均匀梁模型，如图 8.1 所示。EI 为梁的截面刚度，ρA 为梁单位长度的质量，$w(x,t)$为梁的横向变形，$f(t)$为梁所受的外载荷。由前文可知动力学运动方程为

$$\rho A \frac{\partial^2 w}{\partial t^2} + EIc_0 \frac{\partial w}{\partial t} + EIc_1 \frac{\partial^5 w}{\partial t \partial x^4} + EI \frac{\partial^4 w}{\partial x^4} = f(t)\delta(x-a) \tag{8.1.1}$$

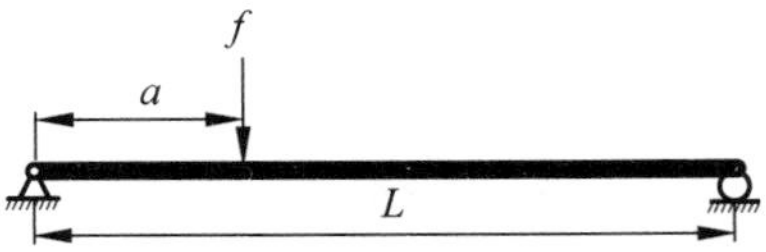

图 8.1 动载荷位置识别的梁模型

基于上文的分析，激励点 a 与响应点 x 之间的频响函数可化为

$$H_{xa}(\omega) = \sum_{r=1}^{+\infty} \frac{W_r(x)W_r(a)}{M_r(\omega_r^2 - \omega^2 + 2i\zeta_r\omega_r\omega)} \tag{8.1.2}$$

在给定初始条件下，已知载荷的作用位置而求载荷的时域历程，此类问题就是前文中介绍的动载荷幅值信息识别问题。而当载荷幅值和位置均未知时，动载荷识别难度大幅增加，必须先识别位置，而后再识别幅值信息。本节从最简单的单个载荷位置识别开始。

8.1.1 单点激励作用下载荷位置的识别

对于单点激励，假设单点激励的作用位置为 a 处。为了确定真实载荷位置，常常采用虚拟载荷位置进行定位识别。假设连续梁上位置 s 处可能是载荷的加载位置，并将一个虚拟载荷作用在位置 s 处，利用一个测点的响应信息由载荷识别模型求出相应的当量动载荷。为了准确识别出真实载荷的作用位置，仅靠一个测点的响应信息是不够的，因此必须增加其他测点的响应信息。此时利用另一个测点的响应反推出作用在该虚拟载荷作用位置 s 处的当量动载荷。只有当虚拟载荷位置恰好是真实加载部位 a 处时，计算得到的两个当量动载荷才可能会相等，由此建立优化目标函数 $\eta(s)$，当位置变量等于 a 时，目标函数 $\eta(s)$取得最小值。

$$\eta(s)=\|\bar{\boldsymbol{f}}_1(s)-\bar{\boldsymbol{f}}_2(s)\| \tag{8.1.3}$$

式中，$\|\cdot\|$是范数运算；$\bar{\boldsymbol{f}}_1(s)$和$\bar{\boldsymbol{f}}_2(s)$分别是利用两个测点响应在虚拟载荷作用位置 s 处计算得到的两组当量动载荷，可以是时域历程，也可以是频率响应幅值。

假设作用单点载荷，取 x_1,x_2 为响应点，则根据激励与响应之间的频域传递关系：

$$\begin{cases}\bar{f}_1(s,\omega_i)=X_1(\omega_i)/H_{1s}(\omega_i)\\[2ex]\bar{f}_2(s,\omega_i)=X_2(\omega_i)/H_{2s}(\omega_i)\end{cases} \tag{8.1.4}$$

式中，H_{1s},H_{2s} 表示虚拟激励点 s 分别与响应点 x_1,x_2 之间的频率响应函数；X_1,X_2 分别表示响应点 x_1,x_2 的频域响应。

令

$$\begin{cases}\bar{\boldsymbol{f}}_1(s)=\{\bar{f}_1(s,\omega_1)\quad \bar{f}_1(s,\omega_2)\quad \cdots\quad \bar{f}_1(s,\omega_n)\}^{\mathrm{T}}\\ \bar{\boldsymbol{f}}_2(s)=\{\bar{f}_2(s,\omega_1)\quad \bar{f}_2(s,\omega_2)\quad \cdots\quad \bar{f}_2(s,\omega_n)\}^{\mathrm{T}}\end{cases} \tag{8.1.5}$$

式中，$\omega_1,\omega_2,\cdots,\omega_n$ 为激励力在频域内的离散频率点。定义目标优化函数的最小值：

$$\min\eta(s)=\|\bar{\boldsymbol{f}}_1(s)-\bar{\boldsymbol{f}}_2(s)\| \tag{8.1.6}$$

则存在

$$\eta(a)=\|\bar{\boldsymbol{f}}_1(a)-\bar{\boldsymbol{f}}_2(a)\|\rightarrow \mathbf{0} \tag{8.1.7}$$

式(8.1.6)为一隐含变量 s 的非线性方程，该方程不易直接求出，可以通过数值算法解其数值解，例如常用的穷举法、二分法、迭代法等，这里不再赘述。求出位置信息后，再根据式(8.1.4)计算幅值信息。

8.1.2 多点激励作用下载荷位置的识别

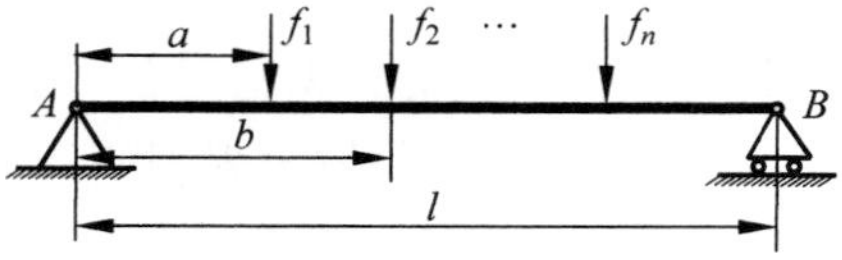

图 8.2 多个激励力作用下的识别模型

考虑连续梁系统上有多个未知载荷，作用位置表示为 $\boldsymbol{a}=\{a_1, a_2, \cdots, a_n\}$，如图 8.2 所示。

在频率内，多点激励与多点响应之间的关系如下：

$$\begin{bmatrix} H_{z_1s_1} & H_{z_1s_2} & \cdots & H_{z_1s_n} \\ H_{z_2s_1} & H_{z_2s_2} & \cdots & H_{z_2s_n} \\ \vdots & \vdots & & \vdots \\ H_{z_ms_1} & H_{z_ms_2} & \cdots & H_{z_ms_n} \end{bmatrix} \begin{Bmatrix} \bar{f}^1_{s_1} \\ \bar{f}^1_{s_2} \\ \vdots \\ \bar{f}^1_{s_n} \end{Bmatrix} = \begin{Bmatrix} X_{z_1} \\ X_{z_2} \\ \vdots \\ X_{z_m} \end{Bmatrix} \tag{8.1.8}$$

式中，n 为激励力的数目；m 为测量的位移响应的数目；$\boldsymbol{s}=\{s_1, s_2, \cdots, s_n\}$表示虚拟的激励位置；$z_1, z_2, \cdots, z_m$ 表示响应点的位置。

当响应点为 $p_1, p_2, \cdots, p_m$ 时，

$$\begin{bmatrix} H_{p_1s_1} & H_{p_1s_2} & \cdots & H_{p_1s_n} \\ H_{p_2s_1} & H_{p_2s_2} & \cdots & H_{p_2s_n} \\ \vdots & \vdots & & \vdots \\ H_{p_ms_1} & H_{p_ms_2} & \cdots & H_{p_ms_n} \end{bmatrix} \begin{Bmatrix} \bar{f}^2_{s_1} \\ \bar{f}^2_{s_2} \\ \vdots \\ \bar{f}^2_{s_n} \end{Bmatrix} = \begin{Bmatrix} X_{p_1} \\ X_{p_2} \\ \vdots \\ X_{p_m} \end{Bmatrix} \tag{8.1.9}$$

当 $n \leqslant m$ 时，对式(8.1.8)求逆：

$$\begin{Bmatrix} \bar{f}^1_{s_1} \\ \bar{f}^1_{s_2} \\ \vdots \\ \bar{f}^1_{s_n} \end{Bmatrix} = \begin{bmatrix} H_{z_1s_1} & H_{z_1s_2} & \cdots & H_{z_1s_n} \\ H_{z_2s_1} & H_{z_2s_2} & \cdots & H_{z_2s_n} \\ \vdots & \vdots & & \vdots \\ H_{z_ms_1} & H_{z_ms_2} & \cdots & H_{z_ms_n} \end{bmatrix}^+ \begin{Bmatrix} X_{z_1} \\ X_{z_2} \\ \vdots \\ X_{z_m} \end{Bmatrix} \tag{8.1.10}$$

对式(8.1.9)求逆：

$$\begin{Bmatrix} \bar{f}^2_{s_1} \\ \bar{f}^2_{s_2} \\ \vdots \\ \bar{f}^2_{s_n} \end{Bmatrix} = \begin{bmatrix} H_{p_1s_1} & H_{p_1s_2} & \cdots & H_{p_1s_n} \\ H_{p_2s_1} & H_{p_2s_2} & \cdots & H_{p_2s_n} \\ \vdots & \vdots & & \vdots \\ H_{p_ms_1} & H_{p_ms_2} & \cdots & H_{p_ms_n} \end{bmatrix}^+ \begin{Bmatrix} X_{p_1} \\ X_{p_2} \\ \vdots \\ X_{p_m} \end{Bmatrix} \tag{8.1.11}$$

令$\bar{\boldsymbol{f}}_1(s)=\{\bar{f}^1_{s_1} \quad \bar{f}^1_{s_2} \quad \cdots \quad \bar{f}^1_{s_n}\}^{\mathrm{T}}$，$\bar{\boldsymbol{f}}_2(s)=\{\bar{f}^2_{s_1} \quad \bar{f}^2_{s_2} \quad \cdots \quad \bar{f}^2_{s_n}\}^{\mathrm{T}}$。

定义优化函数为

$$\min\eta(\boldsymbol{s})=\|\bar{\boldsymbol{f}}_1(\boldsymbol{s})-\bar{\boldsymbol{f}}_2(\boldsymbol{s})\| \tag{8.1.12}$$

则存在

$$\eta(\boldsymbol{a})=\|\bar{\boldsymbol{f}}_1(\boldsymbol{a})-\bar{\boldsymbol{f}}_2(\boldsymbol{a})\|\rightarrow\mathbf{0} \tag{8.1.13}$$

根据上述分析，假如在梁上作用两个集中载荷 $F_a(\omega)$ 和 $F_b(\omega)$，其作用位置和幅值都不知道，此时可测量 4 个响应 $X_{z_1}(\omega)$、$X_{z_2}(\omega)$、$X_{p_1}(\omega)$、$X_{p_2}(\omega)$。

则根据测量的 4 个响应，可组成以下方程组：

$$\begin{cases}X_{z_1}(\omega)=H_{z_1s_1}(\omega)f_{s_1}^1(\omega)+H_{z_1s_2}(\omega)f_{s_2}^1(\omega)\\X_{z_2}(\omega)=H_{z_2s_1}(\omega)f_{s_1}^1(\omega)+H_{z_2s_2}(\omega)f_{s_2}^1(\omega)\end{cases} \tag{8.1.14}$$

$$\begin{cases}X_{p_1}(\omega)=H_{p_1s_1}(\omega)f_{s_1}^2(\omega)+H_{p_1s_2}(\omega)f_{s_2}^2(\omega)\\X_{p_2}(\omega)=H_{p_2s_1}(\omega)f_{s_1}^2(\omega)+H_{p_2s_2}(\omega)f_{s_2}^2(\omega)\end{cases} \tag{8.1.15}$$

则

$$\begin{Bmatrix}f_{s_1}^1(\omega)\\f_{s_2}^1(\omega)\end{Bmatrix}=\begin{bmatrix}H_{z_1s_1}(\omega) & H_{z_1s_2}(\omega)\\H_{z_2s_1}(\omega) & H_{z_2s_2}(\omega)\end{bmatrix}^+\begin{Bmatrix}X_{z_1}(\omega)\\X_{z_2}(\omega)\end{Bmatrix} \tag{8.1.16}$$

$$\begin{Bmatrix}f_{s_1}^2(\omega)\\f_{s_2}^2(\omega)\end{Bmatrix}=\begin{bmatrix}H_{p_1s_1}(\omega) & H_{p_1s_2}(\omega)\\H_{p_2s_1}(\omega) & H_{p_2s_2}(\omega)\end{bmatrix}^+\begin{Bmatrix}X_{p_1}(\omega)\\X_{p_2}(\omega)\end{Bmatrix} \tag{8.1.17}$$

则

$$\eta(\boldsymbol{s})=\left\|\begin{bmatrix}H_{z_1s_1}(\omega) & H_{z_1s_2}(\omega)\\H_{z_2s_1}(\omega) & H_{z_2s_2}(\omega)\end{bmatrix}^+\begin{Bmatrix}X_{z_1}(\omega)\\X_{z_2}(\omega)\end{Bmatrix}-\begin{bmatrix}H_{p_1s_1}(\omega) & H_{p_1s_2}(\omega)\\H_{p_2s_1}(\omega) & H_{p_2s_2}(\omega)\end{bmatrix}^+\begin{Bmatrix}X_{p_1}(\omega)\\X_{p_2}(\omega)\end{Bmatrix}\right\| \tag{8.1.18}$$

则

$$\eta(\boldsymbol{a})=\left\|\begin{bmatrix}H_{z_1a}(\omega) & H_{z_1b}(\omega)\\H_{z_2a}(\omega) & H_{z_2b}(\omega)\end{bmatrix}^+\begin{Bmatrix}X_{z_1}(\omega)\\X_{z_2}(\omega)\end{Bmatrix}-\begin{bmatrix}H_{p_1a}(\omega) & H_{p_1b}(\omega)\\H_{p_2a}(\omega) & H_{p_2b}(\omega)\end{bmatrix}^+\begin{Bmatrix}X_{p_1}(\omega)\\X_{p_2}(\omega)\end{Bmatrix}\right\|\rightarrow\mathbf{0} \tag{8.1.19}$$

当然也可以令不同 ω 的 $\eta(\boldsymbol{s})$ 平方和最小，从而定义新的目标函数。

式(8.1.18)中有 s_1,s_2 两个未知量，方程为非线性方程，通过数值解法可以得到最优的 s_1,s_2，而后得到幅值。

8.2 动载荷位置识别的时域方法

以上方法都是用频域法对动载荷的位置和幅值进行识别，下面用时域法对动载荷的位置进行识别。与频域法相比较，时域法有一定的难度，主要是时域条件下要考虑时间的变化历程，要对时间进行采样。在这里，对时域中集中简谐载荷作用位置的识别进行初步的探讨。

基于上文的分析，激励点 a 与响应点 x 之间的单位脉冲响应函数为

$$h_{xa}(t)=\sum_{r=1}^{+\infty}\frac{W_r(x)W_r(a)}{M_r\omega_r\sqrt{1-\zeta_r^2}}\mathrm{e}^{-\zeta_r\omega_r t}\sin\omega_r\sqrt{1-\zeta_r^2}\,t \tag{8.2.1}$$

对于单点激励而言，响应点 x_1 处的响应 $u(x_1,t)$ 由格林核函数法可以得到

$$\begin{Bmatrix}u_1(1)\\u_1(2)\\\vdots\\u_1(m)\end{Bmatrix}=\begin{bmatrix}h_{1s}(1)\Delta t & & & 0\\h_{1s}(2)\Delta t & h_{1s}(1)\Delta t & & \\\vdots & \vdots & \ddots & \\h_{1s}(m)\Delta t & h_{1s}(m-1)\Delta t & \cdots & h_{1s}(1)\Delta t\end{bmatrix}\begin{Bmatrix}\bar{f}_1(0)\\\bar{f}_1(1)\\\vdots\\\bar{f}_1(m-1)\end{Bmatrix} \tag{8.2.2}$$

式中，$u_1(m)$，$h_{1s}(m)$，$\bar{f}_1(m)$分别表示位移响应、单位脉冲响应函数以及虚拟激励力在以 Δt 为时间间隔的第 $m\Delta t$ 时刻的值。虚拟激励力的位置假定为 s 处。

同理，响应点 x_2 处的响应 $u(x_2,t)$ 由格林核函数法可以得到

$$\begin{Bmatrix}u_2(1)\\u_2(2)\\\vdots\\u_2(m)\end{Bmatrix}=\begin{bmatrix}h_{2s}(1)\Delta t & & & 0\\h_{2s}(2)\Delta t & h_{2s}(1)\Delta t & & \\\vdots & \vdots & \ddots & \\h_{2s}(m)\Delta t & h_{2s}(m-1)\Delta t & \cdots & h_{2s}(1)\Delta t\end{bmatrix}\begin{Bmatrix}\bar{f}_2(0)\\\bar{f}_2(1)\\\vdots\\\bar{f}_2(m-1)\end{Bmatrix} \tag{8.2.3}$$

分别对式(8.2.2)和式(8.2.3)求逆，可以得到

$$\bar{\boldsymbol{f}}_1(s)=\begin{Bmatrix}\bar{f}_1(0)\\\bar{f}_1(1)\\\vdots\\\bar{f}_1(m-1)\end{Bmatrix}=\begin{bmatrix}h_{1s}(1)\Delta t & & & 0\\h_{1s}(2)\Delta t & h_{1s}(1)\Delta t & & \\\vdots & \vdots & \ddots & \\h_{1s}(m)\Delta t & h_{1s}(m-1)\Delta t & \cdots & h_{1s}(1)\Delta t\end{bmatrix}^{+}\begin{Bmatrix}u_1(1)\\u_1(2)\\\vdots\\u_1(m)\end{Bmatrix} \tag{8.2.4}$$

$$\bar{\boldsymbol{f}}_2(s)=\begin{Bmatrix}\bar{f}_2(0)\\\bar{f}_2(1)\\\vdots\\\bar{f}_2(m-1)\end{Bmatrix}=\begin{bmatrix}h_{2s}(1)\Delta t & & & 0\\h_{2s}(2)\Delta t & h_{2s}(1)\Delta t & & \\\vdots & \vdots & \ddots & \\h_{2s}(m)\Delta t & h_{2s}(m-1)\Delta t & \cdots & h_{2s}(1)\Delta t\end{bmatrix}^{+}\begin{Bmatrix}u_2(1)\\u_2(2)\\\vdots\\u_2(m)\end{Bmatrix} \tag{8.2.5}$$

定义目标函数最小：

$$\min\eta(s)=\|\bar{\boldsymbol{f}}_1(s)-\bar{\boldsymbol{f}}_2(s)\| \tag{8.2.6}$$

将式(8.2.4)和式(8.2.5)代入式(8.2.6)中：

$$\eta(s)=\left\|\begin{bmatrix} h_{1s}(1)\Delta t & & & 0 \\ h_{1s}(2)\Delta t & h_{1s}(1)\Delta t & & \\ \vdots & \vdots & \ddots & \\ h_{1s}(m)\Delta t & h_{1s}(m-1)\Delta t & \cdots & h_{1s}(1)\Delta t \end{bmatrix}^{+}\begin{Bmatrix} u_1(1) \\ u_1(2) \\ \vdots \\ u_1(m) \end{Bmatrix}-\begin{bmatrix} h_{2s}(1)\Delta t & & & 0 \\ h_{2s}(2)\Delta t & h_{2s}(1)\Delta t & & \\ \vdots & \vdots & \ddots & \\ h_{2s}(m)\Delta t & h_{2s}(m-1)\Delta t & \cdots & h_{2s}(1)\Delta t \end{bmatrix}^{+}\begin{Bmatrix} u_2(1) \\ u_2(2) \\ \vdots \\ u_2(m) \end{Bmatrix}\right\| \tag{8.2.7}$$

对于真实激励位置 a，则存在

$$\eta(a)=\|\bar{f}_1(a)-\bar{f}_2(a)\|\to\mathbf{0} \tag{8.2.8}$$

对式(8.2.7)通过数值方法计算得到位置后，通过式(8.2.4)或者式(8.2.5)可以得到激励的时域历程。在实际计算单位脉冲响应函数时，需要选择合适的截断方法对模态进行截断，或者基于试验手段获取激励与响应点的单位脉冲响应函数。

对于多点激励下的位置识别方法，仿照上面思路同样可以得到。

8.3 基于分离变量法的动载荷定位

之前介绍了利用格林核函数方法构建动载荷位置识别的时域方法。在之前讨论中可以发现基于数值解法求解载荷位置时(例如穷举算法)，需要进行多次矩阵求逆计算，尤其当系统结构的自由度数目较大或无限时，要精确地定位动载荷位置将会消耗大量的计算时间，这给学者们进行载荷识别研究和实际工程应用带来很多不便。因此需要找到一种能快速定位结构动载荷位置的方法。

在之前的讨论中已经知道，当载荷位置未知的情况下，载荷位置变量包含在格林核函数矩阵中，所以为避免多次的矩阵求逆计算，可以通过分离变量的方法将载荷位置信息从格林核函数矩阵中分离出来，这使得新得到的矩阵与载荷位置无关，只与响应测点位置有关。因此当响应测点位置以及采样时间间隔 Δt 确定后，该矩阵就是一个常数矩阵。之后再识别载荷位置的时候，只需要进行一次矩阵求逆，从而加快载荷定位的效率。

现假设梁模型受到的外激励为单点集中激励，载荷作用位置在 $x=a$ 处，载荷时间函数用 $f(t)$ 表示，此时分布力函数可以用狄拉克函数来表示

$$f(x,t)=f(t)\delta(x-a) \tag{8.3.1}$$

对于单点集中激励，基于模态坐标变换，将梁的弯曲挠度 $w(x,t)$ 写作：

$$w(x,t)=\sum_{j=1}^{+\infty}W_j(x)q_j(t) \tag{8.3.2}$$

将式(8.3.2)代入式(8.1.1),在方程两边乘以 $W_j(x)$,方程两边对 x 在区间[0,L]上积分,利用固有振型函数的正交条件,得出模态空间下的微分方程组:

$$\ddot{q}_n(t)+2\zeta_n\omega_n\dot{q}_n(t)+\omega_n^2 q_n(t)=f_n(t)\quad (n=1,2,3,\cdots) \tag{8.3.3}$$

式中,ω_n 是梁第 n 阶固有频率,$2\zeta_n\omega_n=c_0\dfrac{EI}{\rho A}+c_1\omega_n^2$。

$$f_n(t)=\frac{f(t)}{M_n}\int_0^L \delta(x-a)W_n(x)\mathrm{d}x=\frac{f(t)}{M_n}W_n(a)\quad (n=1,2,\cdots) \tag{8.3.4}$$

式中,$M_n=\int_0^L \rho A W_n^2(x)\mathrm{d}x$ 为第 n 阶模态质量。

通过模态叠加理论可以得到梁模型的挠度响应:

$$w(x,t)=\sum_{r=1}^{+\infty}W_r(x)[U_r(t)q_r(0)+V_r(t)\dot{q}_r(0)+h_r(t)*f_r(t)] \tag{8.3.5}$$

$$h_r(t)=\frac{1}{\omega_r\sqrt{1-\zeta_r^2}}\mathrm{e}^{-\zeta_r\omega_r t}\sin\omega_r\sqrt{1-\zeta_r^2}\,t \tag{8.3.6}$$

$$\begin{cases} q_r(0)=\dfrac{1}{M_r}\displaystyle\int_0^L \rho A w_0(x)W_r(x)\mathrm{d}x \\ \dot{q}_r(0)=\dfrac{1}{M_r}\displaystyle\int_0^L \rho A v_0(x)W_r(x)\mathrm{d}x \end{cases}\quad (r=1,2,\cdots) \tag{8.3.7}$$

$$U_r(t)\overset{\text{def}}{=}\mathrm{e}^{-\zeta_r\omega_r t}\left[\cos(\omega_r\sqrt{1-\zeta_r^2}\,t)+\frac{\zeta_r}{\sqrt{1-\zeta_r^2}}\sin(\omega_r\sqrt{1-\zeta_r^2}\,t)\right]$$

$$V_r(t)\overset{\text{def}}{=}\frac{\mathrm{e}^{-\zeta_r\omega_r t}}{\omega_r\sqrt{1-\zeta_r^2}}\sin(\omega_r\sqrt{1-\zeta_r^2}\,t)\quad (r=1,2,\cdots) \tag{8.3.8}$$

本节研究的对象是零初始状态的问题,此时梁的位移响应可以写为

$$w(x,t)=\sum_{r=1}^{+\infty}W_r(x)[h_r(t)*f_r(t)] \tag{8.3.9}$$

将式(8.3.4)代入式(8.3.9),当模态质量 $M_r=1$ 时,可得单点集中载荷作用下,梁结构的位移响应为

$$w(x,t)=\sum_{r=1}^{+\infty}W_r(x)W_r(a)h_r(t)*f(t) \tag{8.3.10}$$

仿照式(4.2.4),$h_r(t)*f(t)$卷积运算可以离散化成如下形式:

$$\begin{Bmatrix} w(x,1) \\ w(x,2) \\ \vdots \\ w(x,m) \end{Bmatrix}=\sum_{r=1}^{+\infty}W_r(x)W_r(a)\begin{bmatrix} h_r(1)\Delta t & & & 0 \\ h_r(2)\Delta t & h_r(1)\Delta t & & \\ \vdots & \vdots & \ddots & \\ h_r(m)\Delta t & h_r(m-1)\Delta t & \cdots & h_r(1)\Delta t \end{bmatrix}\begin{Bmatrix} f(0) \\ f(1) \\ \vdots \\ f(m-1) \end{Bmatrix} \tag{8.3.11}$$

记

$$\boldsymbol{w}(x)=\begin{Bmatrix} w(x,1)\\ w(x,2)\\ \vdots\\ w(x,m)\end{Bmatrix},\quad \boldsymbol{f}_r=W_r(a)\begin{Bmatrix} f(0)\\ f(1)\\ \vdots\\ f(m-1)\end{Bmatrix} \tag{8.3.12}$$

以及

$$\boldsymbol{h}_r(x)=\begin{bmatrix} h_r(1)\Delta t & & & 0\\ h_r(2)\Delta t & h_r(1)\Delta t & & \\ \vdots & \vdots & \ddots & \\ h_r(m)\Delta t & h_r(m-1)\Delta t & \cdots & h_r(1)\Delta t\end{bmatrix} \tag{8.3.13}$$

则

$$\boldsymbol{w}(x)=\sum_{r=1}^{+\infty}W_r(x)\boldsymbol{h}_r(x)\boldsymbol{f}_r \tag{8.3.14}$$

根据测量的 n 个测点的响应信息，并进行合适的模态截取，可以得到

$$\begin{bmatrix} \boldsymbol{w}(x_1)\\ \boldsymbol{w}(x_2)\\ \vdots\\ \boldsymbol{w}(x_n)\end{bmatrix}=\begin{bmatrix} W_1(x_1)\boldsymbol{h}_1 & W_2(x_1)\boldsymbol{h}_2 & \cdots & W_m(x_1)\boldsymbol{h}_m\\ W_1(x_2)\boldsymbol{h}_1 & W_2(x_2)\boldsymbol{h}_2 & \cdots & W_m(x_2)\boldsymbol{h}_m\\ \vdots & \vdots & & \vdots\\ W_1(x_n)\boldsymbol{h}_1 & W_2(x_n)\boldsymbol{h}_2 & \cdots & W_m(x_n)\boldsymbol{h}_m\end{bmatrix}\begin{bmatrix} \boldsymbol{f}_1\\ \boldsymbol{f}_2\\ \vdots\\ \boldsymbol{f}_m\end{bmatrix} \tag{8.3.15}$$

式中，测点个数为 n，模态截断数为 m。当 $n\geqslant m$ 时，

$$\begin{bmatrix} \boldsymbol{f}_1\\ \boldsymbol{f}_2\\ \vdots\\ \boldsymbol{f}_m\end{bmatrix}=\begin{bmatrix} W_1(x_1)\boldsymbol{h}_1 & W_2(x_1)\boldsymbol{h}_2 & \cdots & W_m(x_1)\boldsymbol{h}_m\\ W_1(x_2)\boldsymbol{h}_1 & W_2(x_2)\boldsymbol{h}_2 & \cdots & W_m(x_2)\boldsymbol{h}_m\\ \vdots & \vdots & & \vdots\\ W_1(x_n)\boldsymbol{h}_1 & W_2(x_n)\boldsymbol{h}_2 & \cdots & W_m(x_n)\boldsymbol{h}_m\end{bmatrix}^{+}\begin{bmatrix} \boldsymbol{w}(x_1)\\ \boldsymbol{w}(x_2)\\ \vdots\\ \boldsymbol{w}(x_n)\end{bmatrix} \tag{8.3.16}$$

从上式可以看出核矩阵仅与测点位置以及系统的固有参数有关，与载荷位置无关。之前讨论的载荷定位计算方法，需要进行大量的矩阵求逆运算，而逆矩阵中包含载荷位置信息，每一次更新载荷位置均需要重新计算求逆矩阵，计算效率十分低下。因此，这里采用将包含载荷位置信息的参数 $W_r(a)$ 从系统核矩阵 $\boldsymbol{h}$ 中分离出来的方法，更新载荷位置时，$\boldsymbol{h}(x)$ 并未发生改变。

当响应测点个数 n 大于等于模态数 m 时，根据式(8.3.16)建立的载荷识别模型可以求出唯一解。当将识别的各阶模态载荷 $\boldsymbol{f}_r$ 除以相应的振型值可得到载荷向量 $\boldsymbol{f}$，而当选取的虚拟载荷位置正好是真实载荷位置时，计算得到的 m 个载荷向量 $\boldsymbol{f}$ 应该近似相等，所以利用最小优化原理，引入如下形式的优化目标函数 $\eta(s)$，当目标函数取得最小值时，所对应的位置变量即为真实载荷位置 a。

$$\min\eta(s)=\sum_{r=1}^{m}\left\|\boldsymbol{f}_r-\frac{W_r(s)}{W_1(s)}\boldsymbol{f}_1\right\|_2^2 \tag{8.3.17}$$

基于分离变量法的载荷识别方法通过将载荷位置信息从格林核函数矩阵中分离出来，利用多个测点的响应数据并选取合适的模态，可以确定载荷的加载位置并重建载荷的时间历程。与传统的穷举法识别载荷位置相比，该方法极大地减少了矩阵求逆的次数，从而提高了载荷定位的计算效率。当真实载荷位置确定之后，所对应的载荷时间历程也可以通过模态载荷除以相应的模态振型得到。

8.4 小结

本章介绍了已知载荷数目情况下的动载荷位置识别的频域、时域方法，以简支梁为研究对象，推导了简支梁上单点或多点集中载荷位置的识别方法。动载荷位置识别的核心问题是效率，在分析讨论了频域和时域定位方法存在运算效率低下的问题的基础上，引入了分离变量思想，将载荷位置变量信息从系统核矩阵中分离出来，从而减少矩阵求逆的次数，以此提高载荷定位计算的运算效率。在此过程中，选取测点响应中幅值较大的几阶模态用于识别计算，并确保响应测点的数目不少于选取的模态数。纵观动载荷识别两个方面内容，幅值识别方法层出不穷，而关于位置识别的方法近年来罕见报道，仍需大量的努力，例如载荷数目未知情况下，如何进行载荷位置定位等问题。

第 9 章

动载荷识别的正则化方法

人们在长期认识自然和改造自然的过程中，通过一些观测资料，得到了一系列规律性的认识，典型的例子如天气预报。这种由原因推测结果的过程，称为"正问题"或者称为"正演"。与正问题相反，由结果推测原因的过程，称为反问题，例如，根据地震的观测资料建立的地震振动机制，这是一种典型的反问题，它用于建立理论模型，在结构动力学领域典型的代表即是系统辨识。还有一种反问题，假设已经建立了一定的理论模型，则可以根据观测资料推测系统输入，如利用地震的观测数据来测定震源、发震时间等，这是测定输入的过程。此类反问题统称为"数学物理反问题"，在地球物理、生命科学、材料科学、信号（图像）处理、工业控制乃至经济决策等众多的科学领域中，都存在此类物理数学反问题。

9.1 反问题的数学描述及不适定性

反问题的数学描述：设 $\boldsymbol{X}$ 和 $\boldsymbol{Y}$ 均为度量空间（分别称为解空间和数据空间），算子为 $A:\boldsymbol{X}\to\boldsymbol{Y}$，则反问题可以写作如下算子方程的形式：

$$\boldsymbol{Ax}=\boldsymbol{y}\quad(\boldsymbol{x}\in\boldsymbol{X},\boldsymbol{y}\in\boldsymbol{Y})\tag{9.1.1}$$

其中的 $\boldsymbol{A}$ 可以是积分算子、微分算子或矩阵（有限秩算子）。这样，所谓的正问题就是：由已知的 $\boldsymbol{A}$ 和 $\boldsymbol{x}$ 求 $\boldsymbol{y}$，而本节的反问题则是在已知 $\boldsymbol{A}$ 和 $\boldsymbol{y}$ 的情况下，由方程(9.1.1)求 $\boldsymbol{x}$，即已知 $\boldsymbol{y}$（效果、表现、输出），反求 $\boldsymbol{x}$（原因、原像、输入）。20 世纪初，Hadamard 为了描述数学物理问题的合理搭配，引入适定性的概念：设 $\boldsymbol{\rho_X}$ 和 $\boldsymbol{\rho_Y}$ 分别是空间 $\boldsymbol{X}$ 和 $\boldsymbol{Y}$ 的度量，如果它同时满足下述三个条件，称方程(9.1.1)为"适定的"(well-posed)：

C_1：$\forall\,\boldsymbol{y}\in\boldsymbol{Y}$，都存在 $\boldsymbol{x}\in\boldsymbol{X}$ 满足方程(9.1.1)（解的存在性）；

C_2：设 $\boldsymbol{y}_1,\boldsymbol{y}_2\in\boldsymbol{Y}$，若 $\boldsymbol{x}_1$ 和 $\boldsymbol{x}_2$ 分别是方程(9.1.1)对应于 $\boldsymbol{y}_1\neq\boldsymbol{y}_2$ 的解，则 $\boldsymbol{x}_1\neq\boldsymbol{x}_2$（解的唯一性）；

C_3：解相对于空间偶$(\boldsymbol{X},\boldsymbol{Y})$而言是稳定的（解的稳定性）。

即：

$$\forall\,\varepsilon>0,\exists\,\delta(\varepsilon)>0,\text{只要：}\rho_{\boldsymbol{Y}}(\boldsymbol{y}_1,\boldsymbol{y}_2)\leqslant\delta(\varepsilon)\quad(\boldsymbol{y}_1,\boldsymbol{y}_2\in\boldsymbol{Y})\tag{9.1.2}$$

便有：

$$\rho_X(\boldsymbol{x}_1,\boldsymbol{x}_2)\leqslant\varepsilon\quad(\boldsymbol{Ax}_1=\boldsymbol{y}_1,\boldsymbol{Ax}_2=\boldsymbol{y}_2)\tag{9.1.3}$$

解的存在性、唯一性、稳定性是满足适定的三个必备条件。反之，若上述的三个条件中，至少有一个不能满足，则称反问题为不适定的(ill-posed)。在不适定问题中，常常遇到的情况是解的稳定性无法满足，然而解的稳定性对数值计算无疑是十分重要的，若输入数据存在微小变化(这在数值计算中无法避免，例如，测量数据的误差或者是计算机截断误差)，则会给解造成巨大的误差(差之毫厘，谬以千里)，使得求解结果无法被接受。因此在求解反问题时必须讨论其适定性，并针对不适定问题给出解决方案。

动载荷识别是“由效果、表现(输出)反求原因、原象(输入)”，属于“数学物理反问题”，并且属于上述的第二种反问题，正是本章研究的内容。求解数学物理反问题面临的两个本质性的实际困难是：①原始数据可能不属于所讨论问题精确解所对应的数据集合(如积分算子或者微分算子的值域)，因而在经典意义下的近似解可能不存在；②近似解的不稳定性，即原始资料小的观察误差(这在实际中不可避免)会导致近似解与真实解的严重偏离。

9.2 不适定问题的正则化策略

反问题很大一部分都是不适定的，主要原因在于两个方面：一方面，由于客观条件的限制，反问题中的输入数据(即给定的解的部分已知信息)往往是欠定的或者是过定的，这就导致解的不唯一或解的不存在，即 C_1、C_2 无法得到满足；另一方面，反问题的解对于输入数据往往不具有连续依赖性，这是由算子 A 的逆算子在数据空间上的不连续引起的，C_3 得不到满足。由于输入数据中不可避免地存在测量误差(微小变化)，可能会导致解的巨大变化，而且这种变化已经使得通常方法求出的解变得毫无意义。不适定性本质是由于信息(输入数据)不足造成的，如何恢复反问题的适定性正是本节的研究重点。

应当强调的是，反问题的不适定性，是问题本身所固有的一种特征，如果没有关于求解的附加信息(如单调性、光滑性或有界性)或者不改变问题的拓扑度量，仅仅通过“数学技巧”是无法修补的。反过来说，恢复问题适定性方法就是尽可能多地提供附加信息或者是改变问题的拓扑度量。工程上，恢复适定性的方法主要是前者，因为度量方式在给定的应用问题上难以随便改变，仅仅从数学理论研究的角度而言具有一定的意义。

基于上述讨论，从原则上探讨一下求解反问题的基本思路或者可能途径，围绕算子 $\boldsymbol{A}$、解空间 $\boldsymbol{X}$、数据空间 $\boldsymbol{Y}$ 三个方面进行描述：

(1) 拓广或者缩小解空间的范围，例如当算子方程的古典解不存在时，可考虑最佳逼近解或最小二乘解；当问题的解不唯一时，可对所求解附加一些必要的限制。例如，按某种度量时为“最小”的解，将这两者结合起来，可使适定性条件 C_1、C_2 得到满足。

(2) 用一族与原问题相邻近的适定性问题的解去逼近原问题的真解。构造一个“逼近”原问题的“邻近”问题，通过对适定的邻近问题的求解逼近不适定问题，保证了适定性的条件 C_3 得到满足。

针对数学物理反问题的求解，研究人员已发展了各种方法，诸如脉冲谱技术、广义脉冲谱技术、最佳摄动量法、蒙特卡罗方法、各种优化方法和正则化方法等。其中，最具普适性、理论上最完备而且行之有效的方法，就是著名学者 Tikhonov 以第一类算子方程为基本数学框架，于20世纪60年代创造性地提出，后来得到深入发展的正则化方法(或策略)。

通常，正则化方法是指求解物理反问题的稳定近似解的方法，其核心内容是用一族与原问题相邻的适定问题的解去逼近原问题的真解。因此，构造正则化算子以及根据补充信息来确定正则化参数是正则化理论和方法的核心问题。正则化算子和正则化参数的定义如下：

设 $\boldsymbol{A}$ 是 $\boldsymbol{X}$ 到 $\boldsymbol{Y}$ 的算子，$\bar{R}(\boldsymbol{y},\alpha):\boldsymbol{Y}\rightarrow\boldsymbol{X}$ 是对 $\boldsymbol{Y}$ 中所有元素 $\boldsymbol{y}$ 和任意 $\alpha>0$ 都有定义的关于 $\boldsymbol{y}$ 连续的算子。若有

$$\lim_{\alpha\rightarrow 0}\bar{R}(\boldsymbol{Ax},\alpha)=\boldsymbol{x}\quad(\forall\,\boldsymbol{x}\in\boldsymbol{X})\tag{9.2.1}$$

则算子 $\bar{R}(y,\alpha)$ 就是方程(9.1.1)的正则化算子，α 称为正则化参数。

显然，每一个这样的正则算子，连同决定正则参数的不同原则和方法都定义了构造原问题近似解的一个稳定算法，于是，寻求原问题的稳定性近似解的过程归纳为：

(1) 构造正则化算子 $\bar{R}(y,\alpha)$；

(2) 选择正则化参数 $\alpha=\alpha(\delta)$，使之与原始数据的误差水平 δ 相匹配。

针对不同 α 允许的取法，可以构造不同的正则化算子。因此，正则化方法的种类包括 Tikhonov 正则化方法、TSVD 正则化方法、贝叶斯正则化方法、迭代正则化方法等。

9.3 动载荷识别中的正则化方法

在结构动力学领域，研究内容包括三个方面：载荷、响应和系统参数。无论是离散系统还是连续系统，在线性假设的条件下，在时域或者频域中总能转化为如同方程(9.1.1)的形式。其中，$\boldsymbol{x}$ 代表载荷信息向量，$\boldsymbol{y}$ 代表响应信息向量，$\boldsymbol{A}$ 代表系统矩阵。所研究的结构动力学动载荷识别问题即是已知系统矩阵 $\boldsymbol{A}$ 和响应信息 $\boldsymbol{y}$，求载荷信息 $\boldsymbol{x}$。

根据前文所提及的动载荷识别的相关理论可知，由于系统矩阵往往是病态的以及响应信息中存在噪声，该问题是不适定性的，通过直接求逆的方法得到的结果往往不稳定、精度很差。因此，可以借助正则化方法改善不适定性，提升动载荷的识别精度。本节介绍常用的几种动载荷识别的正则化方法。

9.3.1 动载荷识别的 Tikhonov 正则化方法

Tikhonov 正则化方法解不适定性问题的基本思路为：对有界线性算子 $\boldsymbol{A}:\boldsymbol{X}\rightarrow\boldsymbol{Y}$ 和 $\boldsymbol{y}\in\boldsymbol{Y}$，求 $\boldsymbol{x}^{\alpha}\in\boldsymbol{X}$ 使其在 $\boldsymbol{X}$ 上极小化 Tikhonov 泛函：

$$J_{\alpha}(\boldsymbol{x})=\|\boldsymbol{Ax}-\boldsymbol{y}\|_{\boldsymbol{Y}}^{2}+\alpha\Omega(\boldsymbol{x})=\|\boldsymbol{Ax}-\boldsymbol{y}\|_{\boldsymbol{Y}}^{2}+\alpha\|\boldsymbol{x}\|_{\boldsymbol{X}}^{2}\tag{9.3.1}$$

式中，‖·‖表示范数；α 表示正则化参数；$\Omega(\boldsymbol{x})$称为稳定泛函。可以验证，对于 $\forall\alpha>0$ 以及给定的 $\boldsymbol{y}\in\boldsymbol{Y}$，使上述 Tikhonov 泛函极小化的元素 $\boldsymbol{x}^{\alpha}$ 的算子 $\bar{R}(\boldsymbol{y},\alpha)$便是正则化算子。

泛函 $J_{\alpha}(\boldsymbol{x})$的极小元等价于方程(9.3.2)：

$$\boldsymbol{A}^{*}\boldsymbol{A}\boldsymbol{x}^{\alpha}+\alpha\boldsymbol{x}^{\alpha}=\boldsymbol{A}^{*}\boldsymbol{y} \tag{9.3.2}$$

因此，Tikhonov 正则化方法的正则化解为

$$\boldsymbol{x}^{\alpha}=(\boldsymbol{A}^{*}\boldsymbol{A}+\alpha\boldsymbol{I})^{-1}\boldsymbol{A}^{*}\boldsymbol{y} \tag{9.3.3}$$

式中，$\boldsymbol{I}$ 表示单位算子；“*”表示伴随算子。

Tikhonov 正则化方法把正则化泛函的极小元 $\boldsymbol{x}^{\alpha}$ 作为方程(9.1.1)的正则化近似解，一方面使得 $\|\boldsymbol{A}\boldsymbol{x}^{\alpha}-\boldsymbol{y}\|$ 较小，从而是方程(9.1.1)的近似解，另一方面，通过惩罚项 $\alpha\|\boldsymbol{x}\|_{\boldsymbol{X}}^{2}$ 来保证解的稳定性(从而是正则化解)。

上述介绍的连续 Tikhonov 正则化方法，偏重于方法的构造及其理论分析。从数值求解的角度，假设一离散线性系统 $\boldsymbol{A}\boldsymbol{x}=\boldsymbol{y}(\boldsymbol{A}\in\mathbf{R}^{m\times n},m\geqslant n)$，对它进行奇异值分解，得到

$$\boldsymbol{A}=\boldsymbol{U}_{mn}\boldsymbol{\Sigma}_{nn}\boldsymbol{V}_{nn}^{\mathrm{T}}=\sum_{i=1}^{n}\sigma_{i}\boldsymbol{u}_{i}\boldsymbol{v}_{i}^{\mathrm{T}} \tag{9.3.4}$$

式中，$\boldsymbol{U}_{mn}=\{u_1,u_2,\cdots,u_n\}$ 和 $\boldsymbol{V}_{nn}=\{v_1,v_2,\cdots,v_n\}$ 的列向量正交，对角矩阵 $\boldsymbol{\Sigma}_{nn}$ 的对角元素(即矩阵 $\boldsymbol{A}$ 的奇异值)满足 $\sigma_1\geqslant\sigma_2\geqslant\cdots\geqslant\sigma_n\geqslant 0$，则方程(9.3.3)可以写作

$$\boldsymbol{x}^{\alpha}=\sum_{i=1}^{n}\frac{\sigma_i^2}{\sigma_i^2+\alpha}\frac{\boldsymbol{u}_i^{\mathrm{T}}\boldsymbol{y}}{\sigma_i}\boldsymbol{v}_i \tag{9.3.5}$$

式(9.3.5)中，定义因子

$$f_{\alpha}(\sigma_i)=\frac{\sigma_i^2}{\sigma_i^2+\alpha} \tag{9.3.6}$$

为 Tikhonov 过滤因子，它依赖于正则化参数 α 和奇异值的平方 σ_i^2，并且有下列特性：

$$f_{\alpha}(\sigma_i)=\begin{cases}1 & (\sigma_i^2\gg\alpha)\\ \dfrac{\sigma_i^2}{\alpha} & (\sigma_i^2\ll\alpha)\end{cases} \tag{9.3.7}$$

因此，当 $\sigma_i^2\gg\alpha$ 时，过滤因子等于 1，Tikhonov 正则化方法得到的解为

$$\boldsymbol{x}^{\alpha}=\sum_{i=1}^{n}\frac{\boldsymbol{u}_i^{\mathrm{T}}\boldsymbol{y}}{\sigma_i}\boldsymbol{v}_i \tag{9.3.8}$$

针对不同的 $f_{\alpha}(\sigma_i)$可以得出不同的正则化方法。

9.3.2 动载荷识别的 TSVD 正则化方法

另外一个广泛应用的正则化方法是截断奇异值分解法(TSVD)，所谓截断即是直接舍弃矩阵 $\boldsymbol{A}$ 小的奇异值，取过滤因子为

$$f_{\alpha}(\sigma_i)=\begin{cases}1 & (\sigma_i \geqslant \alpha) \\ 0 & (\sigma_i < \alpha)\end{cases} \tag{9.3.9}$$

式(9.3.9)中，α 表示一阈值，通常是小的正数，并且满足下列关系：

$$\sigma_1 \geqslant \sigma_2 \geqslant \cdots \geqslant \sigma_k \geqslant \alpha \geqslant \sigma_{k+1} \geqslant \cdots \geqslant \sigma_n \geqslant 0$$

取这种过滤因子的方法为 TSVD 法，则其正则解为

$$\boldsymbol{x}^{\alpha}=\sum_{i=1}^{k}\frac{\boldsymbol{u}_i^{\mathrm{T}}\boldsymbol{y}}{\sigma_i}\boldsymbol{v}_i \tag{9.3.10}$$

式中，k 称为截断数。从上述推导过程可以看出，TSVD 法在一定意义上与 Tikhonov 正则化方法是等价的。实际上，TSVD 法正则化方法等价于用矩阵

$$\boldsymbol{A}_k=\boldsymbol{U}_{mn}\operatorname{diag}(\sigma_1,\sigma_2,\cdots,\sigma_k,0,\cdots,0)\boldsymbol{V}_{nn}^{\mathrm{T}} \tag{9.3.11}$$

来逼近 $\boldsymbol{A}$。从正则化的角度看，上述逼近相当于将病态算子 $\boldsymbol{A}$ 转化成良态算子 $\boldsymbol{A}_k$。

此外，GSVD 和 TGSVD 也是基于奇异值分解的正则化方法，具体内容参阅相关文献。

9.3.3 动载荷识别的贝叶斯正则化方法

考虑到响应测量中的噪声影响，动载荷识别的模型可以写成如下形式：

$$\boldsymbol{y}=\boldsymbol{A}\boldsymbol{x}+\boldsymbol{y}_{\text{noise}} \tag{9.3.12}$$

假设噪声为高斯白噪声，先验分布为马尔可夫随机场，利用贝叶斯推断得到动载荷识别的后验概率密度

$$p(\boldsymbol{x}\mid\boldsymbol{y})\propto\exp\left(-\frac{\|\boldsymbol{A}\boldsymbol{x}-\boldsymbol{y}\|^2}{2\sigma^2}\right)\exp\left(-\frac{1}{2}\lambda\boldsymbol{x}^{\mathrm{T}}\boldsymbol{W}\boldsymbol{x}\right) \tag{9.3.13}$$

考虑似然函数中的标准差 σ 和先验概率密度函数中的尺度参数 λ 的确定，利用层次化贝叶斯模型的思想，将 λ 和 $\tau=1/\sigma^2$ 看作以 Gamma 分布作为先验分布的随机变量：

$$\begin{cases}p(\lambda)=\dfrac{\beta_1^{\alpha_1}}{\Gamma(\alpha_1)}\lambda^{\alpha_1-1}\exp(-\beta_1\lambda) \\ p(\tau)=\dfrac{\beta_2^{\alpha_2}}{\Gamma(\alpha_2)}\tau^{\alpha_2-1}\exp(-\beta_2\tau)\end{cases} \tag{9.3.14}$$

式中，$\alpha_1,\beta_1,\alpha_2,\beta_2$ 为 Gamma 分布参数。根据层次化贝叶斯模型的思想，推断出外载荷 $\boldsymbol{x}$ 和参数 λ,τ 的联合后验概率密度函数的分层模型为

$$p(\boldsymbol{x},\lambda,\tau\mid\boldsymbol{y})\propto p(\boldsymbol{y}\mid\boldsymbol{x},\tau)p(\boldsymbol{x}\mid\lambda)p(\tau)p(\lambda) \tag{9.3.15}$$

式中，$p(\boldsymbol{y}|\boldsymbol{x},\tau)$是似然函数；$p(\boldsymbol{x}|\lambda)$是外载荷的先验概率密度，分别为

$$p(\boldsymbol{y}\mid\boldsymbol{x},\tau)\propto\tau^{n/2}\exp\left(-\frac{\tau}{2}\|\boldsymbol{A}\boldsymbol{x}-\boldsymbol{y}\|^2\right)$$

$$p(\boldsymbol{x}\mid\lambda)\propto\lambda^{m/2}\exp\left(-\frac{1}{2}\lambda\|\boldsymbol{x}\|^2\right) \tag{9.3.16}$$

式中，n 为向量 $\boldsymbol{y}$ 的维数；m 为向量 $\boldsymbol{x}$ 的维数。

将式(9.3.14)和式(9.3.16)代入式(9.3.15)可得联合后验概率密度：

$$p(\boldsymbol{x},\lambda,\tau \mid \boldsymbol{y}) \propto \tau^{n/2+\alpha_2-1}\lambda^{m/2+\alpha_1-1}\exp\left(-\frac{\tau}{2}\|\boldsymbol{A}\boldsymbol{x}-\boldsymbol{y}\|^2-\frac{1}{2}\lambda\|\boldsymbol{x}\|^2-\beta_1\lambda-\beta_2\tau\right) \tag{9.3.17}$$

针对式(9.3.17)做最大后验估计，即可同时确定参数 λ、τ 和外载荷 $\boldsymbol{x}$。为了方便求解，将式(9.3.17)取对数并加负号得到贝叶斯正则化载荷识别的极小化泛函：

$$J(\boldsymbol{x},\lambda,\tau)=\frac{\tau}{2}\|\boldsymbol{A}\boldsymbol{x}-\boldsymbol{y}\|^2+\frac{\lambda}{2}\|\boldsymbol{x}\|^2-\left(\frac{n}{2}+\alpha_2-1\right)\ln\tau-\left(\frac{m}{2}+\alpha_1-1\right)\ln\lambda+\beta_1\lambda+\beta_2\tau \tag{9.3.18}$$

对于式(9.3.18)的极小化泛函，由于其形式复杂，往往需要通过梯度迭代等数值求解方式进行求解。这里采用交替方向算法求解该极小化泛函，基本的求解思路如下：

将式(9.3.18)的极小化泛函分别对参数 $\boldsymbol{x}$、τ、λ 求偏导：

$$\begin{cases}\dfrac{\partial J(\boldsymbol{x},\lambda,\tau)}{\partial \boldsymbol{x}}=0\\[2ex]\dfrac{\partial J(\boldsymbol{x},\lambda,\tau)}{\partial \tau}=0\\[2ex]\dfrac{\partial J(\boldsymbol{x},\lambda,\tau)}{\partial \lambda}=0\end{cases} \tag{9.3.19}$$

可以得到下面三个方程：

$$\begin{cases}\left(\boldsymbol{A}^{\mathrm{T}}\boldsymbol{A}+\dfrac{\lambda}{\tau}\boldsymbol{I}\right)\boldsymbol{x}-\boldsymbol{A}^{\mathrm{T}}\boldsymbol{y}=\boldsymbol{0}\\[2ex]\dfrac{n+2\alpha_2-2}{\tau}-\|\boldsymbol{A}\boldsymbol{x}-\boldsymbol{y}\|^2-2\beta_2=0\\[2ex]\dfrac{m+2\alpha_1-2}{\lambda}-\|\boldsymbol{x}\|^2-2\beta_1=0\end{cases} \tag{9.3.20}$$

求解得到

$$\begin{cases}\boldsymbol{x}=\left(\boldsymbol{A}^{\mathrm{T}}\boldsymbol{A}+\dfrac{\lambda}{\tau}\boldsymbol{I}\right)^{-1}\boldsymbol{A}^{\mathrm{T}}\boldsymbol{y}\\[2ex]\lambda=\dfrac{m+2\alpha_1-2}{\|\boldsymbol{x}\|^2+2\beta_1}\\[2ex]\tau=\dfrac{n+2\alpha_2-2}{\|\boldsymbol{A}\boldsymbol{x}-\boldsymbol{y}\|^2+2\beta_2}\end{cases} \tag{9.3.21}$$

根据式(9.3.21)进行数值迭代计算即可得到最优的正则化参数并同时反求出结构的动载荷，具体的迭代过程如表 9.1 所示。

表 9.1　贝叶斯正则化迭代过程

1：选择合适的初值 α_1、β_1、α_2、β_2、λ、τ，令 $k=1$

2：求解正则化参数 $\eta_k=\lambda_k/\tau_k$

3：求解 $\boldsymbol{x}_k$：$\boldsymbol{x}_k=(\boldsymbol{A}^{\mathrm{T}}\boldsymbol{A}+\eta_k\boldsymbol{I})^{-1}\boldsymbol{A}^{\mathrm{T}}\boldsymbol{y}$

4：求解参数 λ_{k+1} 和 τ_{k+1}：

$$\lambda_{k+1}=\frac{m+2\alpha_1-2}{\|\boldsymbol{x}_k\|^2+2\beta_1},\quad \tau_{k+1}=\frac{n+2\alpha_2-2}{\|\boldsymbol{A}\boldsymbol{x}_k-\boldsymbol{y}\|^2+2\beta_2}$$

5：令 $k=k+1$，并返回步骤 2 循环计算，直至满足迭代停止条件

停止条件可采用 $\boldsymbol{x}_{k+1}$ 和 $\boldsymbol{x}_k$ 之间差值的二范数与 $\boldsymbol{x}_k$ 的二范数比值小于指定的阈值 ε，如式(9.3.22)所示。

$$\|\boldsymbol{x}_{k+1}-\boldsymbol{x}_k\|/\|\boldsymbol{x}_k\|<\varepsilon \tag{9.3.22}$$

9.3.4　动载荷识别的迭代正则化方法

Krylov 子空间迭代法是求解大规模线性方程组非常流行的迭代方法，如共轭梯度法(CG)、共轭残差法(CR)、广义极小残差法(GMRES)等均属于这类方法。由于基底选择的多样性，我们主要关注由矩阵 $\boldsymbol{A}$ 和向量 $\boldsymbol{m}$ 生成的 Krylov 子空间的这类投影算法。

$$\kappa=\kappa_k(\boldsymbol{A},\boldsymbol{m})=\mathrm{span}\{\boldsymbol{m},\boldsymbol{A}\boldsymbol{m},\cdots,\boldsymbol{A}^{k-1}\boldsymbol{m}\} \tag{9.3.23}$$

下面主要介绍共轭梯度的 LSQR 迭代方法。

LSQR 方法是基于 Lanczos 双对角化迭代过程求解线性方程组和最小二乘问题的一种方法。对于动载荷识别的最小二乘问题 $\min\|\boldsymbol{A}\boldsymbol{x}-\boldsymbol{y}\|$，基于 Krylov 子空间投影方法的 Lanczos 双对角化迭代过程分别计算子空间 $\kappa_k(\boldsymbol{A}^{\mathrm{T}}\boldsymbol{A},\boldsymbol{A}^{\mathrm{T}}\boldsymbol{y})$ 和 $\kappa_k(\boldsymbol{A}\boldsymbol{A}^{\mathrm{T}},\boldsymbol{y})$ 的正交基底，可以得到两个标准正交化矩阵 $\boldsymbol{G}_k=(\boldsymbol{g}_1,\boldsymbol{g}_2,\cdots,\boldsymbol{g}_k)\in\mathbf{R}^{n\times k}$，$\boldsymbol{P}_{k+1}=(\boldsymbol{p}_1,\boldsymbol{p}_2,\cdots,\boldsymbol{p}_{k+1})\in\mathbf{R}^{n\times(k+1)}$ 和一个双对角矩阵 $\boldsymbol{B}_k\in\mathbf{R}^{(k+1)\times k}$。具体过程如表 9.2 所示。

表 9.2　Lanczos 双对角化过程

1：令 $\beta_1=\|\boldsymbol{y}\|$，$\boldsymbol{p}_1=\boldsymbol{y}/\beta_1\in\mathbf{R}^m$，$\boldsymbol{g}_0=\boldsymbol{0}$

2：for $j=1,2,\cdots,k$

3：$\boldsymbol{r}_j=\boldsymbol{A}^{\mathrm{T}}\boldsymbol{p}_j-\beta_j\boldsymbol{g}_{j-1}$

4：$\alpha_j=\|\boldsymbol{r}_j\|$；$\boldsymbol{g}_j=\boldsymbol{r}_j/\alpha_j$

5：$\boldsymbol{t}_j=\boldsymbol{A}\boldsymbol{g}_j-\alpha_j\boldsymbol{p}_j$

6：$\beta_{j+1}=\|\boldsymbol{t}_j\|$；$\boldsymbol{p}_{j+1}=\boldsymbol{t}_j/\beta_{j+1}$

7：end

则上述迭代过程可简化为

$$\begin{aligned}&\boldsymbol{P}_{k+1}(\beta_1\boldsymbol{e}_1)=\boldsymbol{y}\\&\boldsymbol{A}\boldsymbol{G}_k=\boldsymbol{P}_{k+1}\boldsymbol{B}_k\\&\boldsymbol{A}^{\mathrm{T}}\boldsymbol{P}_{k+1}=\boldsymbol{G}_k\boldsymbol{B}_k^{\mathrm{T}}+\alpha_{k+1}\boldsymbol{g}_{k+1}\boldsymbol{e}_{k+1}^{\mathrm{T}}\end{aligned}\tag{9.3.24}$$

其中

$$\boldsymbol{B}_k=\begin{bmatrix}\alpha_1 & & & \\ \beta_2 & \alpha_2 & & \\ & \beta_3 & \ddots & \\ & & \ddots & \alpha_k \\ & & & \beta_{k+1}\end{bmatrix}\in\mathbf{R}^{(k+1)\times k}\tag{9.3.25}$$

$\boldsymbol{e}_i$ 表示单位矩阵的第 i 列。

经过 k 步 Lanczos 双对角化迭代过程，LSQR 算法的近似解为 $\boldsymbol{x}_k=\boldsymbol{G}_k\boldsymbol{q}_k$。令

$$\boldsymbol{r}_k=\boldsymbol{y}-\boldsymbol{A}\boldsymbol{x}_k,\quad \boldsymbol{t}_{k+1}=\beta_1\boldsymbol{e}_1-\boldsymbol{B}_k\boldsymbol{q}_k\tag{9.3.26}$$

可以得到

$$\boldsymbol{r}_k=\boldsymbol{y}-\boldsymbol{A}\boldsymbol{x}_k=\boldsymbol{P}_{k+1}(\beta_1\boldsymbol{e}_1)-\boldsymbol{A}\boldsymbol{G}_k\boldsymbol{q}_k=\boldsymbol{P}_{k+1}(\beta_1\boldsymbol{e}_1)-\boldsymbol{P}_{k+1}\boldsymbol{B}_k\boldsymbol{q}_k=\boldsymbol{P}_{k+1}\boldsymbol{t}_{k+1}\tag{9.3.27}$$

在 k 次迭代后希望残差 $\boldsymbol{r}_k$ 尽可能地小，由于 $\boldsymbol{P}_{k+1}$ 为标准正交矩阵，所以残差 $\boldsymbol{r}_k$ 最小等价于求解 $\boldsymbol{q}_k$ 使得 $\|\boldsymbol{t}_{k+1}\|$ 最小，即求解下式的最小二乘问题：

$$\min\|\boldsymbol{t}_{k+1}\|=\|\beta_1\boldsymbol{e}_1-\boldsymbol{B}_k\boldsymbol{q}_k\|\tag{9.3.28}$$

这样就将一个复杂的最小二乘问题转换为其子空间上简单的最小二乘问题。

由于 $\boldsymbol{P}_{k+1}^{\mathrm{T}}\boldsymbol{y}=\beta_1\boldsymbol{e}_1$，得到近似解

$$\boldsymbol{x}_k=\boldsymbol{G}_k\boldsymbol{q}_k=\|\boldsymbol{y}\|\boldsymbol{G}_k\boldsymbol{B}_k^{+}\boldsymbol{e}_1=\boldsymbol{G}_k\boldsymbol{B}_k^{+}\boldsymbol{P}_{k+1}^{\mathrm{T}}\boldsymbol{y}\tag{9.3.29}$$

基于 LSQR 迭代方法反求载荷的过程有隐式“自正则化”作用，其中迭代步数相当于正则化参数的作用，合理地选择迭代步数能实现动态载荷的稳定反演。有时 Krylov 子空间法得到投影后的逆问题依旧具有较强的病态性，这时需要添加额外的正则化来获得足够好的近似解。例如先利用 Lanczos 双对角化迭代过程将问题投影成低维问题，再对该低维问题进行 TSVD 或者 Tikhonov 显式正则化。

9.4 正则化参数的选择

利用正则化方法求解不适定问题时，其中一个关键问题在于正则化参数的合理选择，无论是 Tikhonov 正则化方法中的正则化参数 α，还是 TSVD 中的正则化参数 k，正则化方法求解不适定问题都涉及正则化参数的选择问题。正则化参数选择不当，将导致求解结果的

无法接受，甚至无法满足正则化方法的适定性要求，因此必须确立一个正则化参数的选择方法。常用到的正则化参数选择方法包括广义偏差准则、广义交叉检验方法（GCV 法）、L 曲线准则。

1）广义偏差准则

广义偏差准则又称 Morozov 偏差准则，当输入数据的误差水平 δ 已知时，存在着 $\alpha=\alpha(\delta)$ 的一种选取策略，使得当 $\delta\to 0$ 时，$\alpha(\delta)\to 0$ 且 $\boldsymbol{x}^{\alpha(\delta)}\to\boldsymbol{x}_{\mathrm{T}}$（$\boldsymbol{x}_{\mathrm{T}}$ 代表真实解）。其中，最小模解时确立正则化参数的方法称为 Morozov 偏差准则。理论上，用下式：

$$\|\boldsymbol{Ax}-\boldsymbol{y}\|_{Y}^{2}=\delta^{2} \tag{9.4.1}$$

来确定正则化参数 $\alpha(\delta)$。

此方法确定的正则化参数与原始数据的误差水平密切相关，需要事先对原始输入数据的误差水平做出估计，这在有些情况下难以做到。在输入数据未知的情况下，下面介绍的两种方法（GCV 法和 L 曲线准则）是正则化参数选择的常用准则。

2）GCV 法

GCV 法是由 Golub 等利用统计观点得出的正则化参数选择方法，用 GCV 法确定正则化参数 α 使得函数：

$$V(\alpha)=\frac{\|(\boldsymbol{I}-\boldsymbol{A}(\alpha))\boldsymbol{y}\|^{2}}{[\mathrm{tr}(\boldsymbol{I}-\boldsymbol{A}(\alpha))]^{2}} \tag{9.4.2}$$

关于 α 极小，其中，$\boldsymbol{A}(\alpha)=\boldsymbol{A}(\boldsymbol{A}^{\mathrm{T}}\boldsymbol{A}+\alpha\boldsymbol{I})^{-1}\boldsymbol{A}^{\mathrm{T}}$，$\|\cdot\|$表示向量范数。$\mathrm{tr}(\boldsymbol{A})$表示矩阵 $\boldsymbol{A}$ 的迹，进一步化简得到

$$V(\alpha)=\frac{\|(\boldsymbol{AA}^{\mathrm{T}}+\alpha\boldsymbol{I})^{-1}\boldsymbol{y}\|^{2}}{[\mathrm{tr}(\boldsymbol{AA}^{\mathrm{T}}+\alpha\boldsymbol{I})]^{2}} \tag{9.4.3}$$

3）L 曲线准则

Hansen 研究了正则化参数选择的 L 曲线准则，将 $\ln\|\boldsymbol{x}^{\alpha}\|_{2}$ 作为横轴，$\ln\|\boldsymbol{y}-\boldsymbol{Ax}^{\alpha}\|_{2}$ 作为纵轴，绘制的曲线图形状像字母“L”，如图 9.1 所示，由此称为 L 曲线。取曲线 L 角点对应的 α 作为正则化参数。

图 9.1 表明，L 曲线角点的曲率最大时，正好使得残量 $\boldsymbol{y}-\boldsymbol{Ax}^{\alpha}$ 和解 $\boldsymbol{x}^{\alpha}$ 的范数维持在较小的水平。

对于 Tikhonov 正则化方法，对应的 L 曲线是关于参数 α 的连续曲线。令

$$\rho=\ln\|\boldsymbol{y}-\boldsymbol{Ax}^{\alpha}\|_{2},\quad \theta=\ln\|\boldsymbol{x}^{\alpha}\|_{2} \tag{9.4.4}$$

则曲线的曲率为正则化参数的函数

$$c(\alpha)=\frac{\rho'\theta''-\rho''\theta'}{[(\rho')^{2}+(\theta')^{2}]^{3/2}} \tag{9.4.5}$$

式中，上标（$'$）表示对 α 求导。$c(\alpha)$取最大值时对应的 α 使得解范数和残量范数之间有个合理的平衡，即最优参数。

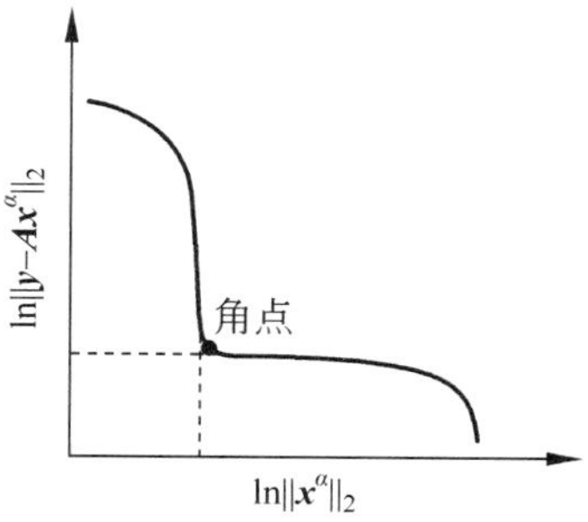

图 9.1 L 曲线示意图

最优参数 α 对应于 L 曲线的最大曲率处，即角点处。

对于 TSVD 法，正则化参数 α 是奇异值分解的截断数 k，此时 L 曲线是由一系列离散点构成的离散曲线。其最大曲率可以用下列方法确定：先用三次样条曲线拟合这组离散点，再根据该样条曲线确定最大曲率。有时最大曲率点并不正好对应一个离散点，则取左边最靠近最大曲率点的离散点，其序号 k 即为 TSVD 的截断数。

9.5 算例

对于方程 $\boldsymbol{Ax}=\boldsymbol{b}$，假设

$$\boldsymbol{A}=\begin{bmatrix}0.16 & 0.10\\ 0.17 & 0.11\\ 2.02 & 1.29\end{bmatrix},\quad \boldsymbol{x}=\begin{Bmatrix}1.0\\ 1.0\end{Bmatrix},\quad 则\ \boldsymbol{b}=\begin{Bmatrix}0.26\\ 0.28\\ 3.31\end{Bmatrix}$$

对 $\boldsymbol{b}$ 加入微小的扰动 $\boldsymbol{\varepsilon}=\{0.01\quad -0.03\quad 0.02\}^{\mathrm{T}}$，变成 $\bar{\boldsymbol{b}}=\boldsymbol{b}+\boldsymbol{\varepsilon}=\{0.27\quad 0.25\quad 3.33\}^{\mathrm{T}}$，若直接对 $\boldsymbol{A}$ 求广义逆，解方程 $\boldsymbol{Ax}=\bar{\boldsymbol{b}}$，得到最小二乘解 $\boldsymbol{x}_{\mathrm{LSQ}}=\{7.01\quad -8.40\}^{\mathrm{T}}$。说明此方程是病态方程，当方程右端有微小扰动时，得到的方程的解与方程的真实解差距巨大，为了解决稳定性的问题，引入正则化算法。

利用 Tikhonov 正则化算法计算方程的正则化解的步骤如下：

(1) 利用 L-curve 法和 GCV 法确定合适的正则化参数，见图 9.2 和图 9.3：

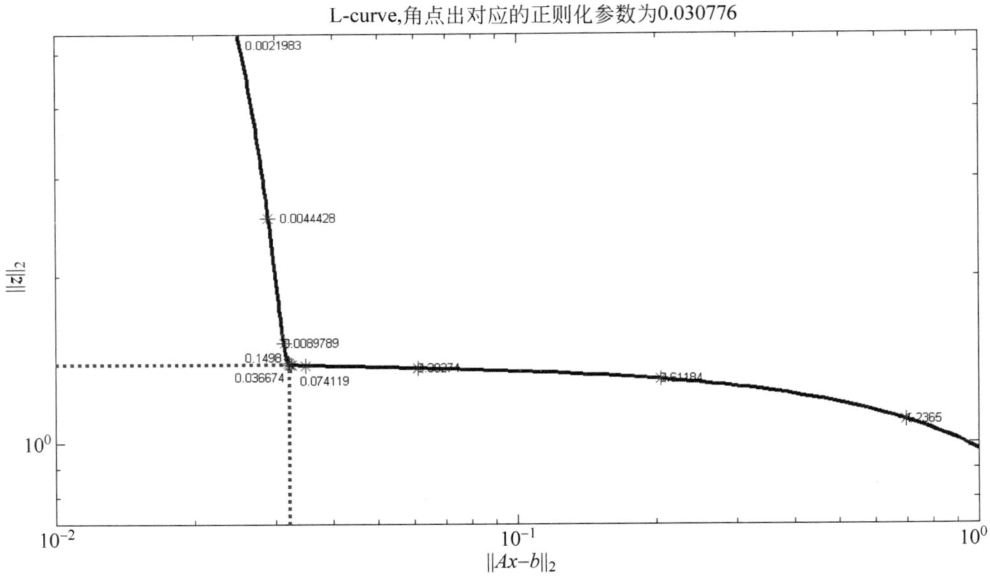

图 9.2 L-curve 求出 $\lambda=0.030776$

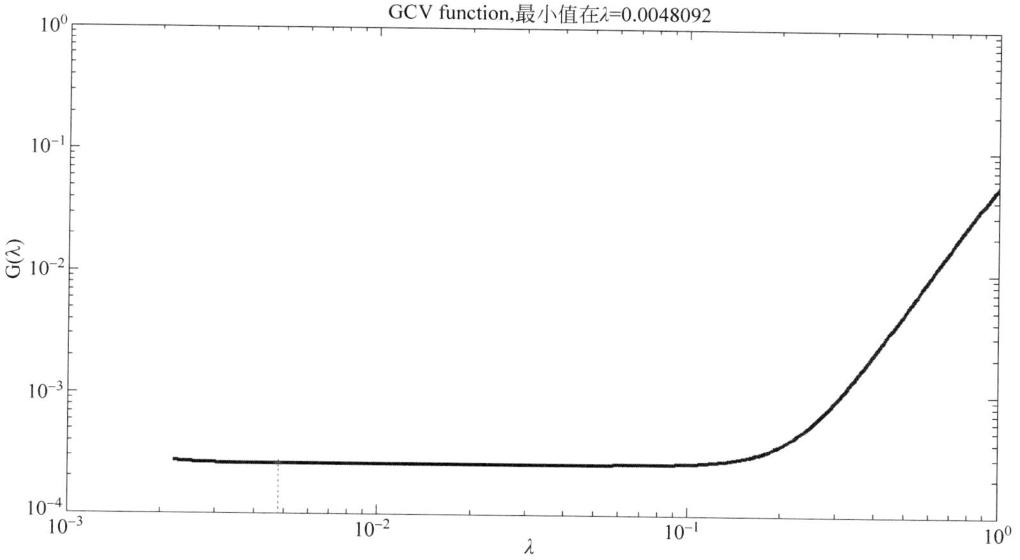

图 9.3 利用 GCV 法求出 $\lambda=0.0048092$

(2) 根据上一步确定的正则化参数，计算得到方程的正则化解：$\boldsymbol{x}_{0.030776}=\{1.1997\quad 0.70079\}^{\mathrm{T}}$、$\boldsymbol{x}_{0.0048092}=\{2.1794\quad -0.80327\}^{\mathrm{T}}$，与方程的真实解比较，可以看出利用 L-curve 方法更接近于真实解。

其他正则化的方法求解类似，这里不再赘述。

误差计算式如下：

$$\boldsymbol{r}=\|\boldsymbol{x}^{\alpha}-\boldsymbol{x}\|/\|\boldsymbol{x}\| \tag{9.5.1}$$

式中，$\boldsymbol{x}^{\alpha}$ 为正则化解；$\boldsymbol{x}$ 为真实解。

本算例中广义逆和几种正则化方法得到的解及误差如表 9.3 所示。

表 9.3 正则化解及误差

方 法	$\boldsymbol{x}^{\alpha}$	$\alpha(k)$	$r(k)/\%$
广义逆	$[7.0089\quad -8.3957]^{\mathrm{T}}$		788.62
Tikhonov	$[1.1997\quad 0.7008]^{\mathrm{T}}$	0.030776	25.44
TSVD	$[1.1703\quad 0.7473]^{\mathrm{T}}$	1	21.55
贝叶斯正则化	$[1.1008\quad 0.7028]^{\mathrm{T}}$	4	22.19
LSQR	$[1.1703\quad 0.7473]^{\mathrm{T}}$	1	21.55

由表 9.3 可知，对 $\boldsymbol{b}$ 进行微小扰动之后，直接求矩阵 $\boldsymbol{A}$ 的广义逆会有巨大误差，当使用 Tikhonov 和 TSVD 正则化联合 L 曲线法可得到合适的正则化参数，得到的正则化解分别仅有 25.44%和 21.55%的误差；贝叶斯正则化，初始参数均设为 1，通过 4 次迭代过程，也

可得到较好的正则化解，当选择合适的初始参数时，将会得到更好的正则化解。LSQR 正则化，通过 1 次迭代过程，得到的结果和 TSVD 相同，这是因为基于 Krylov 子空间投影方法的 Lanczos 双对角化迭代过程和奇异值分解(SVD)过程类似。

9.6 小结

载荷识别过程中，其系统核函数矩阵 **A** 往往是病态矩阵，直接求广义逆得到的最小二乘解会和真实解差距巨大，而通过直接正则化方法(如 Tikhonov、TSVD 等)可以在一定程度上将病态问题转化为病态性相对较轻或良性的问题。但由于实际测量中很难准确地估计噪声的水平，上述各种确定正则化参数的准则具体应用于载荷识别时，往往需要对反求的动载荷施加半定量的信息，即能使反求解满足一定光滑性的要求，但很难达到与测量噪声的水平真正相匹配。因此，利用直接正则化方法进行载荷反求时，对病态的核函数矩阵修正可能不足，结果也仍可能与实际有偏离。为了进一步提高载荷识别结果的稳定性，在载荷识别过程中常将迭代正则化方法和直接正则化方法相结合，如先将问题投影成低维问题，再对逆问题进行 TSVD 或者 Tikhonov 的显式正则化。

第 10 章

动载荷识别的机器学习方法

随着计算机性能的不断提升，机器学习领域也在高速发展，如今已经形成一门多领域交叉的学科并且应用范围十分广泛。简单来说，机器学习就是让计算机从数据中受到启发，来发现数据背后的规律，将无序的数据转换成有用的信息，并应对变化预测未知，这一过程与动载荷识别任务有着很强的联系性，因此机器学习也被应用于动载荷识别领域中。本章主要介绍机器学习的理论和动载荷识别中常用的机器学习方法。

10.1 机器学习理论基础

机器学习（machine learning）是指从已知数据中去发现规律，并用于对新事物的判别或对未知事物的预测。机器学习就是通过历史数据对模型进行训练，然后在面对全新数据输入时，可以对未知属性进行预测的过程。这其实与人的学习有相似之处，人在生活中积累了很多的经验，并对它们进行归纳，从而掌握生活的“规律”，在面对未知的问题时，使用这些“规律”对未知问题进行推理。机器学习中的训练与预测就可以类比于人类生活中的归纳和推理。机器学习的基本流程如图 10.1 所示。

机器学习的任务主要包含两个方面：一是分类；二是预测。分类任务，顾名思义，就是对已知数据的规律进行总结，并将新输入的数据分门别类。分类任务的输出结果一般为离散值，通常用于判别图像分类、垃圾邮件辨别等领域。预测任务则是通过总结规律，对未来的发展趋势进行预测，如预测房价、预测天气等，其中生活中比较常见的大数据推送也与预测任务有着密切关联。

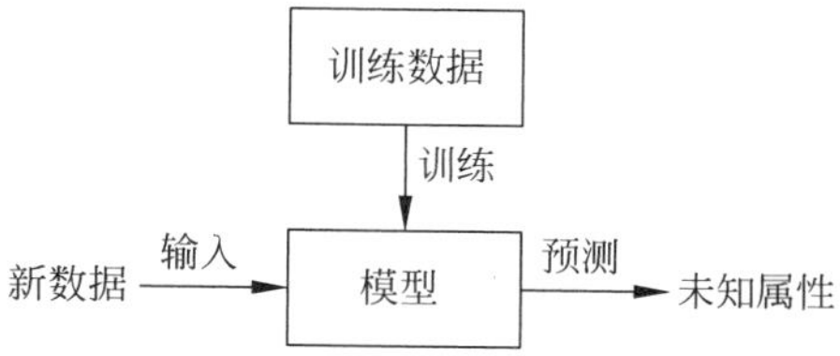

图 10.1 机器学习基本流程图

机器学习中，训练模型的方法和过程有很多，机器学习主要包括三种类型：有监督学习、无监督学习和增强学习。

1）有监督学习

有监督学习是指用于训练模型的数据中包含输出，这个输出可以是一个类别标签，也可以是一个值或多个值，模型经过训练之后，利用新来的数据可以给出对应的标签或者数值。在动载荷识别中，我们通常选取有监督学习，将载荷信息作为输出量对模型进行训练，训练完成后对全新的数据进行预测，得到相应的载荷信息。

2）无监督学习

无监督学习中用于训练模型的数据是不包含输出的，乍一看这种学习方法似乎并不可行，但是实际上，无监督学习方法的目的是通过训练完成某种聚类操作。这种聚类操作的基本思想是：计算向量之间的距离，根据距离的大小判断对象是否归为一个类别。简单来讲就是利用数据间的差异对数据进行归类。

3）增强学习

增强学习与有监督学习类似，但是它并不像有监督学习那样对每一个数据有着明确的输出信息，而是仅给出一个等级，这个等级是对模型某些输入序列性能的测度。这种类型的学习比较少见，一般适用于控制系统应用领域。

通过前面的介绍，我们已经了解到机器学习的本质是利用数据进行训练，确定模型参数并利用训练好的参数对新数据进行处理。从数学的角度来看，机器学习的目标是在输入和输出之间建立某种函数关系，如果用 x 代表输入数据，y 代表输出，机器学习的目标就是建立 $y=f(x)$的过程，$f(x)$就是我们所说的模型。在训练时，我们通常需要定义一个损失函数 $L(x)$，来判定真实输出与模型输出之间的偏差，通过反复的数据迭代，使损失函数达到最小，此时的 $f(x)$就是我们训练完成的模型。

模型的确定不仅取决于训练方法，另一个至关重要的影响因素就是数据。在机器学习中，我们一般将数据集分为两大部分：一部分用于模型训练，称作训练集；另一部分用于模型泛化能力评估，称为测试集。通常在模型训练的过程中，还会将训练集细化分为两部分：一部分用于模型的训练；另一部分用于交叉验证，称作验证集。数据集示意图如图 10.2 所示。

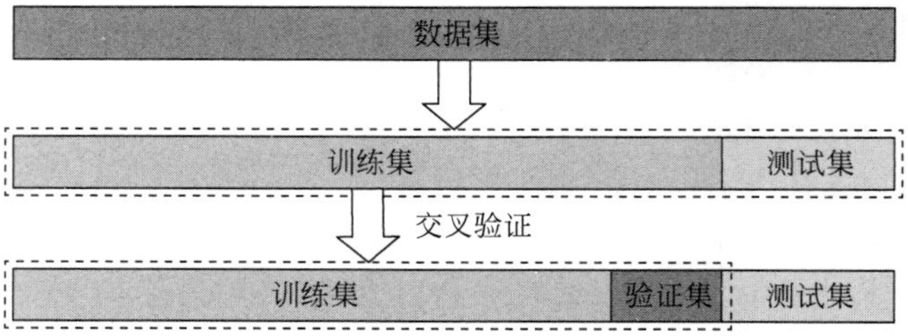

图 10.2　数据集示意图

10.2　基于支持向量机的动载荷识别方法

支持向量机，简称 SVM，由数学家 Vapnik 等提出，是机器学习中的经典方法之一。最初应用于二分类或者多分类问题，经过一系列的发展与研究，形成了 SVM 回归模型，可用于解决回归问题。

首先我们对 SVM 的基本原理进行简单介绍，很多人听到“支持向量机”都觉得高深莫测。之所以叫这个名字，是因为该算法中支持向量样本对分类的合理性起到的关键性作用。那什么是支持向量呢？支持向量就是离分类线或分类平面最近的样本点。SVM 是一种线性分类器，分类的对象要求是线性可分的，只有这样，才能找到一条线性分类线对样本特征数据进行分类。SVM 完成分类任务是基于其独有的概念“间隔最大化”。所谓间隔最大化，就是分类中两类数据之间的间隔尽可能地大。因此 SVM 分类模型的目标是：以间隔最大化原则找到最合适的分类线，分类线用函数 $f(x)=\boldsymbol{w}^{\mathrm{T}}x+b$ 表示，即通过确定参数 $\boldsymbol{w}$ 和 b 来确定分类线。常用的确定参数方法包括感知器法、损失函数法和最小二乘法等。

假设我们的训练集数据是 $\{(x_1,y_1),(x_2,y_2),\cdots,(x_n,y_n)\}$，SVM 回归模型的目标是找到一个线性函数 $f(\boldsymbol{x})=\boldsymbol{w}^{\mathrm{T}}x+b$，使得 $|y_i-\boldsymbol{w}^{\mathrm{T}}x_i-b|<\varepsilon$，即保证有更多的数据点落在如图 10.3 所示的虚线范围内。

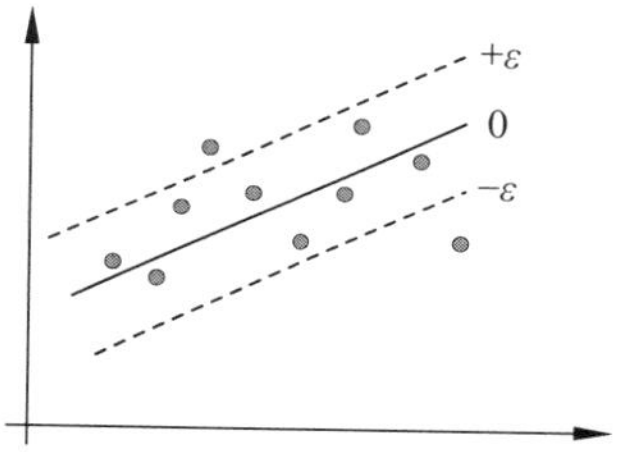

图 10.3　SVM 回归模型示意图

以最小二乘支持向量机(LSSVM)模型为例，同样假设样本为 $(x_i,y_i)(i=1,2,\cdots,n)$，$x\in\mathbf{R}^d$，$y\in\mathbf{R}$。经过非线性映射可以将该样本输入空间映射到样本空间：$\boldsymbol{\Phi}(x)=(\boldsymbol{\Phi}(x_1),\boldsymbol{\Phi}(x_2),\cdots,\boldsymbol{\Phi}(x_n))$。在这个空间，构造一个最优决策函数为 $y=\boldsymbol{w}^{\mathrm{T}}\boldsymbol{\Phi}(x)+b$，其中，$\boldsymbol{w}$ 为权重向量，b 为偏差。通过训练集的样本空间正则化求解模型的参数，用于训练 LSSVM 模型，然后可以得到确定的决策函数用于对新数据进行回归预测。

LSSVM 是损失函数为二次类型的 SVM 模型，即 $R_{\mathrm{emp}}=\sum_{i=1}^{n}\xi_i^2$（$\xi_i$ 表示训练样本误差）。根据风险最小化原则，将优化问题公式化：

$$\min R=\frac{1}{2}\boldsymbol{w}^{\mathrm{T}}\boldsymbol{w}+C\sum_{i=1}^{n}\xi_i^2 \tag{10.2.1}$$

式中，C 为代价函数。

最小二乘分类器的数学模型可以写为

$$\begin{cases}\min R=\dfrac{1}{2}\boldsymbol{w}^{\mathrm{T}}\boldsymbol{w}+C\displaystyle\sum_{i=1}^{n}\xi_i^2 \\ \text{s. t}\quad y_i(\boldsymbol{w}^{\mathrm{T}}\boldsymbol{\Phi}(x_i)+b)\geqslant 1-\xi_i,\quad \xi_i\geqslant 0\end{cases}\quad (i=1,2,\cdots,n) \tag{10.2.2}$$

区别于用于分类器，用作回归预测的 LSSVM 算法优化目标为

$$\begin{cases}\min R(\boldsymbol{w},b,\xi)=\dfrac{1}{2}\boldsymbol{w}^{\mathrm{T}}\boldsymbol{w}+C\displaystyle\sum_{i=1}^{n}\xi_i^2 \\ \text{s. t}\quad y_i=\boldsymbol{w}^{\mathrm{T}}\boldsymbol{\Phi}(x_i)+b+\xi_i\end{cases} \tag{10.2.3}$$

对于此优化目标，根据 KKT(Karush-Kuhn-Tucker)条件，例如：

$$\begin{cases} \min f(x) \\ \text{s. t} \quad g_i(x)=0 \quad (i=1,2,\cdots,m) \\ \text{s. t} \quad h_j(x) \leqslant 0 \quad (j=1,2,\cdots,n) \end{cases} \tag{10.2.4}$$

可构造拉格朗日函数：

$$F(\boldsymbol{x},\lambda,\mu)=f(x)+\sum_{i=1}^{m}\lambda_i g_i(x)+\sum_{j=1}^{n}\mu_j h_j(x) \tag{10.2.5}$$

所以针对上述 LSSVM 优化问题，可以建立拉格朗日函数为：

$$L(\boldsymbol{w},b,\boldsymbol{\xi},\boldsymbol{\alpha})=\frac{1}{2}\boldsymbol{w}^{\mathrm{T}}\boldsymbol{w}+C\sum_{i=1}^{n}\xi_i^2+\sum_{i=1}^{n}\alpha_i[y_i-(\boldsymbol{w}^{\mathrm{T}}\boldsymbol{\Phi}(x_i)+b+\xi_i)] \tag{10.2.6}$$

式中，$\boldsymbol{\alpha}=(\alpha_1,\alpha_2,\cdots,\alpha_n)$为拉格朗日乘子。

根据优化条件

$$\begin{cases} \dfrac{\partial L}{\partial \boldsymbol{w}}=0 \\ \dfrac{\partial L}{\partial b}=0 \\ \dfrac{\partial L}{\partial \boldsymbol{\xi}}=0 \\ \dfrac{\partial L}{\partial \boldsymbol{\alpha}}=0 \end{cases} \tag{10.2.7}$$

可以得到

$$\begin{cases} \boldsymbol{w}=\sum_{i=1}^{n}\alpha_i\boldsymbol{\Phi}(x_i) \\ \sum_{i=1}^{n}\alpha_i=0 \\ 2C\xi_i=\alpha_i \\ y_i=\boldsymbol{w}^{\mathrm{T}}\boldsymbol{\Phi}(x_i)+b+\xi_i \end{cases} \tag{10.2.8}$$

进一步计算出

$$y_i=\sum_{j=1}^{n}(\alpha_i\cdot\langle\boldsymbol{\Phi}(x_j),\boldsymbol{\Phi}(x_i)\rangle)+b+\frac{1}{2C}\alpha_i \tag{10.2.9}$$

这里定义核函数 $K(x_i,x_j)=\langle\boldsymbol{\Phi}(x_j),\boldsymbol{\Phi}(x_i)\rangle$，上式可以改写为

$$y_i=\sum_{j=1}^{n}\alpha_i\cdot K(x_i,x_j)+b+\frac{1}{2C}\alpha_i \tag{10.2.10}$$

得到线性方程

$$\begin{bmatrix} 0 & 1_{\text{vertical}}^{\mathrm{T}} \\ 1_{\text{vertical}} & \Omega+\dfrac{1}{2C} \end{bmatrix} \begin{Bmatrix} b \\ \boldsymbol{\alpha} \end{Bmatrix} = \begin{bmatrix} 0 \\ y \end{bmatrix} \tag{10.2.11}$$

其中，$\Omega_{ij}=K(x_i,x_j)$。

将式(10.2.11)展开可以写成

$$\begin{bmatrix} 0 & 1 & \cdots & 1 \\ 1 & K(x_1,x_1)+\dfrac{1}{2C} & \cdots & K(x_1,x_n) \\ \vdots & \vdots & \ddots & \vdots \\ 1 & K(x_n,x_1) & \cdots & K(x_n,x_n)+\dfrac{1}{2C} \end{bmatrix} \begin{bmatrix} b \\ \alpha_1 \\ \alpha_2 \\ \vdots \\ \alpha_n \end{bmatrix} = \begin{bmatrix} 0 \\ y_1 \\ y_2 \\ \vdots \\ y_n \end{bmatrix} \tag{10.2.12}$$

算法里的核函数取内积形式，根据泛函理论，核函数只需要满足 Mercer 理论，即任何半正定的函数都可以作为核函数。

针对动载荷识别问题，SVM 方法基于训练载荷样本和训练响应样本组成训练样本数据，选取合适的核函数，利用训练响应样本数据计算核函数矩阵 $\boldsymbol{K}$，再引入拉格朗日乘子，得到拉格朗日函数，求解拉格朗日乘子$\boldsymbol{\alpha}$ 和偏差 b，进一步整理计算得到决策函数中的权重向量 $\boldsymbol{w}$，从而得到结构动态载荷识别模型，可以对未知动载荷进行识别。

SVM 方法虽然具备较好的鲁棒性，可以获取全局最优解，但是在面对大数据训练样本时，实施难度比较大。在动载荷识别问题中，采集系统响应的采样率较高，很短的采样时间内就会有大量样本数据，这无疑增大了 SVM 的计算时间和计算难度。另外该方法需要人为定义代价函数 C，在定义参数的过程中，不同的结构甚至不同的约束条件都可能对它产生影响，因此对于实际操作经验的依赖性较强。

10.3 基于深度学习的动载荷识别方法

深度学习是一种机器学习方法，与传统机器学习方法一样，都可以根据输入数据进行分类和回归。但是随着数据量的增加，传统的机器学习方法表现不尽如人意，而此时利用更深的网络挖掘数据信息的方法——深度学习表现出了优异的性能，迅速受到了大量的关注。深度学习算法与传统机器学习算法相比，其最大的特点是端到端的学习，在进行学习之前无须进行特征提取等操作，可以通过深层的网络结构自动从原始数据中提取有用的特征。这意味着深度学习算法可以直接从原始数据中找到有用的信息，在预测时只使用对预测目标有用的内容，从而增加其预测能力，而且无须太多人工干预，增强了预测结果的稳定性。

在深度学习算法中，人工神经网络(简称神经网络)是近些年发展较为迅猛的算法之一。神经网络就是由多个非常简单的处理单元(神经元)彼此按照某种方式相互连接而成的计算系统。该系统可以对一组输入信号和一组输出信号进行处理，是机器学习和认知科学领域中模仿生物神经网络的结构和功能的一种数学模型。神经网络的特点正好与动载荷识别问题根据已知结构动响应(输入信号)对系统外载荷(输出)进行求解的需求相吻合,所以也被广泛应用于载荷识别领域。动载荷识别问题神经元结构如图 10.4 所示。

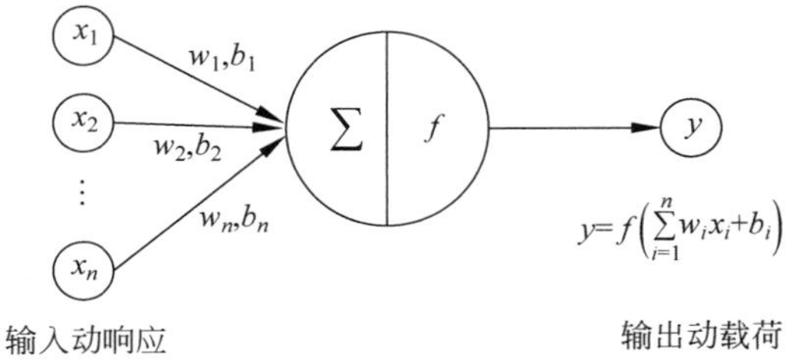

图 10.4 动载荷识别神经元结构示意图

神经网络的学习能力来源于网络结构,根据结构层的数量不同、每层神经元的数量多少,以及信息在层间的传播方式等,可以组合形成多种神经网络模型。在动载荷识别具体问题的使用中,现阶段最常见的有全连接神经网络、卷积神经网络、循环神经网络等。

10.3.1 基于全连接神经网络的动载荷识别

全连接神经网络(multi-layer perception,MLP),又被叫作多层感知机,是一种连接方式较为简单的人工神经网络结构,主要由输入层、隐藏层和输出层构成,并且在每个隐藏层中可以含有多个神经元。全连接神经网络可以应用于几乎所有任务的多功能学习方法,包括分类、回归,甚至无监督学习。

全连接神经网络输入层仅接收外界的输入,不进行任何函数处理,所以输入层的神经元个数往往和输入的特征数量相同。将全连接神经网络应用于动载荷识别领域时,一般选择结构的响应信号作为神经网络模型的输入。此外,在通常情况下,模型需要对输入数据进行预处理操作,常见的预处理方式有去均值、归一化、PCA/SVD 降维等。对于动载荷识别领域而言,输入层的输入为系统的响应信号,预处理通常选用归一化方式,其基本思想是通过一系列的运算处理保证所有维度上的数据都在同一变化幅度上。在动载荷识别问题中常用的归一化方式有两种:一种方法是将数据除以其标准差;另一种方法是将数据除以数据的绝对值最大值,以保证所有的数据归一化后都在-1～1之间。

隐藏层和输出层神经元会对信号进行加工处理,最终计算结果由输出层神经元输出。其中隐藏层层数及神经元数量可以根据需要进行调整,并将计算结果向后传递继续运算或将得到的最终结果传给输出层。输出层就代表经过神经网络运算之后的结果层,在动载荷识别问题中,全连接神经网络输出层的每个节点都代表当前样本所对应的载荷值。

经过上述介绍,我们掌握了全连接神经网络的基本结构。除此之外,全连接神经网络上层节点的输出和下层节点的输入之间具有一个函数关系,这个函数称为激活函数,在网络模型中起着至关重要的作用。激活函数是人工神经网络神经元上运行的函数，其主要作用是加入非线性因素，以此来解决模型表达能力不足的缺陷，这样输入数据不再是线性组合，而是可以逼近的任意函数，因此神经网络的表达能力将得到大幅度提升。常用的激活函数有Sigmoid函数、Tanh函数、ReLU函数、Swish函数等，函数表达式分别为

$$\begin{cases} \mathrm{Sigmoid}(x)=\dfrac{1}{1-\mathrm{e}^{-x}} \\ \mathrm{Tanh}(x)=\dfrac{\mathrm{e}^{x}-\mathrm{e}^{-x}}{\mathrm{e}^{x}+\mathrm{e}^{-x}} \\ \mathrm{ReLU}(x)=\begin{cases} x & (x>0) \\ 0 & (\text{其他}) \end{cases} \\ \mathrm{Swish}(x)=x\,\mathrm{Sigmoid}(\beta x) \end{cases} \tag{10.3.1}$$

在将全连接神经网络应用到动载荷识别问题时，使用Sigmoid函数与Tanh函数，在输入数据绝对值较大时，会出现梯度消失的现象，而且由于包含幂运算，因此在向后传播的过程中计算量较大；而ReLU函数可以避免该问题，因此被广泛使用。在动载荷识别问题中，神经网络模型的输出为载荷值，故输出层正值负值均包含，常规ReLU函数会在载荷值为负时出现梯度消失的情况，所以我们选取Leaky-ReLU函数作为激活函数，函数表达式如下：

$$\text{Leaky-ReLU}(x)=\max(ax,x) \tag{10.3.2}$$

式中，a为常数。

在全连接神经网络模型中添加激活函数以后，可以进一步提升神经网络模型的泛化能力，帮助我们获得更优的计算结果。我们在为全连接神经网络模型设置神经元初始参数时，并不能使得模型计算得到的载荷预测结果与真实载荷值接近，所以我们通过设置损失函数的方式，评估模型预测值与真实值之间的差距，并通过随机梯度下降算法对神经元参数进行迭代更新，最终得到高精度的预测结果。

所以我们要先定义损失函数，用来对神经网络每一轮迭代训练质量进行评估，常用的损失函数包括交叉熵损失函数、均方误差损失函数、平均绝对误差损失函数等。其中，交叉熵损失函数通常被用于分类问题中，而我们所关注的动载荷识别问题在深度学习领域属于回归问题，所以一般选取均方误差损失函数，其数学表达式为

$$L_{\mathrm{MSE}}=\frac{1}{m}\sum_{i=1}^{m}(f(\boldsymbol{\theta};\ x_i),y_i) \tag{10.3.3}$$

式中，$\boldsymbol{\theta}$表示卷积神经网络的参数；$f(\boldsymbol{\theta};\ x_i)$表示神经网络的预测值；$y_i$表示真实值。

如果均方误差的值越小，则表明模型预测值与真实值之间越接近，模型的训练精度也就越高。

通过损失函数得到模型预测值与真实值之间的误差之后，再利用梯度下降算法将损失函数值反向传播到神经网络参数中进行迭代训练，最终得到最优参数模型。梯度下降算法

常用于深度学习中递归性地逼近最小偏差模型，也就是以负梯度方向为搜索方向，沿梯度下降方向求解最小值。在前文中我们介绍了神经网络在训练过程中，每次正方向传播后都会得到输出值与真实值的损失值，这个损失值越小代表模型越好，于是梯度下降算法就是用在这个地方，帮助寻找最小的损失值。而为了寻找最小的损失值，需要沿着与梯度向量相反的方向$-\partial L/\partial \boldsymbol{\theta}$更新神经网络参数$\boldsymbol{\theta}$，这样可以使得梯度减小得最快，直到损失收敛到最小值。这就是梯度下降算法，其表达式为

$$\boldsymbol{\theta} \leftarrow \boldsymbol{\theta} - \eta \frac{\partial L}{\partial \boldsymbol{\theta}} \tag{10.3.4}$$

式中，$\eta \in \mathbf{R}$，为学习率，用于控制梯度下降的速度。

$\boldsymbol{\theta}$是神经网络参数组成的向量，即$\boldsymbol{\theta}=\{w_1, w_2, \cdots, w_n, b_1, b_2, \cdots, b_n\}$，梯度下降的目的就是为了找到一组合适的$\boldsymbol{\theta}$，使得神经网络的损失$L$最小，通过对各神经元中的权重参数$\boldsymbol{w}$和偏置参数$\boldsymbol{b}$进行迭代优化，达到对模型训练的目的。值得注意的是，当离目标值越接近时，变化就越小，梯度下降的速度就越慢。

另外，隐藏层神经元数量越多就意味着需要训练优化的参数$\boldsymbol{\theta}$越多，所需要的训练时间就越长。根据隐藏层的数量可以分为单隐藏层全连接神经网络和多隐藏层全连接神经网络，它们的网络拓扑结构如图10.5所示。

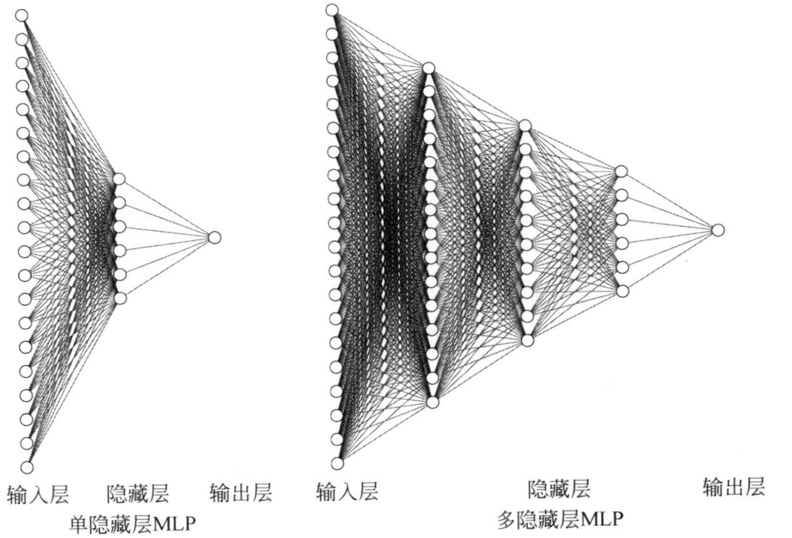

图10.5 全连接神经网络拓扑结构

针对单隐藏层全连接神经网络和多隐藏层全连接神经网络，每个隐藏层的神经元数量是可以变化的，通常没有一个很好的标准用于确定每层神经元的数量和隐藏层的个数。根据经验，更多的神经元就会有更强的表示能力，但是更容易造成网络的过拟合。所以在使用

全连接神经网络时，对模型泛化能力的测试很重要，最好的方式是在训练模型时，使用验证集来验证模型的泛化能力，且尽可能多地尝试多种网络结构，以寻找更好的模型，但这往往需要足够丰富的经验，同时还会消耗大量的时间。

将全连接神经网络应用于动载荷识别问题中，单隐藏层全连接神经网络通常很难对复杂结构动响应和载荷之间的关系进行拟合，达不到较高的识别精度。因此在动载荷识别领域实际应用过程中，我们一般选用多隐藏层全连接神经网络，以拥有更强的表示能力和网络模型泛化能力。在多隐藏层全连接神经网络处理动载荷识别问题时，输入层数据为结构的加速度响应数据，输出层为结构所对应的载荷数据。根据输入和输出数据的具体需求搭建全连接神经网络，然后将输入数据进行前处理再输入搭建好的网络模型中，利用损失函数计算预测值与真实值之间的差距，通过前文介绍的梯度下降算法，经过多轮的计算迭代得到一组最优的网络模型参数，最后将参数数据保存，完成对未知载荷的识别任务。动载荷识别流程如图 10.6 所示。

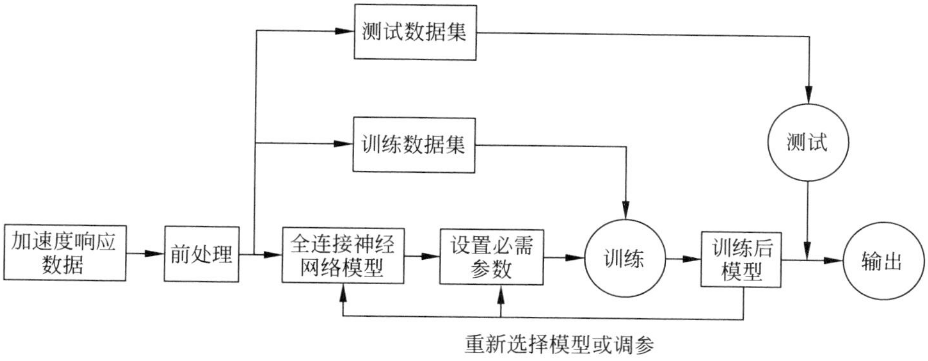

图 10.6　全连接神经网络训练流程图

虽然全连接神经网络具有功能强大且搭建过程相对简单、易于编程实现等优点，但是应用于动载荷识别领域时仍然存在一些问题，比如在处理复杂结构动载荷识别问题时，想要实现较高的识别精度往往需要设置很多隐藏层，导致有大量的神经元参数需要被训练优化，增加了训练时间等。

10.3.2　基于卷积神经网络的动载荷识别

卷积神经网络(CNN)是一类特殊的人工神经网络，与其他类型的神经网络的区别在于使用卷积层对输入数据进行大量的卷积计算，可以更好提取输入数据中的特征。另外，卷积神经网络各部件功能相互独立，通过对各层之间的连接组合搭建而成，易于编程实现。因其优越的表现，卷积神经网络被应用于视频分类、人脸识别、语义分割等领域。在动载荷识别方面，人们也尝试通过卷积神经网络来解决，而且取得了较好的识别效果。

卷积神经网络的基本结构有输入层、卷积层、池化层、全连接层和输出层，如图 10.7 所示。

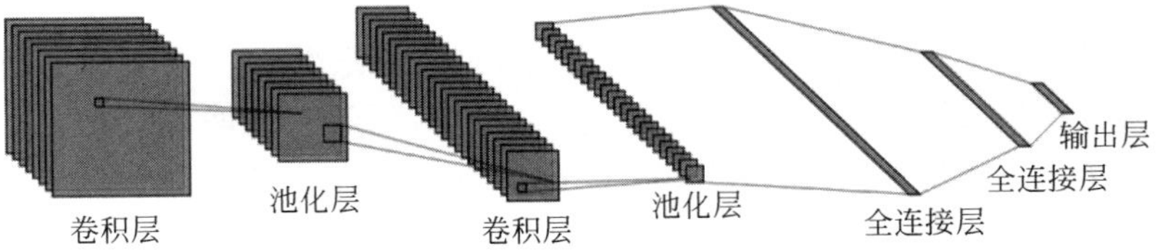

图 10.7　卷积神经网络示意图

卷积神经网络中的输入层和输出层与全连接神经网络中的输入层和输出层的特点完全一致，不再重复介绍，本节将着重介绍卷积神经网络中更加重要的卷积层和池化层。

1）卷积层

卷积层是卷积神经网络中的基础操作，顾名思义就是对输入数据进行卷积运算的网络层。通过卷积运算可以实现数据空间的特征量提取，还能一定程度上对数据噪声进行处理，起到增强重要数据的作用。

卷积层的计算原理相对简单，可以视作输入样本与卷积核的内积运算。具体过程为：卷积核按照步长，依次对输入样本从左到右，从上到下进行卷积计算，得到最终结果。如图 10.8 展示了卷积核为 2＊2，步长为 2 的卷积结果。

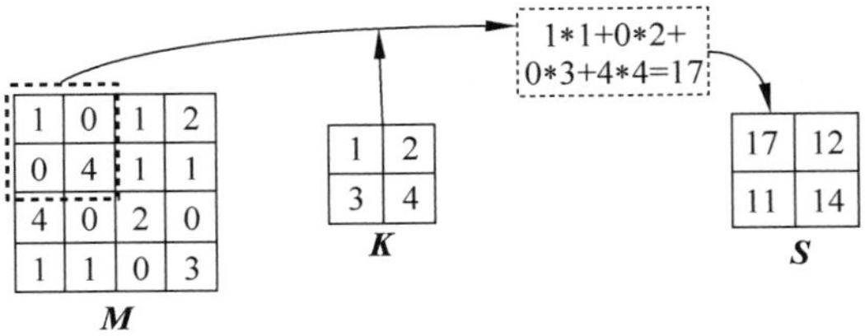

图 10.8　卷积层运算示意图

在动载荷识别问题中，通常选用的输入数据是由系统测点位置处的加速度响应组成的二维矩阵 $\boldsymbol{M}$，然后需要根据输入数据来对卷积核 $\boldsymbol{K}$ 的尺寸和步长进行设置，进而完成卷积运算得到输入加速度响应信息的特征。为了提高对加速度响应特征的提取效果，可以在神经网络中多设置几个卷积层，在每个卷积层中设置多个卷积核，这样就能丰富特征。另外，卷积核的大小和卷积步长是卷积操作中很重要的两个超参数，选取合适的超参数，将会给模型带来显著的性能提升。

2）池化层

在搭建神经网络的过程中，池化层一般被放置在卷积层之后，其目的是对输入数据进行降维，去除卷积得到的特征映射的次要部分，保留主要部分，从而减少网络中的参数，并以此降低神经网络模型的复杂度。目前常用的池化层为最大值池化和平均值池化两种，需要对池化核的尺寸和步长这两个超参数进行设置。在动载荷识别问题中，两种池化方法均可以选用。但是池化算法与卷积算法有些区别，卷积算法是将输入数据与卷积核对应位置的数字相乘再相加，而池化算法是取池化核内的最大值或者均值，并不需要将输入数据与卷积核对应位置的数字相乘再相加。图 10.9 以池化核 2 * 2，池化步长 2 为例，对两种池化方式进行了展示。

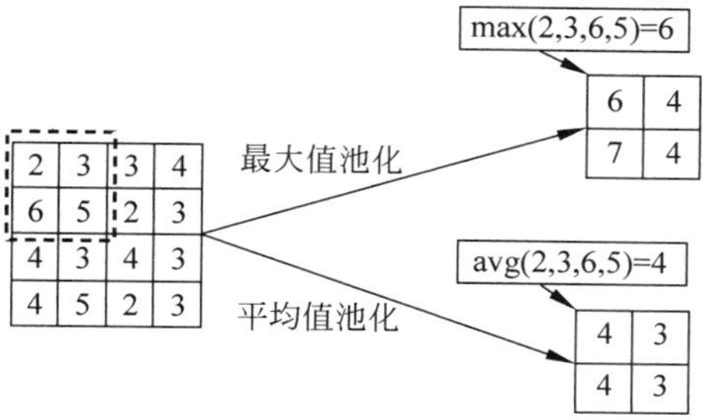

图 10.9　池化层计算示意图

3）全连接层

全连接层的原理与 10.3.1 节保持一致，在搭建卷积神经网络模型时一般作为最后一层出现，其作用是将前置神经网络层输出的多维数据特征转换成与样本标签相同维度的数据形式。在动载荷识别问题中，训练样本标签为加速度响应所对应的载荷值，为一维向量的形式，所以通过全连接层将前置网络层的结果堆叠起来，将学到的特征映射到样本的标签中。

与全连接神经网络一样，卷积神经网络也需要定义激活函数和损失函数，利用梯度下降算法对神经元参数进行迭代优化，具体介绍可以参见 10.3.1 节。这样通过输入层、卷积层、池化层、全连接层、输出层等网络基本元件，经过一系列的组合就可以完成卷积神经网络的搭建。

卷积神经网络应用于动载荷识别问题中时，选择系统响应作为网络的输入，将响应的动载荷信息作为网络的输出，将数据按照前文介绍的方法进行归一化处理，并划分为训练数据集和测试数据集。根据输入的特点搭建卷积神经网络模型，包括输入层、卷积层、池化层、全连接层和输出层，确定各层的神经元数量。然后选择合适的激活函数与损失函数，计算卷积神经网络模型预测值与真实值之间的损失，并判断损失是否满足识别精度的需要，如不满足需要，则需计算损失对各层神经元参数的梯度，基于梯度下降算法对神经元参数进行迭代优化，直至损失满足精度要求，训练完成。保存训练好的卷积神经网络模型参数，对预测数据集进行计算，完成对未知动载荷的识别，流程如图 10.10 所示。

虽然卷积神经网络的功能强大，但是我们在处理动载荷识别问题时，卷积神经网络模型可能很难完美地识别未知动载荷，还需要根据实际情况对网络层进行微调。另外还可能出现过拟合的问题，即网络模型在处理训练集数据时表现优异，但是在处理预测集数据时表现不佳。出现这些问题时，我们可以尝试用以下方法提升卷积神经网络的识别精度：

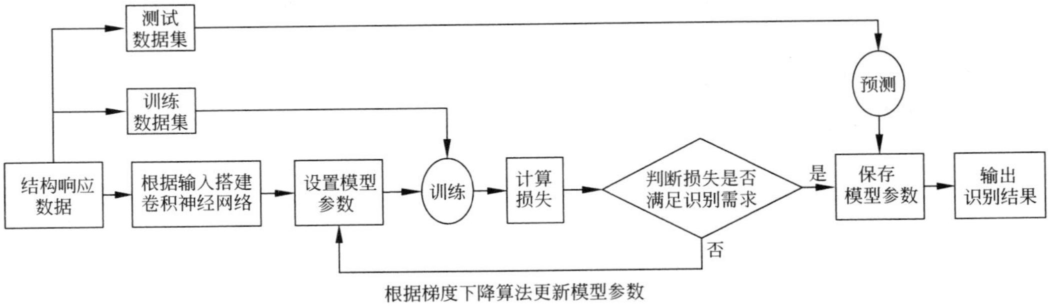

图 10.10 卷积神经网络动载荷识别问题处理流程

(1) 加入更多的数据,增加数据多元性;

(2) 添加 Dropout 层;

(3) 使用 L1 或 L2 正则化方法。

当上述方法还不能够提高网络模型的预测精度时,一种更好的选择是调整模型的网络参数,即调整网络模型的层间结构和卷积参数,如增加更多的卷积层等。

10.3.3 基于循环神经网络的动载荷识别

循环神经网络(RNN)是深度学习中的一个重要分支,近年来与循环神经网络模型相关的研究发展迅速。循环神经网络可以看作一类具有短期记忆能力的神经网络,因为在循环神经网络中的神经元不仅可以接收其他神经元的信息,也可以接收自身的信息,形成具有环路的网络结构,使得循环神经网络具有更强的记忆能力。

全连接神经网络和卷积神经网络的数据表达能力已经非常强了,为什么还需要循环神经网络呢? 这是因为在实际应用的过程中面临的问题更加复杂,而且很多数据的输入顺序对于结果有着重要影响。比如文本数据,其先后顺序具有非常重要的意义; 再比如语音数据,如果打乱了原始的时间顺序就无法正确地表示原始信息。针对上述情况,更高效的循环神经网络应运而生,目前已经被广泛应用于语音识别、语音模型以及自然语言生成等任务上。在动载荷识别问题中,结构外载荷数据同样存在序列相关性,因此循环神经网络也被引入动载荷识别领域。目前最常见、最基本的循环神经网络有长短期记忆网络(LSTM)、门控循环单元网络(GRU)等。

循环神经网络具有时间"记忆"功能,这一特点可以通过其网络结构比较清楚地体现出来,其结构图如图 10.11 所示。其中左侧为循环神经网络结构简图,右侧为循环神经网络展开图。

从图 10.11 中可以看出,循环神经网络结构比卷积神经网络结构更加简单,它包括输入层、隐藏层和输出层,并且可以看到隐藏层有一个箭头代表数据的循环更新,也就是实现所

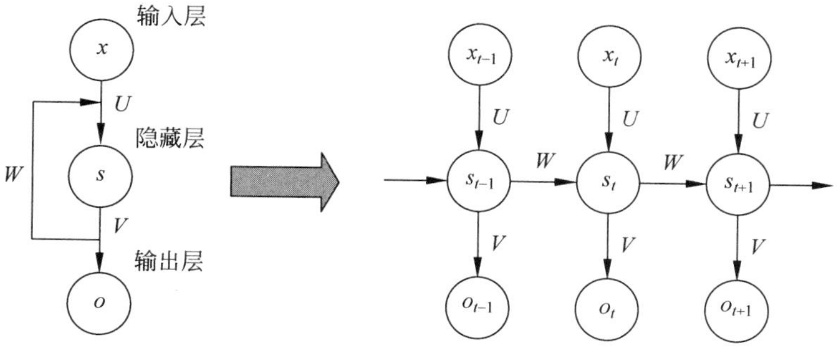

图 10.11 循环神经网络结构示意图

谓时间记忆功能的地方。循环神经网络这种环状结构，将同一个网络复制多次，以时序的形式将信息不断传递到下一个网络，这也就是“循环”的由来，也正是因为这样的环状结构才使其网络具备了记忆功能。

循环神经网络结构简图可能还不是特别清晰明了，那么从图 10.11 右侧的循环神经网络结构展开图观察可能会更加直观。其中，s_t 表示样本在 t 时刻的记忆，o 表示输出，x 代表输入样本，W 表示输入权重，U 代表此时刻的样本权重，V 代表输出的样本权重。s_t 的表达式为

$$s_t = f(W \times s_{t-1} + U \times x_t) \tag{10.3.5}$$

那么，可以得出 t 时刻的输出 o_t 为

$$o_t = g(V \times s_t) \tag{10.3.6}$$

式中，f 和 g 均为激活函数。

由此可知，t 时刻的输出 o_t 是由上一时刻的状态 s_{t-1} 和当前输入 x_t 通过激活函数计算得到的。

在对时序数据进行建模时，循环神经网络虽然对信息有一定的记忆能力，但是单纯的循环神经网络会随着递归次数的增加，出现权重指数级爆炸或消失的问题，从而很难捕捉长时间的关联，并且导致循环神经网络训练时收敛困难，因此有学者在循环神经网络中引入门的机制，使网络有更强的记忆能力，形成了 LSTM 网络，可以有效弥补循环神经网络的缺点。

LSTM 是一种特殊的循环神经网络，相比普通的循环神经网络，LSTM 能够在更长的序列中获得更好的分析效果。先来看一下传统的循环神经网络结构，如图 10.12 所示。

可以看出传统的链式循环神经网络结构中只包含一个激活结构，而 LSTM 的重复性模块构建了四层网络结构，如图 10.13 所示。

其中用到的符号及含义如下：

x_t：在时间步 t 时记忆单元的输入；

h_t, h_{t-1}：在时间 t 和时间 $t-1$ 时记忆单元的输出；

f_t：遗忘门的激活值；

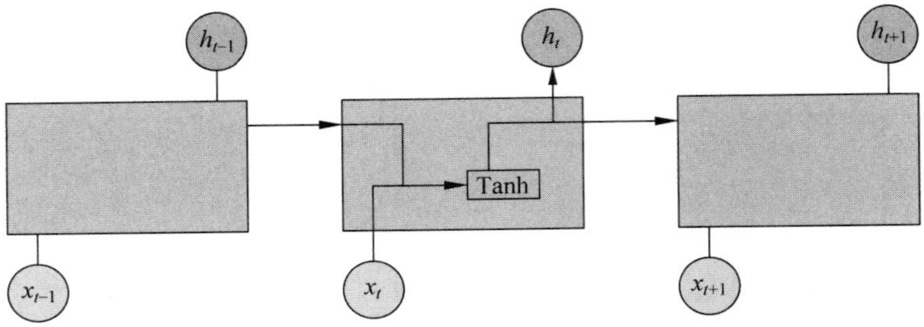

图 10.12 传统循环神经网络结构

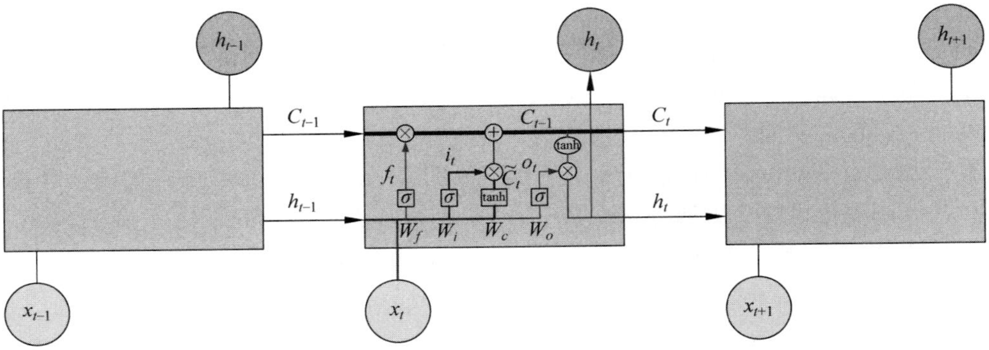

图 10.13 LSTM 网络结构

o_t：输出门的激活值；

i_t：记忆门的激活值；

C_t，C_{t-1}：在时间步 t 和时间步 $t-1$ 时记忆单元的状态；

$\widetilde{C}_t$：记忆单元的候选状态；

b：表示记忆单元的偏置。

接下来我们以单个 LSTM 记忆单元为例，对 LSTM 网络如何引入门机制以及如何对时序数据计算进行简单介绍。

图 10.13 中粗线部分代表输入门，决定哪些新输入的信息允许被更新或被保存到记忆单元中，在动载荷识别问题中，通常用于决定某些时刻对应的响应信息可以进入记忆单元进行计算。为了确定什么样的新信息可以被保存在记忆单元中，需要计算激活值 i 和时间步 t 时记忆单元的状态候选值 $\widetilde{C}_t$，如式(10.3.7)和式(10.3.8)所示：

$$i_t = \sigma(\boldsymbol{W}_{\mathrm{i}}\boldsymbol{x}_t + \boldsymbol{U}_{\mathrm{i}}\boldsymbol{h}_{t-1} + \boldsymbol{b}_{\mathrm{i}}) \tag{10.3.7}$$

$$\widetilde{C}_t = \mathrm{Tanh}(\boldsymbol{W}_{\mathrm{c}}\boldsymbol{x}_t + \boldsymbol{U}_{\mathrm{c}}\boldsymbol{h}_{t-1} + b_{\mathrm{c}}) \tag{10.3.8}$$

式中，σ 为激活函数；$\boldsymbol{W}_{\mathrm{i}}$ 为在输入门输入控制时间步 t 的输入序列数据的权重向量；$\boldsymbol{U}_{\mathrm{i}}$ 为输入门输入控制时间步 $t-1$ 的输入状态值的权重向量；b_{i} 为输入门输入控制的偏置；$\boldsymbol{W}_{\mathrm{c}}$

为在输入门状态候选在实际步 t 的输入序列数据的权重向量；$\boldsymbol{U}_{\mathrm{c}}$ 为输入门状态时间步为 $t-1$ 输入状态值的权重向量；b_{c} 为输入门状态候选的偏置。

图中左竖部分代表遗忘门，其作用是以一定概率控制是否遗忘上一层的隐藏细胞的状态，在动载荷识别问题中，用于决定上一单元的响应信息是否会被隐藏。通过输入的上一序列的隐藏状态 h_{t-1} 和本序列数据 x_t，再利用激活函数得到遗忘门的输出 f_t。用数学表达式即为

$$f_t=\sigma(\boldsymbol{W}_{\mathrm{f}}\boldsymbol{h}_{t-1}+\boldsymbol{U}_{\mathrm{f}}\boldsymbol{x}_t+b_{\mathrm{f}}) \tag{10.3.9}$$

式中，$\boldsymbol{W}_{\mathrm{f}}$ 为在输入门输入控制时间步 $t-1$ 的输入序列数据的权重向量；$\boldsymbol{U}_{\mathrm{f}}$ 为输入门输入控制时间步 t 的输入状态值的权重向量；b_{f} 为输入门输入控制的偏置。

图中粗体黑线部分代表状态更新，因为在研究 LSTM 输入状态时，需要先查看 LSTM 的细胞状态。该状态门用于控制记忆单元是否记住或者丢弃之前的状态。计算时读取当前时间步 t 输入的信息 x_t 和上一步时间步 $t-1$ 的状态输出 h_{t-1}，输入 0～1 的数值作为上一次记忆单元的状态。然后再计算时间步 t 记忆单元处的输出门的激活值 f_t 和新的状态值 C_t，又因为在输入门中得到了输入激活值 i_t 和记忆单元的状态候选值 $\widetilde{C}_t$，需要计算状态更新时的激活值 f_t 和当前步长 t 的新状态值 C_t，如式(10.3.10)和式(10.3.11)所示：

$$f_t=\sigma(\boldsymbol{W}_{\mathrm{f}}\boldsymbol{h}_{t-1}+\boldsymbol{U}_{\mathrm{f}}\boldsymbol{x}_t+b_{\mathrm{f}}) \tag{10.3.10}$$

$$C_t=i_t\times\widetilde{C}_t+f_t\times C_{t-1} \tag{10.3.11}$$

式中，$\boldsymbol{W}_{\mathrm{f}}$ 为在输入门输入控制时间步 t 的输入序列数据的权重向量；$\boldsymbol{U}_{\mathrm{f}}$ 为输入门输入控制时间步 $t-1$ 输入状态值的权重向量；b_{f} 为输入门输入控制的偏置。

输出门的作用是决定记忆单元哪些信息允许被输出。输出门的作用与输入门对称，其结构如图细线部分所示，需要计算时间步 t 时刻的输出门的输出激活值 o_t 和记忆单元的输出值 h_t，如式(10.3.12)和式(10.3.13)所示：

$$o_t=\sigma(\boldsymbol{W}_{\mathrm{o}}\boldsymbol{x}_t+\boldsymbol{U}_{\mathrm{o}}\boldsymbol{h}_{t-1}+\boldsymbol{b}_{\mathrm{o}}) \tag{10.3.12}$$

$$h_t=o_t\times\mathrm{Tanh}(C_t) \tag{10.3.13}$$

式中，$\boldsymbol{W}_{\mathrm{o}}$ 为在输入门输入控制时间步 t 的输入序列数据的权重向量；$\boldsymbol{U}_{\mathrm{o}}$ 为输入门输入控制时间步 $t-1$ 的输入状态值的权重向量。

通过前面的介绍，我们不难发现与其他人工神经网络相比，循环神经网络传递方式也发生了改变，在神经元的输出中增加了自我反馈的部分，另外还增加了 $\boldsymbol{W}$ 和 $\boldsymbol{V}$ 两个权重参数矩阵。训练循环神经网络模型的目标依然是优化网络模型中的权重参数矩阵 $\boldsymbol{U}$、$\boldsymbol{W}$、$\boldsymbol{V}$，使得网络模型预测的输出值更加接近真实的输出值。训练网络模型的途径也同样是构建损失函数，并将损失值向后传播完成对模型参数矩阵的优化更新，在给定训练数据的情况下，找到损失函数最小化的一组参数。

将循环神经网络应用到动载荷识别问题中，我们选择系统的响应作为循环神经网络模型的输入，将未知的载荷信息作为模型的输出；构建合适的损失函数，在模型预测值与载荷

真实值之间建立联系，通过时间反向传播算法对损失函数进行求导，利用梯度下降算法对网络模型参数进行迭代更新，从而得到循环神经网络最优的权重参数矩阵，最终实现对未知载荷的预测。具体的处理流程如图 10.14 所示。

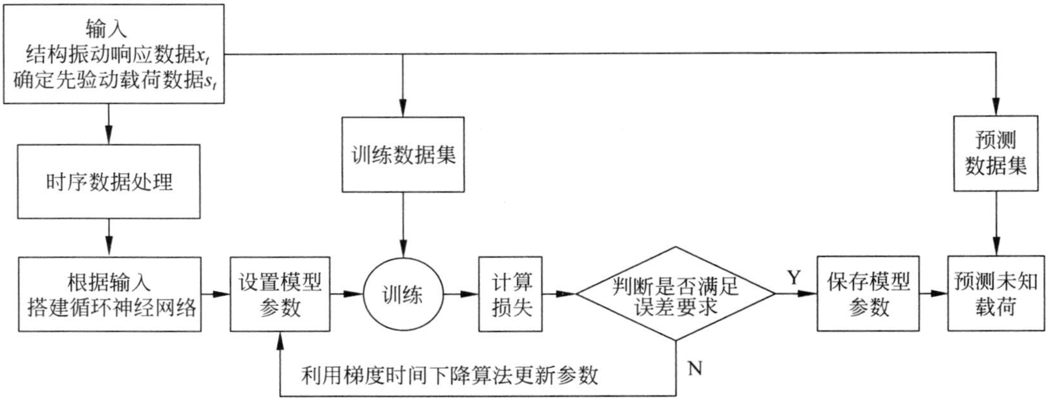

图 10.14 循环神经网络动载荷识别问题计算流程

需要注意的是，我们最初搭建的循环神经网络模型的载荷预测精度未必满足需求，因此我们可以通过增加模型训练迭代时间、增加训练样本数据、增加模型隐藏层节点数、产生更复杂的模拟函数等方法进一步提高循环神经网络模型的预测精度。

10.4 小结

本章介绍了基于机器学习的动载荷识别方法，分别讨论了机器学习方法中的支持向量机方法和深度学习方法。在深度学习方法中主要介绍了全连接神经网络、卷积神经网络和循环神经网络的动载荷识别方法。利用深度学习的动载荷识别方法，基本思路是通过使用不同的网络层搭建合适的神经网络模型，再引入损失函数对预测载荷结果与真实载荷值之间的误差进行计算，并将损失结果用于优化神经网络模型的权重参数，直到神经网络模型参数可以对未知载荷进行预测。基于深度学习的动载荷识别方法可适用于非线性系统，还拥有极强的鲁棒性，可以广泛应用于工程结构。另外值得注意的是，神经网络模型的搭建会直接影响模型的泛化能力、计算效率以及载荷识别精度，需要研究人员在搭建神经网络模型时具有丰富的经验。

参 考 文 献

[1] Barlett F D,Flannelly W D. Modal verification of force determination for measuring vibration loads[J]. Journal of the American Helicopter Society,1979,24(2): 10-18.

[2] Hansen P C H. Analysis of discrete ill-posed problems by means of the L-curve[J]. SIAM Review,1992,1(34): 561-580.

[3] Doyle J F. Force identification from dynamic response of a bi-material beam[J]. Experimental Mechanics,1993,33: 64-69.

[4] 胡海岩. 机械振动与冲击[M]. 北京：航空工业出版社,1998.

[5] 张方,秦远田. 工程结构动载荷识别方法[M]. 北京：国防工业出版社,2011.

[6] 张方,秦远田. 复杂结构连续分布动载荷识别技术探讨及研究[J]. 振动工程学报,2006,19(1): 81-85.

[7] Yu L,Chan T H. Moving force identification based on the frequency-time domain method[J]. Journal of Sound and Vibration,2003,261: 329-349.

[8] 刘继军. 不适定问题的正则化方法及应用[M]. 北京：科学出版社,2005.

[9] 李方泽,刘馥清,王正. 工程振动测试与分析[M]. 北京：高等教育出版社,1992.

[10] Zhu J,Lu Z. A time domain method for identifying dynamic loads on continuous systems[J]. Journal of Sound and Vibration,1991,148: 137-146.

[11] Karlsson S E S. Identification of external structural load from measured harmonic responses[J]. Journal of Sound and Vibration,1999,13(1): 67-81.

[12] Hansen P C. Regularization GSVD and truncated GSVD[J]. BIT,1989,29: 491-504.

[13] Cao X,Sugiyama Y,Mitsui Y. Application of artificial neural networks to load identification[J]. Computers & Structures,1998,69(1): 63-78.

[14] Hansen M,Starkey J M. On predicting and improving the condition of modal-based indirect force measurement algorithms[C]//Proceedings of 8th IMAC,1990: 115-120.

[15] Inuoe Hirotsugu,Ishida Hiroyuki,Kishimoto Kikuo. Measurement of impact load by using an inverse analysis technique[J]. Solid Mechanics,Strength of Materials,1991,34(3): 453-458.

[16] Deen S O,Lundberg B. Prediction of impact force by impulse response method[J]. International Journal of Impact Engineering,1991,11(2): 149-158.

[17] Gaul L,Hurlebaus S. Identification of the impact location on a plate using wavelets[J]. Mechanical Systems and Signal Processing,1997,12(6): 783-795.

[18] Mao Y M,Guo X L,Zhao Y. A state space force identification method based on Markov parameters precise computation and regularization technique[J]. Journal of Sound and Vibration,2010,329(15): 3008-3019.

[19] Jiang J H,Ding M,Li J. A novel time-domain dynamic load identification numerical algorithm for continuous systems[J]. Mechanical Systems and Signal Processing,2021(160): 107881.

[20] Jiang J H,Luo S Y,Zhang F. One novel dynamic calibration method to identify two-dimensional distributed load[J]. Journal of Sound and Vibration,2021(515): 116465.

[21] Chao M H,Hong X,Feng X. The identification of external forces for a nonlinear vibration system in

frequency domain[J]. Proceedings of the Institution of Mechanical Engineers, Part C: Journal of Mechanical Engineering Science,2014,228(9):1531-1539.

[22] 李东升,郭杏林.随机激励下载荷谱识别[J].大连理工大学学报,2003,45(5):561-566.

[23] 吴淼,黄民.机械系统的载荷识别方法与应用[M].徐州:中国矿业大学出版社,1995.

[24] Yang H J,Jiang J H, Chen G P. A recurrent neural network-based method for dynamic load identification of beam structure[J]. Materials,2021,14:7846.

[25] Jiang J H,Tang H Z,M Shadi Mohamed,et al. Augmented Tikhonov regularization method for dynamic load identification[J]. Applied Sciences,2020,10(18):6348.

[26] Liu Y R,Wang L,Li M. A distributed dynamic load identification method based on the hierarchinal-clustering-oriented radial basis function framework using acceleration signals under convex-fuzzy hybrid uncertainties[J]. Mechanical Systems and Signal Processing,2022,172:35-69.